教育部高等学校电子信息类专业教学指导委员会规划教材

高等学校电子信息类专业系列教材

Analog Electronic Technology, 2nd Edition

模拟电子技术

（第2版）

李承　徐安静　主编
Li Cheng　Xu Anjing

清华大学出版社

北京

内容简介

　　本书系统地介绍了模拟电子技术的基本原理和电路分析方法。全书共 10 章,主要内容包括半导体器件、双极型三极管放大电路、场效应管及其放大电路、放大电路中的反馈、集成运算放大器、集成运算放大器应用与集成跨导放大器、信号产生与整形电路、功率放大电路、直流电源、光电转换器件及其应用等。

　　本书注重概念、方法与应用的论述并配以适当分析运算。此外,各章配有小结、习题,其中绝大部分习题都附有答案,便于自学。

　　本书可作为高等学校机电类专业"模拟电子技术"课程的教材,也可作为电气、信息类专业相关课程的教材与教学参考用书,还可供有关工程技术人员参考。

图书在版编目(CIP)数据

　　模拟电子技术/李承,徐安静主编. —2 版. —北京:清华大学出版社,2020.4(2024.7重印)
　　高等学校电子信息类专业系列教材
　　ISBN 978-7-302-54143-1

　　Ⅰ. ①模⋯　Ⅱ. ①李⋯ ②徐⋯　Ⅲ. ①模拟电路-电子技术-高等学校-教材　Ⅳ. ①TN710.4

　　中国版本图书馆 CIP 数据核字(2019)第 248571 号

责任编辑:盛东亮
封面设计:李召霞
责任校对:时翠兰
责任印制:沈　露

出版发行:清华大学出版社
　　　网　　　址:https://www.tup.com.cn,https://www.wqxuetang.com
　　　地　　　址:北京清华大学学研大厦 A 座　　　　　　邮　　编:100084
　　　社 总 机:010-83470000　　　　　　　　　　　　邮　　购:010-62786544
　　　投稿与读者服务:010-62776969,c-service@tup.tsinghua.edu.cn
　　　质量反馈:010-62772015,zhiliang@tup.tsinghua.edu.cn
　　　课件下载:https://www.tup.com.cn,010-83470236
印 装 者:三河市龙大印装有限公司
经　　　销:全国新华书店
开　　　本:185mm×260mm　　印　　张:17.5　　　　　字　　数:420 千字
版　　　次:2014 年 12 月第 1 版　2020 年 7 月第 2 版　　印　　次:2024 年 7 月第 5 次印刷
定　　　价:49.00 元

产品编号:085320-01

高等学校电子信息类专业系列教材

序
FOREWORD

我国电子信息产业销售收入总规模在 2013 年已经突破 12 万亿元,行业收入占工业总体比重已经超过 9％。电子信息产业在工业经济中的支撑作用凸显,更加促进了信息化和工业化的高层次深度融合。随着移动互联网、云计算、物联网、大数据和石墨烯等新兴产业的爆发式增长,电子信息产业的发展呈现了新的特点,电子信息产业的人才培养面临着新的挑战。

（1）随着控制、通信、人机交互和网络互联等新兴电子信息技术的不断发展,传统工业设备融合了大量最新的电子信息技术,它们一起构成了庞大而复杂的系统,派生出大量新兴的电子信息技术应用需求。这些"系统级"的应用需求,迫切要求具有系统级设计能力的电子信息技术人才。

（2）电子信息系统设备的功能越来越复杂,系统的集成度越来越高。因此,要求未来的设计者应该具备更扎实的理论基础知识和更宽广的专业视野。未来电子信息系统的设计越来越要求软件和硬件的协同规划、协同设计和协同调试。

（3）新兴电子信息技术的发展依赖于半导体产业的不断推动,半导体厂商为设计者提供了越来越丰富的生态资源,系统集成厂商的全方位配合又加速了这种生态资源的进一步完善。半导体厂商和系统集成厂商所建立的这种生态系统,为未来的设计者提供了更加便捷却又必须依赖的设计资源。

教育部 2012 年颁布了新版《高等学校本科专业目录》,将电子信息类专业进行了整合,为各高校建立系统化的人才培养体系,培养具有扎实理论基础和宽广专业技能的、兼顾"基础"和"系统"的高层次电子信息人才给出了指引。

传统的电子信息学科专业课程体系呈现"自底向上"的特点,这种课程体系偏重对底层元器件的分析与设计,较少涉及系统级的集成与设计。近年来,国内很多高校对电子信息类专业课程体系进行了大力度的改革,这些改革顺应时代潮流,从系统集成的角度,更加科学合理地构建了课程体系。

为了进一步提高普通高校电子信息类专业教育与教学质量,贯彻落实《国家中长期教育改革和发展规划纲要(2010—2020 年)》和《教育部关于全面提高高等教育质量若干意见》(教高【2012】4 号)的精神,教育部高等学校电子信息类专业教学指导委员会开展了"高等学校电子信息类专业课程体系"的立项研究工作,并于 2014 年 5 月启动了《高等学校电子信息类专业系列教材》(教育部高等学校电子信息类专业教学指导委员会规划教材)的建设工作。其目的是为推进高等教育内涵式发展,提高教学水平,满足高等学校对电子信息类专业人才培养、教学改革与课程改革的需要。

本系列教材定位于高等学校电子信息类专业的专业课程,适用于电子信息类的电子信息工程、电子科学与技术、通信工程、微电子科学与工程、光电信息科学与工程、信息工程及其相近专业。经过编审委员会与众多高校多次沟通，初步拟定分批次（2014—2017 年）建设约 100 门课程教材。本系列教材将力求在保证基础的前提下，突出技术的先进性和科学的前沿性，体现创新教学和工程实践教学；将重视系统集成思想在教学中的体现，鼓励推陈出新，采用"自顶向下"的方法编写教材；将注重反映优秀的教学改革成果，推广优秀的教学经验与理念。

为了保证本系列教材的科学性、系统性及编写质量，本系列教材设立顾问委员会及编审委员会。顾问委员会由教指委高级顾问、特约高级顾问和国家级教学名师担任，编审委员会由教育部高等学校电子信息类专业教学指导委员会委员和一线教学名师组成。同时，清华大学出版社为本系列教材配置优秀的编辑团队，力求高水准出版。本系列教材的建设，不仅有众多高校教师参与，也有大量知名的电子信息类企业支持。在此，谨向参与本系列教材策划、组织、编写与出版的广大教师、企业代表及出版人员致以诚挚的感谢，并殷切希望本系列教材在我国高等学校电子信息类专业人才培养与课程体系建设中发挥切实的作用。

吕志伟 教授

第2版前言

FREFACE

对于高等院校工科相关专业的学生来说,"模拟电子技术"是一门重要的技术基础课程。本课程的内容对学生后续课程的学习,以及毕业后从事本专业工作,都是不可或缺的。

从内容上看,模拟电子技术作为电子技术整体的重要组成部分,主要讨论的对象是半导体器件、由半导体器件构成的各种电路及各种电路的分析方法。

从思维过程看,在模拟电子电路分析中,主要采用注重器件外部特性讨论,注重将问题简化成线性模型的讨论方法,同时将交流与直流分别分析的思维方法。这种思路就是把问题分解后,再各个击破的思维方式。使学生在学习模拟电子技术知识与内容的过程中,学会找到问题的重点,学会将问题分割解决的思维方法。

本次修订主要由李承、徐安静完成。修订的内容包括:

(1)将第1版的8章内容扩展成10章。

(2)将第1版的第5章分割成第5章与第6章。第5章主要讨论线性集成运算放大器(运放)内部电路、参数与特性;第6章主要介绍集成运算放大器的应用。

(3)在第2版第6章中,增加了"集成跨导放大器与应用"一节,介绍了跨导放大器这一应用越来越广泛的线性集成电路。

(4)在介绍直流电源时,增加了倍压整流的内容,介绍了常用的二倍压整流和多倍压整流电路,使读者对产生直流高压的常见方法有所了解。

(5)增加了第10章光电转换器件及其应用,讨论了发光二极管及驱动电路,光电二极管、光电三极管及应用电路,还讨论了光电耦合器的结构与应用等内容。

(6)调整了部分章节的习题,使习题与章节内容更一致,并重新校对了所有习题答案。

(7)修改了书中的部分错误与不当之处。

编　者

2020 年 3 月

第1版前言

FREFACE

电子技术的发展经历了一百多年的历史。电子技术的整个发展过程都伴随着新型电子材料的发现及新型电子器件诞生。可以说,新型器件的诞生不断促进电子技术学科发生着深刻变革。1904 年,Fleming 发明了真空二极管。1906 年 Leede Forest 发明了真空三极管,这是电子学发展史上的重要里程碑事件。而有人认为,晶体管是 20 世纪在电子技术方面最伟大的发明,它推动了信息技术革命,带动了产业革命,开辟了亿万个就业岗位,改变了人类社会工作方式和生活方式,奠定了现代文明社会的基础。从 1947 年世界上第一支晶体管诞生,在相关领域技术与成果发展非常迅速。其标志性事件主要有:1947 年 12 月 16 日,贝尔实验室工作的 William Shockley、John Bardeen、WaLTEr Brattain 三人成功地制造出第一个晶体管;1950 年 William Shockley 开发出双极晶体管(Bipolar Junction Transistor),这是现在通行的标准的晶体管;1953 年第一个采用晶体管的商业化设备助听器投入市场;1954 年第一台晶体管收音机投入市场;1961 年第一个集成电路专利授予 Robert Noyce,这为电子设备小型化、微型化奠定了基础;1965 年摩尔定律诞生,当时 Gordon Moore 预测,未来一个芯片上的晶体管数量大约每年翻一倍(10 年后修正为每两年翻一倍);1968 年罗伯特·诺伊斯和戈登·摩尔从仙童(Fairchild)半导体公司辞职,创立了一个新的企业,这就是英特尔(Intel)公司,Intel 公司是 Integrated Electronics(集成电子设备)的缩写。1969 年 Intel 公司率先成功开发出 PMOS 硅栅晶体管技术。这些晶体管继续使用传统的二氧化硅栅介质,但是引入了新的多晶硅栅电极。1971 年,Intel 公司发布了其第一个微处理器 Intel 4004。Intel 4004 规格为 1/8 英寸×1/16 英寸(1 英寸＝2.54 厘米),包含仅 2000 多个晶体管,采用 Intel 10 微米 PMOS 技术生产。1978 年,Intel 公司标志性地把 Intel 8088 微处理器售给 IBM 公司,使得 IBM 公司的个人计算机得到快速发展。Intel 8088 处理器集成了 2.9 万个晶体管,运行频率为 5MHz、8MHz 和 10MHz。1982 年 Intel 286 微处理器(又称 80286)推出,成为 Intel 公司的第一个 16 位处理器,Intel 286 处理器集成了 13 400 个晶体管,运行频率为 6MHz、8MHz、10MHz 和 12.5MHz。1985 年,Intel 386 微处理器问世,其中集成了 27.5 万个晶体管,是最初 Intel 4004 晶体管数量的 100 多倍。Intel 386 是 32 位芯片,具备多任务处理能力。1993 年,Intel 公司的奔腾处理器问世,含有 300 万个晶体管,采用 Intel 0.8μm 技术生产。1999 年 2 月,Intel 公司发布了奔腾Ⅲ处理器。集成度达到 950 万个晶体管,采用 0.25μm 技术生产。2002 年 1 月,Intel 奔腾 4 处理器推出,高性能桌面台式计算机由此可实现每秒钟 22 亿个周期运算。奔腾 4 采用 0.13μm 技术生产,内含 5500 万个晶体管。2003 年 3 月,针对笔记本计算机的英特尔迅驰移动技术平台诞生,包含了 Intel 公司最新的移动处理器。该处理器基于全新的移动优化微体系架构,采用 0.13μm 工艺生产,包含 7700 万个晶体管。2005 年 5 月,Intel 公司第一个主流双核处理器诞生,含有 2.3 亿个晶体管,采用 90nm 技术生产。2006 年 7 月,Intel 酷睿 2 双核处理器诞生。该处理器含有 2.9 亿多个晶体管,采用 65nm 技术生产。2007 年 1 月,为扩大四核 PC 向主流买家的销售,Intel 公司发布了针对桌面计算机的 65nm 制程的 Intel 酷睿 2 四核处理器,该处理器含有 5.8 亿多个晶体管。同年,Intel 公司已经生产出了 45nm 微处理器。

历史上每次器件的创新与发明,都大大促进了相关电路与应用的发展。尤其是集成电路的发展,大大促进了电子技术的发展,使电子技术两大领域"模拟电子技术"和"数字电子技术"都得到飞跃进步。

本书主要讨论电子技术的一个分支,即模拟电子技术。模拟电子技术的特点为:非线性与线性并存,直流与交流信号并存,基本概念、理论分析与工程实践结合。模拟电子技术已成为现代科学技术基础理论中一门活跃、举足轻重而又有着广阔发展前景的引人注目的学科。

本书主要介绍模拟电子技术的基本内容,主要内容包括半导体器件、放大电路分析、场效应管放大电路、放大电路中的反馈、集成运算放大电路及其应用、信号产生电路分析、功率放大电路和直流电源等。

本书是为我校机电类学生学习模拟电子课程编写的,内容的取舍、安排主要考虑了要适合高等学校相关专业对模拟电子技术课程的教学需要,特别是学科交叉与融合的需要,同时也体现本学科的成果与技术发展现状。

根据机电类学生的教学要求,在本书的编写中,对传统的内容作了必要的取舍,将学生最需要的基础知识和本课程的核心部分内容都作了一定的加深或扩充,便于学生学习。本书的特点有:

(1) 在强调了基础知识的同时,注重了知识的应用。主要体现在对于电路的定性分析和定量计算时,都是从基本概念出发,避免了繁杂的公式推导。

(2) 加强了集成电路的内容,对集成电路的讨论强化"外部"淡化"内部",使教材内容更符合电子技术发展的趋势。

(3) 体现了模拟电子技术基础的工程性特点,既注重原理、分析方法等,也注重了应用问题。

在本书的编写过程中,我们力求体现内容丰富、重点突出、适应性强、发展创新等特点。既处理好重要内容、较重要内容与一般内容的关系;也处理好打好基础、面向应用与新技术介绍的关系。立足于有利于学生建立坚实基础、增强创新意识、培养实践能力;立足于有利于学生学以致用,为解决实际工程问题打下基础。

本书由华中科技大学电工学课程组编写,林红编写了第 1、7 章,李承编写了第 2 章,徐安静编写了第 3 章,谭丹编写了第 4、5 章,陈明辉编写了第 6、8 章。李承、徐安静担任主编,并负责全书统稿。

由于工作繁忙,加上编者水平所限,疏漏之处在所难免,恳请读者提出宝贵意见。

编　者

2014 年 10 月于华中科技大学

目 录
CONTENTS

第1章 半导体器件

CHAPTER 1

电子电路的核心器件是半导体器件,半导体器件由半导体材料制成。本章在介绍半导体的基本知识基础上,讨论了 PN 结的形成与特性,讨论了半导体器件二极管的物理结构、工作原理、特性曲线、主要参数及应用,介绍了半导体三极管结构、载流子运动规律与电流分配关系以及三极管的输入输出特性等,最后介绍了光电半导体器件。

1.1 半导体基础知识

导电性能介于导体和绝缘体之间的物质称为半导体。

物质的导电性能取决于原子结构。导体一般为低价元素,原子中最外层轨道上的电子(价电子)数目较少,极易挣脱原子核的束缚成为自由电子。当受到外电场的作用时,这些自由电子产生定向运动形成电流,呈现较好的导电性能。绝缘体一般为高价元素,最外层电子数目接近 8 个,受原子核的束缚力很强,极不容易摆脱原子核的束缚成为自由电子,因而导电性能极差。半导体器件中使用最多的是锗半导体材料和硅半导体材料,它们都是四价元素,原子中最外层轨道上有 4 个电子,其简化原子结构模型如图 1.1.1 所示。最外层电子既不像导体那样极易挣脱原子核的束缚,成为自由电子,又不像绝缘体那样被原子核束缚很紧,因而导电性能介于两者之间。

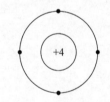

图 1.1.1　四价元素简化
原子结构模型

1.1.1 本征半导体

用半导体材料制作半导体器件时,半导体要高度提纯使之制成晶体,这种纯净的、具有晶体结构的半导体称为本征半导体。

在本征半导体的晶体结构中,原子按一定的规则整齐地排列,由于原子间的距离很近,价电子不仅受到所属原子核的吸引,还受到相邻原子核的吸引。这样,每一个原子的每一个价电子都与相邻原子的一个价电子组成一个电子对,为两相邻原子所共有,构成所谓共价键结构,如图 1.1.2 所示。

共价键结构使原子最外层因具有 8 个电子而处于较为稳定的状态。但共价键对电子的约束毕竟不像绝缘体中那样紧,当温度升高或受到光照射时,共价键中的少数价电子因获得能量而挣脱共价键束缚成为自由电子。这种现象称为激发,如图 1.1.3 所示。价电子在挣

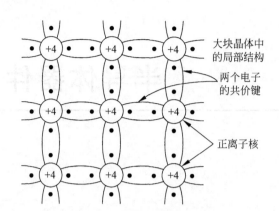

图 1.1.2　硅晶体共价键结构

脱共价键束缚成为自由电子之后，在共价键中留下一个空位子，称为空穴。每形成一个自由电子，就留下一个空穴。所以，在本征半导体中，自由电子和空穴总是相伴而生、成对出现、数目相等。原子是中性的，而自由电子带负电，因此，空穴显现出带正电。

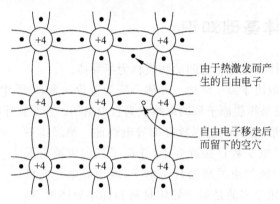

图 1.1.3　热激发产生自由电子—空穴对

在外电场力的作用下，一方面自由电子作定向运动形成电子电流；另一方面空穴出现后，会吸引相邻原子中的价电子来填补空穴，同时出现另一个空穴，如图 1.1.4 所示（图中用圆圈表示空穴）。如果图中在 x_1 处出现一个空穴，x_2 处的价电子便可以填补这个空穴，从而使空穴由 x_1 移到 x_2。如果接着 x_3 处的价电子又填补到 x_2 处的空穴，这样空穴又由 x_2 移到了 x_3。在这个过程中，价电子 $x_3 \rightarrow x_2 \rightarrow x_1$，但仍处于束缚状态，而空穴 $x_1 \rightarrow x_2 \rightarrow x_3$。就是说空穴的移动方向和价电子移动的方向是相反的，因而可用空穴移动产生的电流来代表价电子移动产生的电流，在这里可把空穴看成是一个带正电的粒子，它所带的电量与电子相等，符号相反。因此，在半导体中同时存在着自由电子和空穴两种载流子参加导电，这是半导体导电方式的最主要的特点，也是半导体和导体在导电原理上的明显区别。

在本征半导体中，一方面由于热激发，自由电子—空穴对不断产生；另一方面自由电子在运动过程中又会不断地与空穴重新结合而使自由电子—空穴对消失，这一相反的过程称为复合。在一定温度下，自由电子—空穴对的产生和复合达到动态平衡，即半导体载流子的浓度维持一定的水平。理论证明，本征半导体的载流子浓度随着温度的升高近似地按指数规律增加。因此，温度对半导体的导电性能影响很大。

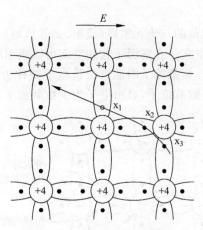

图 1.1.4　电子和空穴的移动

1.1.2　杂质半导体

在本征半导体中,由于热激发而产生的自由电子和空穴的数目是很少的,所以其导电性能很差。但是,如果在本征半导体中掺微量的杂质(某种元素)就可使半导体的自由电子或空穴的数目大量增加,因而导电性能大大增加。半导体因所掺的杂质不同,可分为 N 型半导体和 P 型半导体。

1. N 型半导体

如果在硅(或锗)晶体中掺微量的五价元素磷(或砷、锑等),由于其数目很少,故整个晶体结构基本不变,只是某些位置上的硅原子被磷原子取代。磷原子的五个价电子中有 4 个与相邻的硅原子形成共价键结构,多出的一个价电子受原子核束缚很小,在室温下就可激发成为自由电子,磷原子也因此变成带正电荷的离子。磷原子由于可以提供自由电子而称为施主离子,如图 1.1.5 所示。掺入一个磷原子就会产生一个自由电子,故掺杂后半导体的导电能力将大大增加。这种杂质半导体中自由电子的浓度远远大于空穴的浓度,故自由电子称为多数载流子,简称多子;空穴是少数载流子,简称少子。这种半导体称为 N 型半导体。

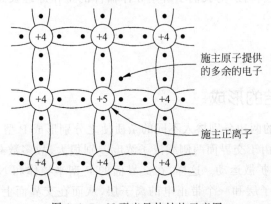

施主原子提供的多余的电子

施主正离子

图 1.1.5　N 型半导体结构示意图

2. P 型半导体

如果在硅(或锗)中掺微量的三价元素硼(或铝、铟等)，每一个硼原子与相邻硅原子组成三对共价键，同时形成一个空穴。在室温下这些空穴可以吸引邻近原子的价电子来填补，使硼原子变成带负电荷的离子，而硼原子因能吸引价电子被称为受主原子，如图 1.1.6 所示。这种杂质半导体中空穴为多数载流子，自由电子为少数载流子，称为 P 型半导体。

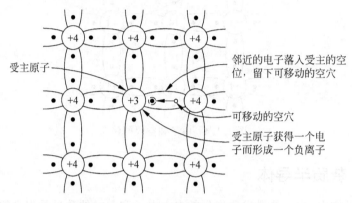

图 1.1.6 P 型半导体结构示意图

不论是 N 型半导体还是 P 型半导体，由于原子核内、外的正、负电荷数目相同，就整体而言为电中性。多子的浓度取决于掺杂浓度，它对杂质半导体的导电性能产生直接的影响。少子的数目虽然很少，但它们对温度非常敏感。环境温度越高，少数载流子数量越多。少子浓度随温度变化的特点将影响半导体器件的稳定性。

综上所述，半导体具有以下特点：

(1) 半导体中存在着两种载流子——自由电子和空穴。因此，半导体的导电原理明显区别于导体。

(2) 在本征半导体中掺微量杂质可以控制半导体的导电能力和参加导电的主要载流子的类型。

(3) 环境的改变对半导体导电性能和稳定性有很大的影响。

了解半导体的这些特性，对我们了解半导体器件的工作原理及正确认识和使用它们将很有帮助。

1.2 PN 结

1.2.1 PN 结的形成

如果在一块晶体的两边分别掺入不同的杂质使之分别形成 P 型半导体和 N 型半导体，如图 1.2.1(a)所示。由于交界面两侧载流子浓度差别很大，故多数载流子将向对方区域扩散，形成多数载流子的扩散运动。这样，在交界面的 P 型半导体和 N 型半导体的两侧分别形成一个带负电的离子层和一个带正电的离子层，从而在交界面上形成一个空间电荷区。由此产生的电场称为内电场，其方向由 N 区指向 P 区，如图 1.2.1(b)所示。内电场的存在阻挡多数载流子的扩散运动而有利于少数载流子向对方区域漂移，形成少数载流子的漂移运动。刚开始时，扩散运动占优势，漂移运动很弱，随着扩散运动的进行，空间电荷区加宽、内电场加强,阻碍扩散运动的作用增强,同时漂移运动也随着内电场的增强而增强,最后,扩散运动和漂移运动达到动态平衡,形成稳定的空间电荷区,即 PN 结。PN 结是构成基本半导体器件的基础。

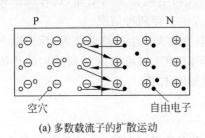 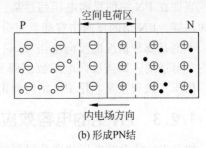

(a) 多数载流子的扩散运动　　　　　(b) 形成PN结

图 1.2.1　PN 结的形成

由于空间电荷区没有载流子存在,形成高阻区,故常称为耗尽层或阻挡层。一般情况下,空间电荷区的宽度仅几微米。

1.2.2　PN 结的单向导电性

1. PN 结外加正向电压

当电源的正极接 P 区、负极接 N 区时,称 PN 结处于正向偏置(外加正向电压),如图 1.2.2(a)所示。外加正向电压产生的电场称为外电场,其方向与内电场相反,内电场被削弱,空间电荷区变窄,有利于扩散运动而不利于漂移运动,因而扩散运动占优势。大量的多数载流子通过 PN 结形成较大的正向电流 I_F,PN 结处于导通状态。导通时 PN 结呈现的电阻很小,此电阻称为正向电阻。

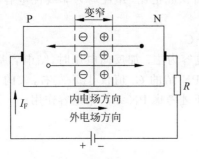 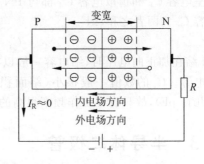

(a) 加正向电压时PN结导通　　　　　(b) 外加反向电压时PN结截止

图 1.2.2　PN 结的单向导电性

2. PN 结外加反向电压

若电源的正极接 N 区、负极接 P 区,这时 PN 结处于反向偏置(外加反向电压),如图 1.1.2(b)所示。由于 PN 结承受反向电压时,外电场的方向与内电场一致,内电场被加强,空间电荷区变宽,有利于漂移运动而不利于扩散运动,由少数载流子漂移运动形成反向电流 I_R。由于少数载流子浓度很低 $I_R \approx 0$,可认为 PN 结基本不导电处于截止状态,PN结呈现的电阻很大,称为反向电阻,高达几百千欧以上。在一定温度下,少子浓度不变,即使增加反向电压的幅度,电流 I_R 的大小也基本保持不变,故 I_R 称为反向饱和电流,用 I_S 表示。

综上所述，PN 结加正向电压，处于导通状态；PN 结加反向电压，处于截止状态，即 PN 结具有单向导电性。

3. PN 结的击穿

当加在 PN 结的反向电压超过某一数值(U_{BR})时，反向电流会急剧增加，这种现象称为反向击穿。PN 结的反向击穿通常可分为雪崩击穿和齐纳击穿两种情况。

不论是哪种情况的反向电击穿，只要 PN 结不因电流过大产生过热而烧毁，反向电击穿状态是可逆的。即当反向电压数值降到击穿电压以下时，PN 结可以恢复到反向截止的状态。稳压二极管正是利用 PN 结反向击穿特性来实现稳压作用。

1.2.3　PN 结的电容效应

加在 PN 结上的电压的变化可影响空间电荷区电荷的变化，说明 PN 结具有电容效应。

1. 势垒电容 C_b

PN 结的空间电荷区实际上是由不能移动的正、负离子组成的，它们具有一定的电量。当空间电荷区随外加电压的变化而加宽或变窄时，PN 结上的电量相应增加或减少。这种电荷量随外加电压变化而变化的现象就是一种电容效应，称为势垒电容，用 C_b 表示

$$C_b = \frac{dQ}{dU} = \varepsilon \frac{S}{W} \tag{1.2.1}$$

式中，ε 为半导体材料的介电系数，S 为结面积，W 为阻挡层宽度。对于同一 PN 结，因其 W 随电压变化，不是常数，所以势垒电容不是一个常数。

2. 扩散电容 C_d

扩散电容 C_d 是由于 PN 结外加正向电压，多数载流子在扩散过程中引起电荷积累而产生的。当外加正向电压增加，积累电荷量亦增加；反之，电荷量减少。

势垒电容 C_b 和扩散电容 C_d 都与 PN 结的面积成正比，并且均为非线性电容。PN 结的结电容 C_j 为两者之和，即

$$C_j = C_b + C_d \tag{1.2.2}$$

PN 结在加正向电压时，结电容一般以扩散电容为主；加反向电压时，结电容基本上等于势垒电容。C_j 的数值一般很小（结面积小的 PN 结的 C_j 值仅 1pF 左右，大的 C_j 值为几十至几百 pF），故只有在工作频率很高的情况下才考虑 PN 结的结电容作用。

1.3　半导体二极管

1.3.1　二极管的分类

在 PN 结的两端接上电极引线并用管壳密封就构成半导体二极管。从 P 型半导体引出的电极称为阳极；从 N 型半导体引出的电极称为阴极。其符号如图 1.3.1(d)所示。二极管具有单向导电性，其符号中箭头所示的方向就是正向电流的方向。

根据二极管根据半导体材料的不同可分为硅二极管和锗二极管；根据内部结构的不同，二极管可分为以下三种类型：

(1) 点接触型二极管：如图 1.3.1(a)所示，由于 PN 结面积很小，只能通过较小的电流（几十毫安以下），但它结电容小，适用于高频（几百兆赫兹）电路。故多用于高频信号检波、混频以及小电流整流电路中。

（2）面接触型二极管：如图 1.3.1（b）所示，由于 PN 结面积大，所以允许通过较大的电流（几百毫安甚至几安），但由于结电容大，只能用于低频整流电路中。

（3）平面型二极管：如图 1.3.1（c）所示，PN 结面积小的平面二极管常用在脉冲电路中作为开关管用，结面积较大的平面管常用于大功率整流电路之中。

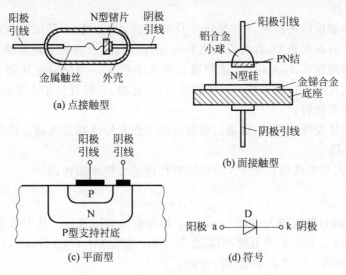

图 1.3.1 半导体二极管的符号和结构

1.3.2 半导体二极管的特性曲线与主要参数

1. 特性曲线

二极管特性曲线是指二极管阳极与阴极之间的电压 U 与流过二极管电流 I 的关系曲线，又称为伏安特性曲线。图 1.3.2 和图 1.3.3 分别是硅二极管和锗二极管的实测伏安特性曲线，其特点如下。

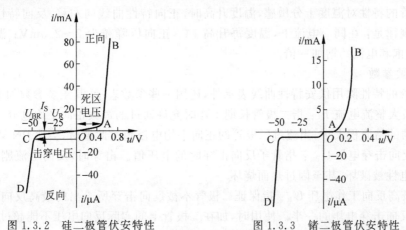

图 1.3.2 硅二极管伏安特性   图 1.3.3 锗二极管伏安特性

（1）正向特性

当二极管外加的正向电压很低时，由于外电场还不足以克服内电场对多数载流子扩散运动的阻碍作用，因而正向电流仍约为零，这一区域称为死区。当正向电压增加到某一数值时，内电场被削弱，正向电流增长很快，二极管进入导通状态，该电压值称为死区电压，也叫作门槛电压，用 U_{on} 表示。硅二极管的导通电压约为 0.5V，锗二极管的导通电压约为 0.1V。二极管导通后，阳极与阴极间的电压硅管一般为 0.6～0.7V，锗管为 0.2～0.3V。通常认为当二极管正向电压小于 U_{on} 时，二极管截止，当二极管正向电压大于 U_{on} 时，二极管导通。

（2）反向特性

当二极管外加反向电压时，PN 结承受反向偏置，电流很小，且反向电压在较大范围内变化时反向电流值基本不变，称为反向饱和电流，此时，二极管处于截止状态。小功率硅管的反向饱和电流约在 $0.1\mu A$ 以下，锗管通常在几十微安。当反向电压增加到某一数值时（一般为几十伏、高的可达数千伏），二极管被击穿，此时，二极管处于击穿状态。普通二极管往往因击穿过热而烧毁。

由二极管的伏安特性可知，普通二极管一般工作在导通状态或截止状态。

（3）特性方程

PN 结的单向导电性可以用 PN 结伏安特性理论方程来描述，即

$$i = I_s(e^{\frac{u}{U_T}} - 1) \tag{1.3.1}$$

式中，I_s 为反向饱和电流的大小；$U_T = kT/q$ 称为温度电压当量。其中 k 为玻耳兹曼常数；T 为热力学温度；q 为电子的电量，当温度为 300K（室温）时，$U_T \approx 26\text{mV}$，i 和 u 是 PN 结的电流和电压，方向为正向电流和电压的方向。

当二极管的 PN 结两端加正向电压，u 比 U_T 大几倍时，式（1.3.1）中的 u/U_T 远大于 1，其中的 1 可以忽略。这样，PN 结的电流 i 与电压 u 成指数关系，即

$$i \approx I_s e^{\frac{u}{U_T}} \tag{1.3.2}$$

当二极管加反向电压时，u 为负值。若 $|u|$ 比 U_T 大几倍时，指数项趋近于零，因此

$$i = -I_s \tag{1.3.3}$$

可见反向饱和电流是个常数 I_s，不随外加反向电压的大小而变动。

（4）温度特性

二极管的特性对温度十分敏感，温度升高时，正向特性曲线向左移，反向特性曲线向下移。一般规律是：在同一电流下，温度每升高 1℃，正向压降减少 2～2.5mV；温度每升高 10℃，反向饱和电流约增加一倍。

2. 主要参数

二极管的特性除用伏安特性曲线表示外，还用一些参数表示，其主要参数如下：

（1）最大整流电流 I_F：指二极管长期工作时允许通过的最大正向平均电流。它主要取决于 PN 结的结面积大小，当流过二极管的正向平均电流超过此值时，会使 PN 结烧坏。

（2）反向击穿电压 U_{BR}：指二极管反向击穿时的电压值。击穿时，反向电流剧增，二极管的单向导电性被破坏，甚至因过热而烧坏。

（3）最高反向工作电压 U_R：指保证二极管不被反向击穿所给出的最高反向工作电压。通常约为反向击穿电压的一半。使用时，加在二极管上的实际反向电压不能超过此值。

（4）最大反向工作电流 I_R：指在二极管上加最高反向工作电压时的反向电流。此值越小，单向导电性能越好。当温度升高时，反向电流增加，单向导电性能变坏，故二极管在高温条件使用时要特别注意。

（5）最高工作频率 f_M：指保证二极管具有良好单向导电性能的最高频率。它主要由

PN 结的结电容大小决定。结面积小的二极管最高工作频率较高。

值得注意的是,由于制造工艺的限制,各类半导体器件参数的分散性较大,手册上给出的参数往往是一个范围。而且,半导体器件对温度反应敏感,因此,具体使用时要注意温度改变时对相应参数产生的影响。

(6)二极管的直流电阻 R_D:二极管两端的直流电压与流过二极管的电流之比称为二极管的直流电阻 R_D,如图 1.3.4 所示。即

$$R_D = \frac{U_D}{I_D} \tag{1.3.4}$$

(7)二极管的交流(动态)电阻 r_D:二极管端电压在某一确定值(工作点 Q)附近的微小变化与流过二极管电流产生的微小变化之比称为二极管的交流(动态)电阻 r_D,如图 1.3.5 所示。即

$$r_D = \frac{\Delta u_D}{\Delta i_D} \tag{1.3.5}$$

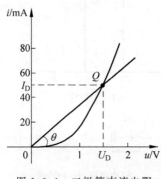

图 1.3.4 二极管直流电阻

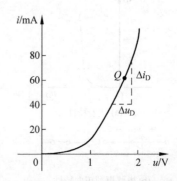

图 1.3.5 二极管交流电阻

二极管直流电阻 R_D 和交流电阻 r_D 的大小与二极管的工作点有关。对同一工作点而言,直流电阻 R_D 大于动态电阻 r_D,对不同工作点而言,工作点越高,R_D 和 r_D 越低。

表 1.3.1 列出了几种二极管的主要参数。

表 1.3.1 半导体二极管的主要参数

型号	最大整流电流/mA	最高反向工作电压(峰值)/V	反向击穿电压(反向电流为 $400\mu A$)/V	正向电流(正向电压为 1V)/mA	反向电流(反向电压分别为 10V,100V)/μA	最高工作频率/MHz	极间电容/pF
2AP1	16	20	≥40	≥2.5	≤250	150	≤1
2AP7	12	100	≥150	≥5.0	≤250	150	≤1

注:2AP1~7 检波二极管(点接触型锗管,在电子设备中作检波和小电流整流用)。

型号	最大整流电流/A	最高反向工作电压(峰值)/V	最高反向工作电压下的反向电流(125℃)/μA	正向压降(平均值)(25℃)/V	最高工作频率/kHz
2CZ52	0.1	25,50,100,200,300,400,500,600,700,800,900,1000,1200,1400,1600,1800,2000,2200,2400,2600,2800,3000	1000	≤0.8	3
2CZ54	0.5		1000	≤0.8	3
2CZ57	5		1000	≤0.8	3

注:2CZ52~57 系列整流二极管,用于电子设备的整流电路中。

1.3.3　半导体二极管应用电路举例

二极管的应用很广,其基本电路有限幅电路、开关电路等。由于二极管是一种非线性器件,分析电路时常采用模型分析法。

1. 二极管伏安特性的建模

理想二极管具有的特点是:加正向电压时二极管导通,其两极之间视为短路,相当于开关合上;加反向电压时二极管截止,其两极之间视为开路,相当于开关断开。理想二极管的模型如图 1.3.6 所示。图中虚线表示实际二极管的伏安特性。

恒压模型如图 1.3.7 所示,其基本思想是:当二极管导通时,其工作电压恒定,不随工作电流变化,典型导通电压值 U_D 为 0.7V(硅管,锗管 U_D 为 0.3V),当工作电压小于该值二极管截止,其两极之间视为开路。图中虚线表示实际二极管的伏安特性。

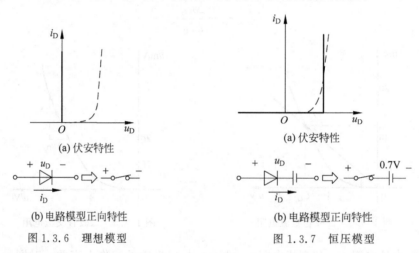

(a) 伏安特性　　　　　　　　　　(a) 伏安特性

(b) 电路模型正向特性　　　　　　(b) 电路模型正向特性

图 1.3.6　理想模型　　　　　　　图 1.3.7　恒压模型

分析二极管电路的关键是判断二极管的导通或截止。导通时,用理想模型分析,$U_D=0$,用恒压模型分析,$U_D=0.7V$ 或 $U_D=0.3V$,截止时,两种模型均视为开路。

2. 限幅电路

图 1.3.8(a)所示电路为一种限幅电路,其作用就是将输出电压的幅度限制在一定的范围内。在分析这类电路时,一般采用理想模型。求解时不妨先将二极管断开,分别求出它们两极的电位,当满足导通条件时,将二极管两极短接,否则二极管阳极和阴极间视为开路。当电路输入电压 u_i 为正弦信号时,如图 1.3.8 所示,电路工作原理如下:

断开二极管,$u_D=u_i-E$。当 $u_i>E$ 时,二极管正偏,如同开关闭合,所以 $u_o=E$;当 $u_i<E$ 时,二极管反偏,如同开关断开,所以 $u_o=u_i$。输入电压 u_i 和输出电压 u_o 的波形如图 1.3.8 (b)所示。

由图 1.3.8(b)可知,此电路输出电压值的正半周限制在 E 之内,超过此值的部分被削去,故称限幅电路。

例 1.3.1　电路如图 1.3.9(a),已知 $u_1=5\sin\omega t$,设 D_1 和 D_2 为理想二极管,试画出 u_o 的波形。

解　断开二极管,$u_{D1}=u_i-1$,$u_{D2}=-2-u_i$,当 $u_i>1$,D_1 正向偏置,D_2 反向偏置,当 $u_i<-2$,D_1 反向偏置,D_2 正向偏置,当 $-2<u_i<1$,D_1、D_2 均为反向偏置。所以有

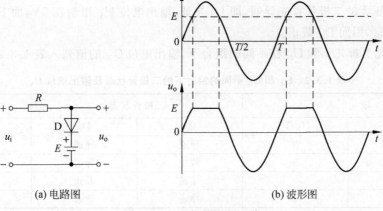

(a) 电路图   (b) 波形图

图 1.3.8 二极管限幅电路

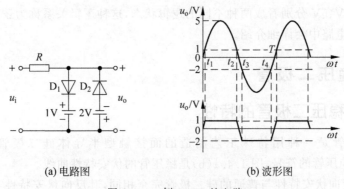

(a) 电路图   (b) 波形图

图 1.3.9 例 1.3.1 的电路

(1) $0 \sim t_1$，$0 < u_i < 1$，D_1、D_2 因反向偏置而均截止，此时 $u_o = u_i$；

(2) $t_1 \sim t_2$，$u_i > 1$，D_1 因正向偏置而导通，因此，$u_o = 1V$；

(3) $t_2 \sim t_3$，因 $-2 < u_i < 1$，D_1 因反向偏置重新截止，$u_o = u_i$；

(4) $t_3 \sim t_4$，$u_i < -2$，D_2 因正向偏置而导通，$u_o = -2V$；

(5) $t_4 \sim T$，$-2 < u_i < 0$，D_2 因反向偏置重新截止，$u_o = u_i$。T 为输入信号 u_i 的周期，$\omega = 2\pi/T$。

输出电压 u_o 的波形如图 1.3.9(b)所示。由图可知,此电路输出电压的值限制在 $-2 \sim 1V$，超过部分被削去,电路称为双向限幅电路。

3. 开关电路

在数字电路中,常利用二极管单向导电性的开关作用,组成各种开关电路,实现相应的逻辑功能。分析这类电路的原则仍然是判断电路中的二极管是导通还是截止。现举例说明。

例 1.3.2 电路如图 1.3.10 所示,当 U_A 和 U_B 为 0V 或 5V 时,求 U_A 和 U_B 在不同的组合下,输出电位 U_Y 的值,设 D_A、D_B 均为理想二极管。

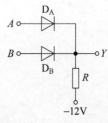

图 1.3.10 例 1.3.2 的电路

解 (1) $U_A = 0V$，$U_B = 5V$，由电路可知，D_A 的正向偏置电

压为 $12V$，D_B 的正向偏置电压为 $17V$，此时出现两个二极管同时正向偏置。在这种情况下，正向偏置电压大的二极管首先导通，即 D_B 导通，输出电位 U_Y 钳制在 $5V$，而 D_A 因 D_B 导通处于反向偏置，因而 D_A 截止。

（2）以此类推，U_A 和 U_B 在不同的组合下，输出电位 U_Y 的值列入表 1.3.2 中。

表 1.3.2　U_A 和 U_B 不同的组合下的二极管状态及输出电位 U_Y

输　　入		二极管状态		输　　出
U_A/V	U_B/V	D_A	D_B	U_Y/V
0	0	导通	导通	0
0	5	截止	导通	5
5	0	导通	截止	5
5	5	导通	导通	5

由表 1.3.2 可知，只要 U_A、U_B 中有一个为 $5V$，则输出为 $5V$，若 U_A、U_B 全为 $0V$，则输出为 $0V$，若将 $0V$、$5V$ 分别看成两种不同的逻辑状态，这种逻辑关系称为逻辑"或"。关于逻辑电路，在数字电路中会详细介绍。

1.4　稳压二极管

1.4.1　稳压二极管的特性

稳压二极管是一种用特殊工艺制造的面接触型半导体硅二极管，简称稳压管。图 1.4.1(a) 是稳压管的符号，图 1.4.1(b) 是稳压管的伏安特性曲线。

稳压管的正向伏安特性与普通的硅二极管完全相同，其反向伏安特性与普通二极管相比差别是反向击穿电压较低，只要采取适当措施限制通过管子的电流，就能保证管子不因过热而烧毁，当反向电压取消后，仍能使管子恢复原有的结构，故反向击穿是可逆的。稳压管可工作在导通、截止和反向击穿状态。

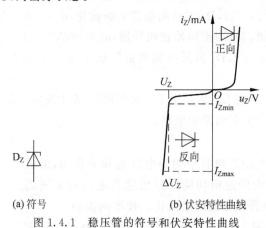

(a) 符号　　　　　(b) 伏安特性曲线

图 1.4.1　稳压管的符号和伏安特性曲线

1.4.2　稳压原理

稳压管的稳压原理是：由于反向伏安特性曲线很陡，这样，在反向击穿电压下，当流过管子的电流在较大范围内变化时,管子两端的电压变化很小,因而具有稳压作用。当稳压管工作在稳压状态时,应使稳压管处于反向击穿区。

稳压管的主要参数如下:

1) 稳定电压 U_Z

稳定电压指稳压管的反向击穿电压。由于制造工艺的原因,同一型号管子的稳定电压分散性也大,如 2CW18 管的稳定电压为 $10\sim12V$。但对每一个管子而言,对应于一定的工作电流,就有一个确定的稳定电压值。

2) 稳定电流 I_Z

稳定电流指工作电压等于稳定电压时的工作电流。它仅为一个参考数值,具体的稳定电流值由具体情况而定。对于每一个稳压管而言均规定有最大稳定电流 I_{Zmax} 和最小稳定电流 I_{Zmin},设计稳压电路时必须选择合适的限流电阻使得流过稳压管的电流在这两者之间,以保证稳压管能够正常工作。

3) 动态电阻 r_Z

动态电阻指稳压管的两端电压变化量与流过稳压管电流变化量的比值,即

$$r_Z = \frac{\Delta U_Z}{\Delta I_Z} \tag{1.4.1}$$

由式(1.4.1)可知,稳压管的反向伏安特性曲线越陡,则动态电阻值越小,稳压特性越好。r_Z 通常为几欧至几十欧。同一管子的 r_Z 随工作电流的增加而减小。

4) 额定功率 P_Z

由于稳压管的两端电压值为 U_Z,而管子中要流过一定电流,因此要消耗一定的功率,管子因此发热。P_Z 取决于稳压管允许的温升。

5) 温度系数 α

温度系数指当温度每升高 1℃ 时稳压管稳定电压的相对变化量。稳压管的稳定电压在低于 4V(齐纳击穿)时具有负温度系数;高于 7V(雪崩击穿)时具有正温度系数;而在 $4\sim7V$ 则有两种可能且数值很小。

表 1.4.1 列出了几种稳压管的参数。

表 1.4.1 稳压管的典型参数

型 号	稳定电压 V_Z/V	稳定电流 I_Z/mA	最大稳定电流 I_{ZM}/mA	耗散功率 P_M/W	动态电阻 r_Z/Ω	温度系数 α%/℃
2CW11	$3.2\sim4.5$	10	55	0.25	<70	$-0.05\sim+0.03$
2CW15	$7\sim8.5$	5		0.25	$\leqslant10$	$+0.01\sim+0.08$
2DW7A*	$5.8\sim6.6$	10	30	0.20	$\leqslant25$	0.05

* 2DW7A 为具有温度补偿的稳压管。

例 1.4.1 电路如图 1.4.2 所示,设稳压二极管 D_{Z1} 和 D_{Z2} 的稳定工作电压分别为 5V 和 10V,试求出电路的输出电压 U_O,判断稳压二极管所处的工作状态。已知稳压二极管正向电压为 0.7V。

解 由图 1.4.2 电路得知,稳压二极管 D_{Z1} 与 D_{Z2} 顺向串联,当稳压二极管 D_{Z1} 和 D_{Z2} 串联两端与电路断开时;对 D_{Z1} 和 D_{Z2}

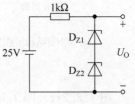

图 1.4.2 例 1.4.1 的图

而言,断开两端的反向电压为 25V,大于 D_{Z1} 与 D_{Z2} 串联后的击穿电压(即 $5+10=15V$),使 D_{Z1}、D_{Z1} 处于击穿状态,输出电压 U_O 稳定在 15V。

1.5 半导体三极管

三极管是组成各种放大电路的核心器件。

1.5.1 三极管的结构及类型

三极管的种类很多,按照功率的大小分小功率管、大功率管等;按照半导体材料分,有硅管和锗管;按照频率分有高、低频管。但从总体上讲它们都是具有两个 PN 结、三个电极的半导体器件,因而得名为半导体三极管,常见的三极管外形如图 1.5.1 所示。

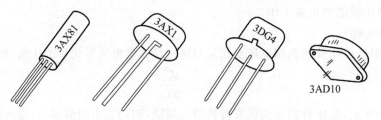

图 1.5.1 几种三极管的外形

根据 PN 结组合的方式,三极管可分为两种,即 NPN 型和 PNP 型。

图 1.5.2(a)是 NPN 型三极管的结构示意图,它是在硅(或锗)晶体上制成两个 N 区和一个 P 区,中间的 P 区很薄(几微米至几十微米)且掺杂很少,称为基区。两个 N 区中一个掺杂浓度高,称为发射区,另一个 N 区掺杂较少、面积较大,称为集电区。由这三个区引出的电极分别称为基极 B、发射极 E 和集电极 C。发射区与基区之间形成的 PN 结称为发射结、集电区与基区间的 PN 结称为集电结。NPN 型三极管在电路中的符号如图 1.5.2(b)所示。

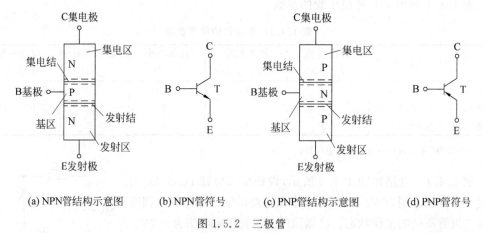

(a) NPN管结构示意图   (b) NPN管符号   (c) PNP管结构示意图   (d) PNP管符号

图 1.5.2 三极管

图 1.5.2(c)、图 1.5.2(d)分别是 PNP 型三极管的结构示意图及电路中的符号,PNP 型三极管和 NPN 型三极管的结构特点、工作原理基本相同。

1.5.2 三极管的三种连接方式

三极管作为放大元件使用时将构成两个回路,其中一个为输入回路,一个为输出回路,故三个电极中必有一个电极作为两个回路的公共端,从而形成三种不同的连接方式,即共发射极、共集电极和共基极,如图 1.5.3 所示。

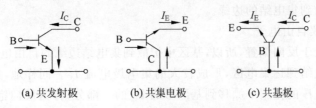

(a) 共发射极   (b) 共集电极   (c) 共基极

图 1.5.3 三极管的三种连接方式

1.5.3 三极管的放大作用

不论什么连接方式,要使三极管具有放大作用,必须由它的内部结构和外部条件来保证。三极管的内部结构具有以下三个特点:

(1) 发射区掺杂多,多数载流子浓度远大于基区多数载流子的浓度。

(2) 基区做得很薄,而且掺杂少。

(3) 集电区面积大,保证尽可能收集到发射区发射到基区并扩散到集电结附近的多数载流子。

三极管的外部条件应满足其发射结处正向偏置、集电结反向偏置。

在满足上述条件下,以图 1.5.4 所示的 NPN 管共发射极放大电路为例,分析电路的放大过程。

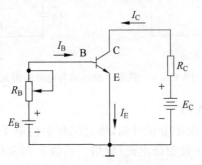

图 1.5.4 共发射极放大电路

1. 载流子运动情况

三极管的载流子运动情况可分为以下几步。

1) 发射区向基区发射自由电子

由于发射结处正向偏置,发射区的多数载流子自由电子不断地通过发射结到达基区,与此同时,基区的多数载流子空穴也会通过发射结到达发射区,两种载流子方向相反,形成电流的方向相同,称为发射极电流 I_E。由于基区的空穴浓度远低于发射区自由电子浓度,可以认为发射极电流主要是由发射区的多数载流子自由电子形成的。

2）自由电子在基区的扩散和复合运动

由发射区进入基区的自由电子从发射结附近继续向自由电子浓度少的集电结方向扩散，在扩散途中，自由电子不断地与基区的多数载流子空穴复合而消失。同时，接于基极的电源 E_B 的正极不断补充基区中被复合掉的空穴，从而形成了基极电流 I_B。由于基区很薄且空穴浓度很低，所以从发射区到达基区的自由电子中只有少部分被复合掉，而绝大部分的自由电子均能扩散到集电结的边缘。

3）集电区收集自由电子

由于集电结处于反向偏置，所以，基区中扩散到集电结边缘的自由电子在电场力的作用下很容易通过集电结到达集电区，形成较大的集电极电流 I_C。同样地，集电区的少数载流子空穴也在反向电压的作用下漂移到基区形成 I_C 的一部分，称为反向饱和电流 I_{CBO}，但由于数量很少，对放大没有贡献，且受温度影响很大，易使管子工作不稳定，所以在应用时，应选择 I_{CBO} 小的管子。

从三极管载流子的运动情况看，参与导电的载流子有两种极性，即，带正电的空穴和带负电的自由电子，因而三极管属双极型半导体器件。三极管载流子的运动情况与电流的形成如图 1.5.5 所示。

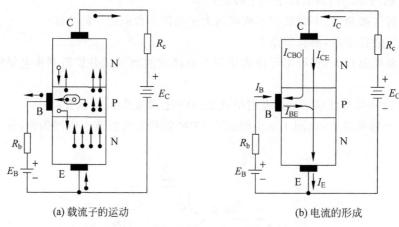

(a) 载流子的运动　　　　(b) 电流的形成

图 1.5.5　载流子的运动与电流的形成

2. 电流的分配与放大作用

由上述载流子的运动情况的分析可知，集电结收集的电子流是发射结发射的总电流的一部分，其数值小于但接近于发射极电流，常用一系数 $\bar{\alpha}$ 与发射极电流的乘积来表示，即

$$I_C = \bar{\alpha} I_E \tag{1.5.1}$$

$\bar{\alpha}$ 称为共基极连接时的电流放大系数，其数值小于但接近于 1。根据图 1.5.5 的电路，应用基尔霍夫（或克希荷夫）电流定律（简称 KCL），三极管各极的电流关系为

$$I_E = I_C + I_B \tag{1.5.2}$$

因此，基极电流可以表示为发射极电流的一部分，即

$$I_B = (1 - \bar{\alpha}) I_E \tag{1.5.3}$$

由此推出集电极电流与基极电流的关系，即

$$\frac{I_C}{I_B} = \frac{\bar{\alpha} I_E}{(1 - \bar{\alpha}) I_E} = \frac{\bar{\alpha}}{1 - \bar{\alpha}} = \bar{\beta} \tag{1.5.4}$$

$\bar{\beta}$ 称为共发射极连接时的电流放大系数。

对于已经制成的三极管而言，I_C 和 I_B 的比值基本上是一定的。因此，在调节 B、E 之间电压 U_{BE} 使得基极电流 I_B 变化时，集电极电流 I_C 也将随之变化，它们的变化量分别用 Δi_B 和 Δi_C 表示。Δi_C 与 Δi_B 的比值称为共发射极交流电流放大系数，用 β 表示，即

$$\beta = \frac{\Delta i_C}{\Delta i_B} \tag{1.5.5}$$

当 I_B 微小的变化会引起 I_C 较大的变化时，这就是三极管的电流放大作用，三极管的 β 通常为几十到几百，由此可知，三极管是一种电流控制元件，所谓电流放大作用，就是用基极电流的微小变化去控制集电极电流较大的变化。

1.5.4　三极管的特性曲线

三极管的特性曲线是指各极电压与电流之间的关系曲线。它们能直接反映三极管的性能，同时也是分析放大电路的重要依据。本节仅讨论共发射极的特性曲线。

1. 输入特性曲线

共射极输入特性曲线是指以输出电压 u_{CE} 为参考变量时，输入电流 i_B 和输入电压 u_{BE} 的关系曲线。用函数表示为

$$i_B = f(u_{BE}) \mid u_{CE=常数}$$

图 1.5.6 是硅三极管的输入特性曲线。当 $u_{CE} = 0$ 时，三极管的发射极和集电极间短路，i_B 实际上为两个并联 PN 结的正向电流之和。当 $u_{CE} \geqslant 1$ 时，随 u_{CE} 的增加，集电结上反向电压增加，不仅可增加吸引基区载流子的能力，而且反向电压增加可加宽集电结空间电荷区，减小基区有效宽度，使载流子在基区复合的机会减少，故而在相同的 u_{BE} 作用下 i_B 减小，输入特性曲线右移。在 $u_{CE} \geqslant 1V$ 以后，只要 u_{BE} 不变，i_B 下降不明显，故而可用一条曲线表示。

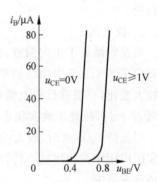

图 1.5.6　硅三极管的输入特性

与二极管伏安特性一样，三极管的输入特性曲线也存在死区，且其死区电压分别等于硅二极管和锗二极管的死区电压。正常工作时，硅三极管的发射结电压为 0.6～0.7V，锗三极管的发射结电压为 0.2～0.3V。

2. 输出特性曲线

共发射极输出特性曲线是指以输入电流 i_B 为参考变量时，输出电流 i_C 和输出电压 u_{CE} 的关系曲线。用函数表示为

$$i_C = f(u_{CE}) \mid_{i_B=常数} \tag{1.5.6}$$

图 1.5.7 为 3DG6 型三极管对应于不同基极电流的输出特性曲线，可以看出，曲线的起始部分(即 u_{CE} 较小时)很陡。当 u_{CE} 由零开始略有增加时，由于集电结收集载流子的能力大大增强，i_C 增加很快，但当 u_{CE} 增加到一定数值(约 1V)后，集电结反向电场已足够强，能将从发射区扩散到基区的载流子绝大部分吸引到集电区，致使当 u_{CE} 继续增加时，i_C 不再明显地增加，曲线趋于平坦。

当 i_B 增大时，相应的 i_C 也增加，曲线上移，形状相似。

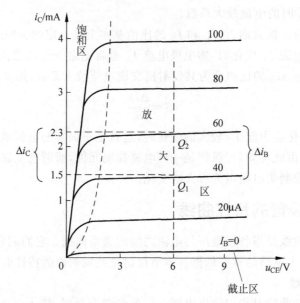

图 1.5.7　3DG6 的输出特性曲线

通常将三极管的输出特性曲线分成三个工作区域：放大区、饱和区和截止区。下面分别讨论。

1）放大区

当发射结处于正向偏置、集电结处于反向偏置时，三极管工作在放大区（又称线性区）。它对应于图 1.5.7 中曲线的平坦部分。此时基极电流 i_B 的微小变化能引起集电极电流 i_C 的较大变化，三极管具有电流放大作用，其关系为 $\Delta i_C = \beta \Delta i_B$。由于此时三极管的输出电流 i_C 受控于 i_B，故处于放大状态下三极管的输出端可以等效为一个电流控制的电流源。

当保持 i_B 不变时，较大的 Δu_{CE} 引起的 Δi_C 很小，其动态电阻 $r_{ce} = \Delta u_{CE}/\Delta i_C$ 很大，故在实际应用中常利用这一特性将三极管作为有源负载用于放大电路之中以增加电压放大倍数或动态范围。

2）饱和区

当 i_B 不断增加、i_C 随之增加而使 u_{CE} 减小到小于 u_{BE} 时，集电结也将处于正向偏置状态，其内电场减弱，不利于收集从发射区到达基区的载流子。因此，i_C 不再随 i_B 增加而增加，无电流放大作用。此时三极管工作在饱和区，对应图 1.5.7 中曲线靠近纵轴的区域。深度饱和时 u_{CE} 很小（硅管约为 0.3V，锗管约为 0.1V），三极管饱和时的管压降用 U_{CES} 表示，此时三极管集电极 C 和发射极 E 之间相当于开关合上。

3）截止区

习惯上将对应于 $i_B=0$ 曲线以下的区域称为截止区，此时 $i_C \approx 0$。为保证三极管可靠截止，常使三极管的集电结和发射结均处于反向偏置。由于此时 $i_C \approx 0$，C 与 E 之间没有电流流过，相当于开关断开。

由以上分析可知，三极管工作在饱和区或截止区时，相当于开关合上或断开，这就是三极管的开关作用。在数字电路中，可通过控制基极电位的极性或基极电流的大小使三极管作为可控开关使用。

1.5.5　三极管的主要参数

三极管的性能还可以用参数表示,它是选择管子的主要依据。三极管的主要参数有:

1. 电流放大系数

1) 共发射极电流放大系数

当三极管连接成共发射极放大电路,放大电路输出电流与输入电流之比称为共发射极电流放大系数。

(1) 共发射极直流放大系数 $\overline{\beta}$:

$$\overline{\beta} = \frac{I_C}{I_B} \tag{1.5.7}$$

(2) 共发射极交流放大系数 β:

$$\beta = \frac{\Delta i_C}{\Delta i_B} \tag{1.5.8}$$

显然 $\overline{\beta}$ 与 β 定义不同, $\overline{\beta}$ 反映静态时的电流放大特性, β 反映动态时的电流放大特性。在线性区内两者数值相近,故在一般估算中,可认为 $\overline{\beta} \approx \beta$ 而不再加以区分。

由于制造工艺的分散性,即使同一型号的管子 β 也有差异。β 值太小电流放大作用差,β 值太大管子性能不稳定,一般放大器采用 β 值为 30~80 的三极管为宜。

2) 共基极电流放大系数

当三极管接成共基极放大电路,输出回路电流与输入回路电流之比称为共基极电流放大系数。

(1) 共基极直流放大系数 $\overline{\alpha}$:

$$\overline{\alpha} = \frac{I_C}{I_E} \tag{1.5.9}$$

$\overline{\alpha}$ 越接近于 1,则电流传输效率越高。通常 $\overline{\alpha}$ 可达 0.98~0.99。

(2) 共基极交流放大系数 α:

$$\alpha = \frac{\Delta i_C}{\Delta i_E} \tag{1.5.10}$$

同样,在一般情况下,可认为 $\overline{\alpha} \approx \alpha$。

从以上定义可知

$$\beta = \frac{\Delta i_C}{\Delta i_B} = \frac{\Delta i_C}{\Delta i_E - \Delta i_C} = \frac{\dfrac{\Delta i_C}{\Delta i_E}}{1 - \dfrac{\Delta i_C}{\Delta i_E}} = \frac{\alpha}{1 - \alpha} \tag{1.5.11}$$

2. 极间反向电流

1) 集—基反向饱和电流 I_{CBO}

I_{CBO} 为发射极开路时,集电极与基极间的反向饱和电流,I_{CBO} 的测量电路如图 1.5.8 所示。小功率硅管 I_{CBO} 在 $1\mu A$ 以下,锗管 I_{CBO} 约为 $10\mu A$ 左右。

2) 穿透电流 I_{CEO}

I_{CEO} 为基极开路时从集电极穿过基极到达发射极的电流,I_{CEO} 的测量电路如图 1.5.9

所示。由图可知,此时集电结反向偏置。集电区的少数载流子空穴漂移到基区,数量为 I_{CBO},发射区的多数载流子自由电子也扩散到基区。由于基极开路,因此集电区的空穴漂移到基区后,只能与从发射区注入基区的自由电子复合。而从发射区扩散到基区的自由电子被复合掉的部分刚好是 I_{CBO},其余大部分的自由电子(βI_{CBO})则通过集电结到达集电区。集电极电流是由从集电区进入基区的空穴电流 I_{CBO} 和从基区进入集电区的电流 βI_{CBO} 共同组成。

$$I_{CEO} = I_{CBO} + \beta I_{CBO} = (1+\beta)I_{CBO} \tag{1.5.12}$$

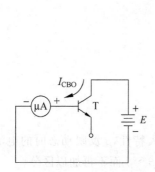
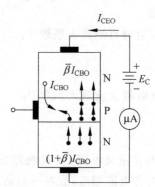

图 1.5.8　I_{CBO} 的测量电路　　　　图 1.5.9　穿透电流 I_{CEO}

　　I_{CEO} 和 I_{CBO} 都是衡量三极管质量的重要参数,小功率锗管的 I_{CEO} 约在几十至几百微安,硅管在几微安以下,它们都随着温度增加而增加。因此,选用管子时,希望这两种电流尽量小一些,以减小温度对管子性能的影响。硅管由于此性能优于锗管而更多地被选用。

　　由前面讨论可知,I_{CEO} 就是当 $I_B=0$ 时的集电极电流 I_C,当 $I_B \neq 0$ 时,I_C 与 I_B 的关系应该是

$$I_C = \beta I_B + I_{CEO} \tag{1.5.13}$$

通常 I_{CEO} 很小,略去,故 $I_C \approx \beta I_B$。

3. 极限参数

1）集电极最大允许功耗 P_{CM}

集电极最大允许功耗 P_{CM} 指允许在集电极上消耗功率的最大值。超过此值时会使集电结发热、温度升高甚至烧毁。当管子的 P_{CM} 已确定时,由 $P_{CM}=I_C \cdot U_{CE}$ 可知,P_{CM} 曲线为一双曲线,如图 1.5.10 中虚线所示。在选择 P_{CM} 较大的管子时必须注意满足其散热条件。

2）集电极最大允许电流 I_{CM}

当集电极电流超过一定值时,管子的 β 值将明显下降。I_{CM} 就是指管子 β 值下降到正常值 2/3 时的集电极电流。当 $I_C > I_{CM}$ 时,管子不一定损坏。

3）反向击穿电压

（1）$U_{(BR)EBO}$：指集电极开路时,发射极与基极之间的反向击穿电压。这是发射结允许的最高反向电压。超过此值时,发射结将会被击穿。

（2）$U_{(BR)CBO}$：指发射极开路时,集电极与基极之间的反向击穿电压。这是集电结允许的最高反向电压。一般管子的 $U_{(BR)CBO}$ 约为几十伏。

（3）$U_{(BR)CEO}$：指基极开路时,集电极与发射极之间的反向击穿电压。

在三极管输出特性曲线上,由 I_{CM}、P_{CM} 和 $U_{(BR)CEO}$ 所包围的区域称为安全工作区,如

图 1.5.10 所示。

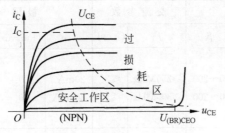

图 1.5.10 三极管的安全工作区

1.5.6 温度对三极管参数的影响

温度对三极管特性的影响是不容忽视的问题。其影响通常体现在以下三个方面。

(1) 温度对 U_{BE} 的影响：当温度升高时，三极管输入特性将左移。这样，在 I_B 相同时 U_{BE} 将减小，U_{BE} 随着温度的变化规律与二极管的正向电压随着温度的变化规律相同，即：温度每升高 $1℃$，U_{BE} 减小 $2\sim2.5\text{mV}$。

(2) 温度对 β 的影响：三极管的电流放大系数 β 随着温度的增加而增大，其规律是温度每增加 $1℃$，β 值增大 $0.5\%\sim1\%$。β 的增加使得输出特性曲线上曲线之间的距离增大。

(3) 温度对 I_{CBO} 的影响：集电极反向饱和电流 I_{CBO} 和二极管反向饱和电流一样，对温度反应敏感，即：温度每升高 $10℃$，I_{CBO} 增加一倍。I_{CEO} 的变化规律与 I_{CBO} 基本相同，I_{CEO} 的增加使得输出特性曲线上移。

温度在以上三方面的影响集中反映在三极管集电极电流 I_C 上，它们都使得 I_C 随着温度的升高而增大。如何补偿 I_C 的温度特性是在以后章节中讨论的课题之一。

表 1.5.1 给出了部分典型三极管的参数。

表 1.5.1 部分典型三极管参数

型号	直流参数			交流参数		极限参数			备注
	$I_{CBO}/\mu A$	$I_{CEO}/\mu A$	β	f_T	C_μ/pF	I_{CM}	$U_{(BR)CEO}/V$	P_{CM}	
3AX31B 3AX81C	$\leqslant10$ $\leqslant30$	$\leqslant750$ $\leqslant1000$	$50\sim150$ $30\sim250$	$\geqslant8\text{kHz}$ $\geqslant10\text{kHz}$		125mA 200mA	$\geqslant18$ 10	125mW 200mW	PNP 合金型锗管，用于低频放大以及甲类和乙类功率放大电路
3AG6E 3AG11	$\leqslant10$ $\leqslant10$		$30\sim250$	$\geqslant100\text{kHz}$ $\geqslant30\text{kHz}$	$\leqslant3$ $\leqslant15$	10mA 10mA	$\geqslant10$ 10	50mW 30mW	PNP 合金扩散型锗管，用于高频放大及振荡电路
3AD6A 3AD18C	$\leqslant400$ $\leqslant1000$	$\leqslant2500$	$\geqslant12$ $\geqslant15$	$\geqslant2\text{kHz}$ $\geqslant100\text{kHz}$		2A 15A	18 60	10W	PNP 合金扩散型锗管，用于低频功率放大

续表

型号	直流参数			交流参数		极限参数			备　注
	$I_{CBO}/\mu A$	$I_{CEO}/\mu A$	β	f_T	C_μ/pF	I_{CM}	$U_{(BR)CEO}/V$	P_{CM}	
3DG6C 3DG12C	≤0.01 ≤1	≤0.01 ≤10	20～200 20～200	≥250MHz ≥300MHz	≤3 ≤15	20mA 300mA	20 30	100mW 700mW	NPN 外延平面型硅管，用于中频放大、高频放大及振荡电路
3DD1C 3DD8B	<15 100	<50	>12 10～20	≥200kHz		300mA 7.5A	≥15 60	1W 100W （加散热板）	NPN 外延平面型硅管，用于低频功率放大
3DA14C 3DA28D	≤10 ≤200	≤50 ≤1000	≥20 ≥20	≥200MHz ≥50MHz	≤30 ≤40	1A 1.5A	45 90	5W （加散热板） 1W （不加散热板） 10W （加散热板）	NPN 外延平面型硅管，用于高频功率放大、振荡等电路
3CG1E 3CG2C	≤0.5 ≤0.5	≤1 ≤1	35 >20	>80MHz >60MHz	≤10 <15	35mA 60mA	50 20	350mW 600mW	PNP 平面型硅管，用于高频放大和振荡电路

本章小结

1. PN 结是构成半导体二极管和其他有源器件的重要环节，它是由 P 型半导体和 N 型半导体相结合而成的。对纯净的半导体（例如硅材料）掺入三价杂质元素或五价杂质元素，便可制成 P 型或 N 型半导体。空穴导电是半导体不同于金属导电的重要特点。

2. PN 结中的 P 型半导体与 N 型半导体的交界处形成一个空间电荷区，常称为耗尽层或阻挡层。当 PN 结外加正向电压（正向偏置）时，耗尽层变窄，有电流流过；而当外加反向电压（反向偏置）时，耗尽层变宽，没有电流流过或电流极小，这就是半导体二极管的单向导电性。

3. PN 结的性能常用伏安特性来描述，伏安特性的理论表达式为 $i_D = I_S(e^{\frac{u_D}{U_T}} - 1)$。当 $u_D > 0$，且 $u_D \gg U_T$，有 $i_D = I_S e^{\frac{u_D}{U_T}}$，当 $u_D < 0$，且 $|u_D| \gg U_T$，有 $i_D = -I_S$。

4. 二极管的主要参数有最大整流电流、最高反向工作电压、反向击穿电压和最高工作频率。二极管的正常工作状态有正向导通和反向截止状态。

5. 稳压二极管是一种用特殊工艺制造的面接触型半导体硅二极管，利用它在反向击穿状态下的恒压特性，常用它来构成简单的稳压电路，因此，稳压二极管常工作在反向击穿状态，也可工作在正向导通和反向截止状态。它的正向压降与普通二极管相近。

6. 分析二极管电路的关键是判断二极管的导通或截止。导通时,用理想模型分析,$U_D=0$;用恒压模型分析,$U_D=0.7V$ 或 $U_D=0.3V$,截止时,两种模型均视为开路。对稳压管电路的分析与二极管相似,关键是判断稳压管的工作状态,即导通、截止或稳压状态,不同的是当稳压管的反向电压大于稳压管的稳定电压 U_Z(即击穿电压)时,稳压管处于稳压状态,其端电压就是稳定电压 U_Z。

7. 三极管是由两个 PN 结组成的三端有源器件,从结构上分为 NPN 和 PNP 两种类型,它的三个端分别称为发射极 E、基极 B 和集电极 C。根据材料的不同又可分为硅三极管和锗三极管。从三极管载流子的运动情况看,参与导电的载流子有两种极性,因而三极管又称为双极型半导体器件。

8. 描述三极管性能的有输入特性和输出特性,其中输出特性用得较多,均称为伏-安特性,从输出特性上可以看出,用改变基极电流的方法可以控制集电极电流,因而三极管是一种电流控制器件。

9. 三极管的电流放大系数是它的主要参数,按连接方式的不同有共射极电流放大系数 β 和共基极电流放大系数 α 之分。三极管的极限参数是保证器件安全运行的重要依据,如集电极最大允许电流 I_{CM}、集电极最大允许功率损耗 P_{CM} 和反向击穿电压等,使用时应当予以注意。

10. 三极管可工作在饱和状态、放大状态或截止状态,工作在放大状态时,应满足发射结处正向偏置、集电结反向偏置。

习题

1.1 本征半导体是_____,其载流子是_____和_____;载流子的浓度_____。

1.2 漂移电流是_____在_____作用下形成的。

1.3 二极管最主要的电特征是_____。

1.4 正误判断。

(1) P 型半导体可以通过在本征半导体中掺入五价磷元素而得到。 （ ）

(2) N 型半导体可以通过在本征半导体中掺入三价硼元素而得到。 （ ）

(3) 在 N 型半导体中,掺入高浓度的三价元素,可以改变为 P 型半导体。 （ ）

(4) 漂移电流是在内电场作用下形成的。 （ ）

(5) 半导体中的空穴的移动是借助于邻近价电子与空穴复合而移动的。 （ ）

1.5 在室温附近,温度升高,杂质半导体中_____的浓度明显增加;而当增加杂质半导体的杂质时,_____的浓度明显增加。

1.6 PN 结未加外部电压时,扩散电流_____漂移电流;当外加电压使 PN 结的 P 区电位高于 N 区电位,称为 PN 结_____;加正向电压时,扩散电流_____漂移电流,其耗尽层_____;加反向电压时,扩散电流_____漂移电流,其耗尽层_____。

1.7 电路如图 1.1 所示,设二极管正向电压降为 0.7V,试计算 U_X 和 U_Y 的值。

1.8 画出图 1.2 中各电路的 u_o 波形,设 $u_i=10\sin\omega t(V)$,且二极管为理想二极管。

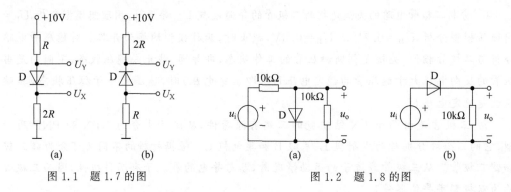

图 1.1　题 1.7 的图　　　　　　　图 1.2　题 1.8 的图

1.9　画出图 1.3 中各电路的 u_o 波形，设 $u_i = 5\sin\omega t\,(\mathrm{V})$，且二极管为理想二极管。

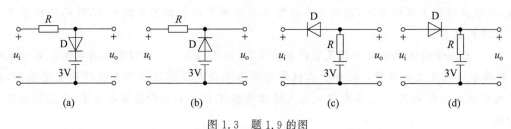

图 1.3　题 1.9 的图

1.10　图 1.4 中二极管均为理想二极管，试判断它们的工作状态，并求出电压 U_{AB}。

1.11　判断图 1.5 中二极管是否导通，并求出 A、O 两端电压。设所有的二极管均为理想二极管。

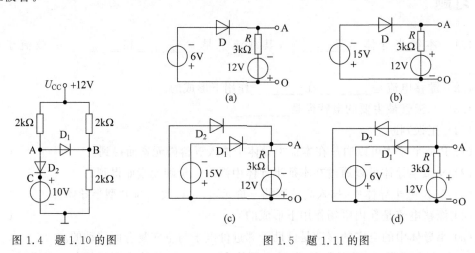

图 1.4　题 1.10 的图　　　　　　　图 1.5　题 1.11 的图

1.12　电路如图 1.6 所示，设稳压二极管 D_{Z1} 和 D_{Z2} 的稳定工作电压分别为 5V 和 10V，试求出电路的输出电压 U_O，判断稳压二极管所处的工作状态。

1.13　选择正确答案填空：在图 1.7 所示电路中，稳压管 D_{Z1}、D_{Z2} 具有理想的特性，其稳定工作电压分别为 6V 和 7V，则负载电阻 R_L 上的电压 $U_O =$ _____。（A. 6V；B. 7V；C. 5V；D. 1V）

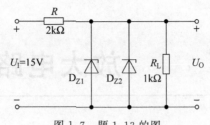
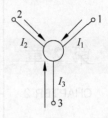

图 1.6 题 1.12 的图   图 1.7 题 1.13 的图   图 1.8 题 1.14 的图

1.14 在某放大电路中,三极管三个电极的电流如图 1.8 所示。已测出 $I_1 = -1.2\text{mA}$, $I_2 = -0.03\text{mA}$, $I_3 = 1.23\text{mA}$。由此可知:

(1) 电极 1 是_____极,电极 2 是_____极,电极 3 是_____极。

(2) 三极管电流放大系数 β 约为_____。

(3) 三极管的类型是_____型(PNP 或 NPN)。

1.15 在晶体管放大电路中,测得晶体管的各极电位如图 1.9 所示。试判断各晶体管的类型(是 PNP 管或 NPN 管,是硅管或锗管),并区分 e、b、c 三个电极。

1.16 对图 1.10,判断下列说法是否正确,并在相应的括号内画√或×。

(1) 电路 $U_{BE} = 0.7\text{V}$,U_{CE} 不为零也不等于 12V,三极管处于放大状态。   (   )

(2) 电路 $U_B = 0$,三极管截止,因此 $U_C = U_E = 0$。   (   )

(3) 电路 $U_B = 0$,三极管截止,$U_E = 0$,$U_C = 12\text{V}$。   (   )

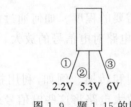
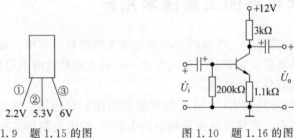

图 1.9 题 1.15 的图   图 1.10 题 1.16 的图

1.17 三极管从结构上可以分成_____和_____两种类型,它们工作时有_____和_____两种载流子参与导电。三极管用来放大时,应使发射结处于_____,集电结处于_____。

1.18 三极管起开关作用时,应使三极管工作在_____区和_____区。

第 2 章

放大电路分析

本章在介绍放大器中"放大"概念的基础上,以最直观的单级共射放大电路为对象,重点讨论了放大电路的组成原则、放大原理以及分析方法。在分析方法上,主要介绍了图解法、解析法,对于动态分析,介绍了在解析法基础上归纳出的观察法。

考虑到三极管参数受温度影响较大,为稳定放大器工作点,本章还重点讨论了工作点稳定电路。对于三极管放大电路中另外两种形式:共集、共基电路也作了较为详细的讨论,并对共射、共集、共基三种电路的特点进行了比较,明确了各自的应用场合。

最后对阻容耦合的多级放大器的分析方法进行了讨论,并对放大电路中的频率特性作了简单的介绍。

2.1 放大电路的主要技术指标

实际工程中常常需要把一些微弱的电信号放大到需要的程度。如何通过放大电路将微弱的电信号放大,是本课程讨论的主要内容之一。放大电路对电信号的放大,与通常意义上的放大是有区别的,有独自的特点。

放大电路对电信号的放大,本质上是对能量的控制和转换。例如,利用扩音机放大声音,话筒(传感器)将声音的特征转换成相应的电信号,放大电路将这些电信号放大后通过扬声器输出,扬声器输出信号的能量比放大前大得多,输出信号的能量来于放大电路中供电电源。也就是说,放大电路控制完成的是,将电源的电能适当地转换成所需要的信号并送到输出端,在放大电路输出端得到比输入端更大的信号。放大电路的任务就是把信号放大到所需要的程度与大小。

一个放大电路的性能如何,可以通过一系列的技术指标来体现。放大电路的技术指标很多,下面按图 2.1.1 所示的放大电路示意图,仅对放大电路的一些主要技术指标做分析。在图 2.1.1 中,假设电压、电流都是正弦量并用相量表示。其中 $\dot{U}_\mathrm{s}$、R_s 是加给放大电路的信号源,其中 R_s 为信号源内阻。$\dot{U}_\mathrm{i}$ 是放大电路的输入电压,r_i 是放大电路的输入电阻。$\dot{U}'_\mathrm{o}$、r_o 是放大电路输出端的戴维南等效电路。$\dot{U}_\mathrm{o}$ 是放大电路负载 R_L 上的电压,也即放大电路的输出电压。

1. 电压放大倍数 $\dot{A}_\mathrm{u}$

电压放大倍数是衡量放大电路电压放大能力的指标,定义为输出电压与输入电压的变化量之比。设信号源为正弦量(后同),则电压放大倍数也可以定义为放大电路的输出信号

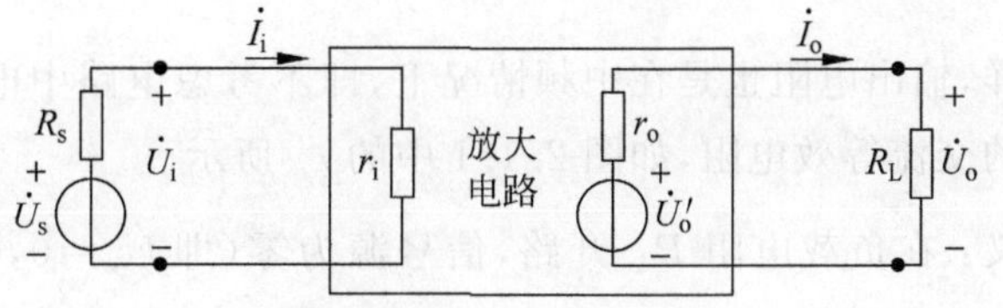

图 2.1.1 放大电路示意图

电压与输入信号电压变化量之比,由于信号为正弦量,所以也可表示为输出电压与输入电压相量之比,即

$$\dot{A}_{\mathrm{u}} = \frac{\dot{U}_{\mathrm{o}}}{\dot{U}_{\mathrm{i}}} \tag{2.1.1}$$

2. 源电压放大倍数 $\dot{A}_{\mathrm{us}}$

源电压放大倍数是考虑了信号源内阻 R_{s} 影响的电压放大倍数。源电压放大倍数定义为输出信号电压与信号源电压变化量之比,用相量表示为

$$\dot{A}_{\mathrm{us}} = \frac{\dot{U}_{\mathrm{o}}}{\dot{U}_{\mathrm{s}}} \tag{2.1.2}$$

3. 电流放大倍数 $\dot{A}_{\mathrm{i}}$

电流放大倍数是衡量放大电路电流放大能力的指标,定义为输出信号电流与输入信号电流之比,用向量表示为

$$\dot{A}_{\mathrm{i}} = \frac{\dot{I}_{\mathrm{o}}}{\dot{I}_{\mathrm{i}}} \tag{2.1.3}$$

4. 输入电阻 r_{i}

放大电路的输入电阻 r_{i} 是指,从放大电路输入端看进去的交流等效电阻。如图 2.1.1 中的电阻 r_{i} 即为放大电路的输入电阻。输入电阻是在中频频率情况下定义的,这时,电路中的所有电容、晶体管的解电容等都可以近似忽略,所以在不考虑电路中电抗影响下,从放大电路输入端看进去的等效电阻,可得到一个纯电阻。

输入电阻是衡量放大电路对信号源影响程度的指标,由图 2.1.1 可见,放大电路的输入电阻越大,则向信号源索取的电流越小,对信号源造成的负担越小。而且可以看到,放大电路的输入电阻越大,得到的输入电压越大 $\dot{U}_{\mathrm{i}}$ 也越大,放大电路得到的输入电压 $\dot{U}_{\mathrm{i}}$ 与信号源电压 $\dot{U}_{\mathrm{s}}$ 越接近。对于一个放大电路,究竟其输入电阻大一点好还是小一点好,要视信号源的具体情况而定。例如,对于电流源类型的信号源,则要求放大电路的输入电阻小一些,以便放大电路获取的电流更接近信号源电流。通常情况下,信号源多以电压源形式出现,这就要求放大电路输入电阻大一些。

输入电阻的大小定义为端钮上信号电压与信号电流之比,即

$$r_{\mathrm{i}} = \frac{\dot{U}_{\mathrm{i}}}{\dot{I}_{\mathrm{i}}} \tag{2.1.4}$$

5. 输出电阻 r_o

和输入电阻一样，输出电阻也是在中频情况下，即不考虑电路中电抗的影响时，从放大电路输出端看进去的交流等效电阻，如图 2.1.1 中的 r_o 所示。

输出电阻的定义：在负载电阻 R_L 开路，信号源为零（即 $\dot{U}_s=0$，保留内阻 R_s）的条件下，在输出端钮上加电压 $\dot{U}_o$，对应得到端钮电流 $\dot{I}_o$，对于端钮而言，电压、电流为关联参考方向（即：将图 2.1.1 中 $\dot{I}_o$ 参考方向改为相反，R_L 换成电源，电压参考方向不变），两者之比即为输出电阻 r_o，即

$$r_o = \frac{\dot{U}_o}{\dot{I}_o}\bigg|_{\substack{\dot{U}_s=0 \\ R_L=\infty}} \tag{2.1.5}$$

输出电阻是衡量放大电路带负载能力的指标，由图 2.1.1 可见，放大电路的输出电阻 r_o 越小，$\dot{U}_o$ 越接近理想电压源，在负载电阻 R_L 变化的情况下，$\dot{U}_o$ 基本不变，表明放大电路带负载的能力越强。

6. 通频带 f_{bw}

由于放大电路中存在电抗元件，另外三极管、场效应管的 PN 结也存在极间电容。在中频范围内，这些电容的影响都可以忽略不计，放大电路的放大倍数基本上为常数。当信号频率降低或升高到一定程度，电路中或晶体管的结电容影响将不能忽略，放大电路的放大倍数将会随信号频率变化而变化。如图 2.1.2 所示为电压放大倍数典型的幅频特性。

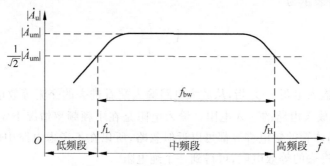

图 2.1.2　放大电路的通频带

图 2.1.2 中，$|\dot{A}_{um}|$ 为中频段电压放大倍数，显然，中频段电压放大倍数最大，当信号频率较低或较高时，电压放大倍数的幅频特性都会下降。当电压放大倍数的幅频特性降低到中频段放大倍数 $1/\sqrt{2}$ 倍时，对应的两个频率分别称为放大电路的下限截止频率 f_L 和上限截止频率 f_H，在 f_L 与 f_H 之间的频率范围称为放大电路的通频带，用 f_{bw} 表示，即

$$f_{bw} = f_H - f_L \tag{2.1.6}$$

通频带是衡量放大电路对不同频率信号放大能力的指标，通频带越宽，表明放大电路对不同频率信号的适应能力越强。

2.2 放大电路的工作原理

双极型三极管组成放大电路时,有共发射极、共集电极、共基极三种连接方式,无论哪种连接方式,只要满足放大条件,都可以实现对信号的放大。下面以共发射极放大电路为例,说明放大电路的工作原理。

2.2.1 基本共射放大电路的组成

基本共发射极放大电路的组成如图 2.2.1 所示。由于输入回路和输出回路的公共端是三极管的发射极,因此称为共发射极放大电路。图 2.2.1(a)是电路基本原理图,为简化电路,可以将 U_{BB} 和 U_{CC} 两个电源合并为一个电源,如图 2.2.1(b)所示。两种电路形式在本质上是相同的。

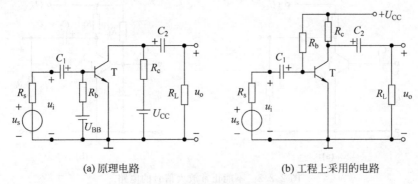

(a) 原理电路   (b) 工程上采用的电路

图 2.2.1 基本共发射极放大电路

1. 放大的条件

要使放大电路能够对输入信号放大,必须满足如下条件:

(1) 外加的直流电源必须使三极管的发射结正向偏置,集电结反向偏置,保证三极管工作在放大区。

(2) 信号能输入,即输入信号必须能加在发射结上。这样,当输入电压有一个变化量 Δu 时,基极电流有一个对应的变化量 Δi_B,集电极电流有一个对应的变化量 Δi_C,两者关系为 $\Delta i_C = \beta \Delta i_B$。

(3) 信号能输出,即被放大的电流 Δi_C 要能加在放大电路的负载上,以便转换成电压输出。

2. 各元件的作用

在图 2.2.1(a)中,三极管 T 起电流放大作用,是放大电路的核心元件。u_s 为信号源电压;R_s 为信号源内阻。

电阻 R_b、电源 U_{BB} 的接入,保证三极管发射结正向偏置。合理选择 R_b、R_c、U_{BB}、U_{CC} 的参数,可以使三极管集电极电位高于基极电位,保证集电结反向偏置。电容 C_1 为耦合电容,其容量较大,对于交流信号,容抗极小,因此,信号源的交流电压可以顺利通过 C_1 加到三极管发射结上。对于直流电压,C_1 容抗极大,相当于开路,因此,C_1 又隔断了直流电源 U_{BB} 对信号源的影响,起到"隔直传交"的作用。C_2 的作用与 C_1 类似,使被放大的交流信号顺利传送到负载,同时,使放大电路与负载之间无直流联系。集电极电阻 R_c 的作用是,将

集电极电流 i_C 的变化转换为集电极电压的变化，并送到放大电路的输出端。直流电源 U_{CC} 的作用除了保证三极管集电结反向偏置外，还为被放大了的输出信号提供能量。

图 2.2.1(a)所示的电路只是基本共发射极放大电路的原理电路，其缺点是电路采用了两个直流电源，这样既不经济，也不方便，工程上采用的是图 2.2.1(b)所示的电路。在图 2.2.1(b)中，电路只用了一个直流电源 U_{CC}，电源采用了简化画法，即在标有"$+U_{CC}$"的端钮处，表示该端与电源 U_{CC} 的正极相连，电源的负极接地。显然，三极管发射结能够正向偏置，若合理选择电阻 R_b、R_c，也可以保证集电结反向偏置。由于耦合电容 C_1、C_2 的容量较大，通常采用电解电容，由于电解电容具有极性，所以使用时其正极与电路的直流正极相连，不能接反。图 2.2.1(b)所示的放大电路分别通过耦合电容 C_1、C_2 将放大电路与信号源和负载连接起来，故称为阻容耦合基本共发射极放大电路。

根据放大的条件和放大电路中各元件的作用，再回头看可放大电路组成原则，可以判断图 2.2.2 所示的电路不能实现对信号的正常放大。

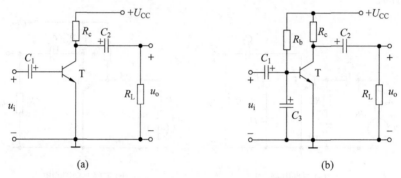

图 2.2.2　不能正常放大信号的电路

在图 2.2.2(a)中，若输入信号的幅值小于三极管发射结的死区电压，则在信号的整个周期内，三极管都处于截止状态，$i_B=0$、$i_C=0$、$u_o=0$。若输入信号的幅值大于三极管发射结的死区电压，则信号在变化过程中，小于发射结死区电压的部分，三极管仍然截止，这部分信号不能被放大；对于信号在变化中出现大于发射结死区电压的部分，虽然此时三极管发射结处于正向偏置，集电结处于反向偏置，这部分信号能够被放大，但由于整个信号中有一部分被丢失，输出的是失真的、没有意义的信号。

在图 2.2.2(b)中，虽然能够做到使三极管发射结正向偏置、集电结反向偏置，但由于 C_3 的"隔直传交"作用，输入信号 u_i 被 C_3 短路，不能加到发射结上，因此，电路不能放大信号。

2.2.2　放大电路工作原理

仍以图 2.2.1(b)所示的基本共发射极放大电路为例，分析电路对信号的放大原理。

在图 2.2.1(b)所示的电路中，先不加输入信号 u_i，即设 $u_i=0$。由于三极管工作在放大区，在直流电源 U_{CC} 的作用下，三极管基极、集电极都有电流，集电极与发射极之间存在电压。因为这些电流和电压都是在直流电源作用下产生的，称它们为放大电路的静态值，分别用 I_{BQ}、I_{CQ}、U_{CEQ} 表示，如图 2.2.3 中虚线所示。

若在输入端加上输入信号 u_i，由于 u_i 作用在发射结上，对应会产生随 u_i 变化的基极电流 i_b、进一步产生变化的 $i_c=\beta i_b$，i_c 加到负载电阻上，将产生变化的输出电压 u_{ce}，总的基极电流 i_B 是直流电流 I_{BQ} 与变化的交流电流 i_b 的叠加。同理，$i_C=I_{CQ}+i_c$、$u_{CE}=U_{CEQ}+u_{ce}$，也都是对应的静态值和变化量的叠加,如图2.2.3中实线所示。

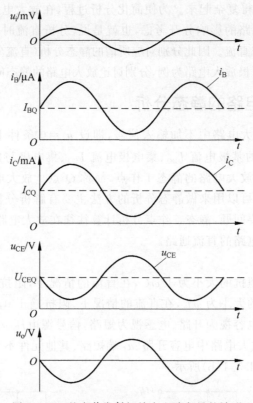

图 2.2.3　基本共发射极放大电路各量的波形

对照图2.2.3各波形并结合放大原理,可得出如下结论:

(1) 由于放大电路设置了静态值,使得i_B、i_C、u_{CE}成为随输入信号变化的直流量(不出现负值),符合PN结单向导电的条件。如果没有静态值的叠加,即使PN结没有死区电压,在输入信号u_i出现负半周时,i_B、i_C、u_{CE}都不可能随输入信号变化。由此可见,要使放大电路实现放大,静态值(静态工作点)的设置是必不可少的。

(2) 电路将u_i形成的输入电流i_b放大成i_c输出(图2.2.3中,i_b、i_c的单位不同),若再将被放大的输出电流i_c加在负载R_L上,就可得到放大的电压。

(3) u_{ce}与i_c相位相反,可对照图2.2.1(b)所示的电路理解。在图2.2.1(b)中,$u_{Rc}+u_{CE}=U_{CC}$,所以,当i_c上升即u_{Rc}加大时,u_{CE}减小。

(4) 虽然u_{CE}随u_i变化,但它是一个变化的直流电压,只有去掉其中的直流分量U_{CEQ},剩下的部分才是放大的电压,这就是图2.2.1(b)中加耦合电容C_2的原因。由于C_2的"隔直传交"作用,在负载上得到的电压u_o就是被放大的交流信号,u_o与u_i的相位相反。

2.3　放大电路的分析方法

由放大原理知,放大电路要对交流信号放大,必须在电路中设置静态工作点。可见,在放大电路中通常是直流量(静态电流和电压)和交流信号(动态电流和电压)共存。然而,由于放大电路中存在着电容元件,直流电流所通过的路径和交流信号通过的路径不尽相同,使得对放大电路的分析变得复杂起来。为使简化分析过程,在放大电路的分析中,通常是将直流电源和交流信号对电路的影响分开考虑,也就是说,分析直流时,不考虑交流信号;反之分析交流问题时,不考虑直流。因此分别对应所谓的静态分析(直流分析)和动态分析(交流分析)。下面以基本共发射极放大电路为例,分别讨论放大电路的静态问题和动态问分析方法。

2.3.1　放大电路的静态分析

静态分析就是在放大电路中不加输入信号,即设 $u_i=0$ 条件下,只考虑直流电源作用时,放大电路中三极管的基极电流 I_{BQ}、集电极电流 I_{CQ}、集电极与发射极间的电压 U_{CEQ} 的情况。这三个值被称为放大电路的静态工作点,简称 Q 点。放大电路的静态分析,就是求解静态工作点的过程。可以用来做静态分析的方法主要有解析分析法和图解分析法两种。为了简化分析,抓住主要问题,静态工作点分析计算往往在放大电路的直流通路中进行。因此,首先需要说明放大电路的直流通路。

1. 直流通路

对于电容元件,其阻抗的大小为 $1/\omega C$,在直流的情况下,阻抗为无穷大,相当于开路。对于电感元件,其阻抗的大小为 ωL,在直流的情况下,阻抗趋于 0,相当于短路。因此在放大电路的直流通路中,电容视为开路、电感视为短路,信号源电压 $u_i=0$。根据这些原则,将图 2.3.1(a)基本共射放大电路中电容开路、u_i 端短路、其他元件不处理,可得到图 2.3.1(a)对应的直流通路,如图 2.3.1(b)所示。

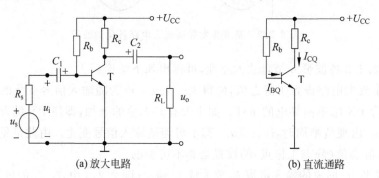

(a) 放大电路　　　　　(b) 直流通路

图 2.3.1　基本共发射极放大电路及直流通路

2. 解析法估算静态工作点

在放大电路的直流通路中,由于只有直流电源作用于电路,所以电路中各电压、电流都是直流量,对于三极管的发射结,在导通时变化很小,近似为常数。即

硅管,$U_{BE}=0.6\sim0.8V$,　近似取 0.7V

锗管,$U_{BE}=0.1\sim0.3V$,　近似取 0.2V

根据图 2.3.1(b)所示的直流通路,可得到

$$I_{BQ}=\frac{U_{CC}-U_{BE}}{R_b} \tag{2.3.1}$$

$$I_{CQ}=\beta I_{BQ} \tag{2.3.2}$$

$$U_{CEQ}=U_{CC}-I_C R_c \tag{2.3.3}$$

式(2.3.1)～式(2.3.3)是分析共射基本交流放大电路静态工作点的基本公式。

例 2.3.1 在图 2.3.1(a)所示电路中,已知 $U_{CC}=12V$,三极管的电流放大系数 $\beta=50$,$R_c=3k\Omega$,$R_b=280k\Omega$。试求电路的静态工作点。

解 设三极管的 $U_{BE}=0.7V$,根据图 2.3.1(b)所示的直流通路及式(2.3.1)、式(2.3.2)、式(2.3.3),可直接得到

$$I_{BQ}=\frac{U_{CC}-U_{BE}}{R_b}=\frac{12-0.7}{280}\approx 0.04mA=40\mu A$$

$$I_{CQ}=\beta I_{BQ}=50\times 0.04=2mA$$

$$U_{CEQ}=U_{CC}-I_c R_c=12-2\times 3=6V$$

3. 图解法估算静态工作点

由解析法估算静态工作点时,虽然很容易求出 I_{BQ}、I_{CQ}、U_{CEQ} 的具体值,但不直观。放大电路的工作点是不是设置的合适?是否需要调节?如需要调节,调节哪些元件的参数可满足要求?要回答这些问题,用解析分析法显然比较困难。而图解分析法可以比较方便地解决上面所提出的问题。图解法是非线性电路分析的一种重要方法,晶体管电路作为一种非线性电路,当然也可以采用图解法分析。因此,在放大电路的静态分析中,图解法也是一种重要分析方法。

电路的静态工作点包括 I_{BQ}、I_{CQ}、U_{CEQ} 三个具体电压电流值,它们分别属于三极管的输入、输出回路。因此,分析时也需要知道三极管的输入、输出特性。但是,有时三极管手册中没有给出三极管的输入特性,这时,在用图解法确定静态工作点时,还需利用解析法求出 I_{BQ},然后再在三极管的输出特性上作图,确定 I_{CQ}、U_{CEQ}。本书只讨论未给出三极管输入特性时电路的图解分析。下面通过具体例子说明图解法的分析过程。

将图 2.3.1(b)所示放大电路的直流通路改画成图 2.3.2(a)的形式。图 2.3.2(a)画法的特点是:将电路中线性元件和非线性元件分化在电路的两边,从图中 a、b 两点向左看,为非线性元件,此时电流 i_c 与电压 u_{CE} 的关系由三极管的非线性特性曲线决定,而三极管的特性如图 2.3.2(b)所示。从图中 a、b 两点向右看是电路的线性部分,从这部分看,电流 i_c 与电压 u_{CE} 的关系应满足直线方程

$$u_{CE}=U_{CC}-i_c R_c \tag{2.3.4}$$

在 i_c、u_{CE} 平面上,可由两点确定出该直线。选两个特殊点作图最方便,因此选择第一个点为 $i_c=0$,$u_{CE}=U_{CC}$,即直线方程与横坐标的交点;选择第二个点为 $u_{CE}=0$,$i_c=\frac{U_{CC}}{R_c}$,即直线方程与纵坐标的交点。连接两点,得到斜率为 $-\frac{1}{R_c}$ 的一条直线,称该直线为放大电路的直流负载线,如图 2.3.2(c)所示。因为直流负载线是由放大电路的直流通路求出的,所以,静态工作点一定在该直线上。

对于图 2.3.2(a)所示的电路,a、b 两点左边电路与右边电路实际上是连在一块的,只有一个 i_c、u_{CE} 值,所以 i_c、u_{CE} 必须同时满足图 2.3.2(b)所示的三极管特性曲线和图 2.3.2(c)所示的直流负载线,电路的静态工作点应该位于两者的交点上。虽然三极管输出特性曲线有无数根,但在用式(2.3.1)求出 I_{BQ} 后,与 $i_B=I_{BQ}$ 对应的输出曲线就确定了静态工作点也就随之确定了。由图解法确定的静态工作点 Q 的位置,如图 2.3.2(d)所示。在图 2.3.2(d)

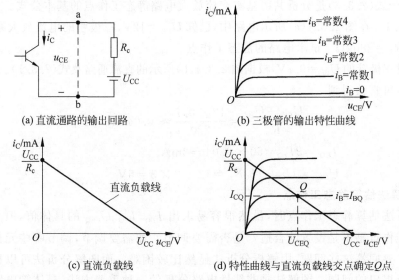

(a) 直流通路的输出回路

(b) 三极管的输出特性曲线

(c) 直流负载线

(d) 特性曲线与直流负载线交点确定Q点

图 2.3.2　图解法确定静态工作点

中，找出 Q 点对应的 I_{CQ}、U_{CEQ}，即得到静态工作点的具体数值。

例 2.3.2　基本共射放大电路及三极管的输出特性曲线分别如图 2.3.3(a)和图 2.3.3(b)所示，用图解法估算静态电路的工作点。

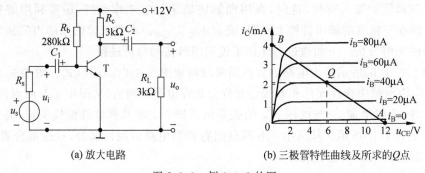

(a) 放大电路

(b) 三极管特性曲线及所求的Q点

图 2.3.3　例 2.3.2 的图

解　第一步，在三极管输出特性曲线上作直流负载线。由直流负载线方程 $u_{CE}=U_{CC}-i_{C}R_{c}$，确定 A、B 两点：

令 $i_{C}=0$，$u_{CE}=U_{CC}=12\text{V}$，得到 A 点；令 $u_{CE}=0$，$i_{C}=\dfrac{U_{CC}}{R_{c}}=\dfrac{12}{3}=4\text{mA}$，得到 B 点。连接 A、B 两点，得到直流负载线，图 2.3.3(b)中直线即为直流负载线。

第二步，由放大电路的直流通路计算 I_{BQ}。

$$I_{BQ}=\frac{U_{CC}-U_{BE}}{R_{b}}=\frac{12-0.7}{280}\approx 0.04\text{mA}=40\mu\text{A}$$

与 $i_{B}=I_{BQ}=40\mu\text{A}$ 对应的输出特性曲线和直流负载线的交点即为 Q 点。由图 2.3.3(b)可得到工作点参数为：$I_{CQ}\approx 2\text{mA}$，$U_{CEQ}\approx 6\text{V}$。

事实上，例 2.3.2 与例 2.3.1 所用的是同一个电路，其参数也完全相同，用图解法求 Q

点与解析法的求解结果会存在一定的误差。因为图解法的主要作用在于定性分析 Q 点位置是否合理,为调整 Q 点提供依据。在后面的动态分析中,还将看到图解法可用来分析放大电路的最大不失真输出电压以及信号失真的情况。

4. 电路的参数对负载线和静态工作点的影响

放大电路的静态工作点设置是否合理,直接影响放大电路的性能。静态工作点设在何处,与电路的参数有直接关系。下面以基本共发射极放大电路为例,讨论电路中参数对静态工作点的影响。

1) R_b 的影响

在其他条件不变的情况下,改变 R_b,将改变 I_{BQ},但直流负载线不受影响。若减小 R_b,I_{BQ} 将增大,Q 点将沿着直流负载线向上移动;若加大 R_b,I_{BQ} 将减小,Q 点将沿着直流负载线向下移动,如图 2.3.4(a)所示。

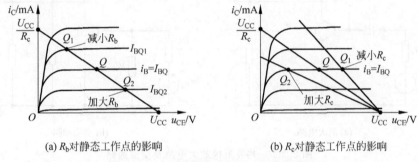

(a) R_b 对静态工作点的影响　　　　(b) R_c 对静态工作点的影响

图 2.3.4　电路参数对静态工作点的影响

2) R_c 的影响

在其他条件不变的情况下,改变 R_c,将改变直流负载线的斜率,I_{BQ} 不受影响。若减小 R_c,直流负载线的斜率将增大,与横轴的交点仍为 U_{CC},Q 点将沿着与 $i_B = I_{BQ}$ 对应的输出特性曲线向右移动;反之,Q 点将沿着与 $i_B = I_{BQ}$ 对应的输出特性曲线向左移动,如图 2.3.4(b)所示。

3) U_{CC} 的影响

若改变直流电源 U_{CC},不但会影响 I_{BQ},还会使直流负载线作水平方向移动。

在实际工程中,调试静态工作点的常用方法是通过改变 R_b 来改变 Q 点。

2.3.2　放大电路的动态分析

动态分析就是讨论在放大电路中加进交流输入信号后,电路的工作状态及放大电路的主要动态技术指标,如电压放大倍数、输入电阻、输出电阻、最大不失真电压等。分析方法有图解法和解析法,两种方法侧重点不同,在分析动态问题时各有优点。在进行动态分析时,需要用放大电路的交流通路,因此先讨论交流通路画法。

1. 交流通路

对于电容元件,其阻抗的大小为 $1/\omega C$,若容量足够大,如耦合电容、旁路电容,在交流的情况下,阻抗非常小,可以近似看作为 0。因此在放大电路的交流通路中,电容被视为短路。对于理想电压源,如 U_{CC},由于其电压恒定不变,即电压的变化量为 0,因此,在放大电路的交流通路中直流电压源也视为短路。

必须指出,在交流通路中,U_{CC} 视为短路,并不意味着放大电路中可以没有直流电源,只是动态分析时的一种简化处理方法。因为动态分析考虑的是当输入信号变化时,电路中各电压、电流的变化量。例如,在图 2.2.3 中,i_B、i_C、u_{CE} 的变化都是在各自的静态值(图中虚线)上下变化,若将 U_{CC} 作短路处理,相当于将图中虚线平移到横坐标处。显然,平移前后各量的变化部分是相同的。

根据以上原则,在图 2.3.5(a)基本共射放大电路中,将电容短路、直流电源对地短路,可得到图 2.3.5(b)所示的交流通路。图中,由于电源短路了,所以,R_c、R_b 与电源相连的一端均接地。

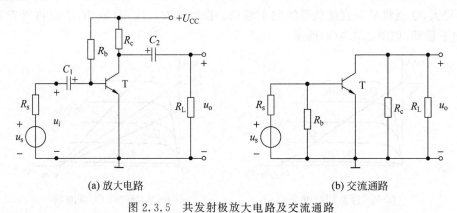

(a) 放大电路　　　　　　　　　　　　　　(b) 交流通路

图 2.3.5　共发射极放大电路及交流通路

2. 图解法

1) 交流负载线

在图 2.3.5(b)所示的交流通路的输出回路中增加 a、b 两点如图 2.3.6(a)所示。

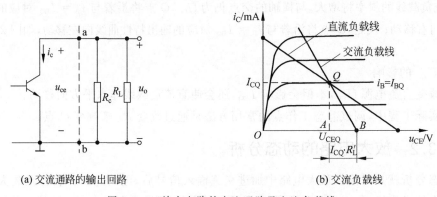

(a) 交流通路的输出回路　　　　　　　　　　(b) 交流负载线

图 2.3.6　放大电路的交流通路及交流负载线

在图 2.3.6(a)中,从 a、b 两点向左看,i_c 与 u_{ce} 的关系由三极管的输出特性曲线确定,从 a、b 两点向右看是线性电路,i_c 与 u_{ce} 的关系满足直线方程

$$u_{ce} = -i_c R'_L \qquad (2.3.5)$$

式中,$R'_L = R_c /\!/ R_L$。

对于图 2.3.5(a)所示的电路,三极管电压 u_{CE} 应该是直流部分 U_{CEQ} 与交流部分 u_{ce} 叠

加,即

$$u_{CE} = U_{CEQ} + u_{ce} = U_{CEQ} - i_c R_L' \tag{2.3.6}$$

同理,三极管集电极电流 i_C,应该是直流部分 I_{CQ} 与交流部分 i_c 叠加,即

$$i_C = I_{CQ} + i_c \quad \Rightarrow \quad i_c = i_C - I_{CQ} \tag{2.3.7}$$

将式(2.3.7)代入式(2.3.6)可得

$$u_{CE} = U_{CEQ} + I_{CQ} R_L' - i_C R_L' \tag{2.3.8}$$

式(2.3.8)描述了图2.3.5(a)所示电路在交流情况下电压 u_{CE} 与电流 i_C 的关系,它是一条直线,该直线就是电路中交流信号变化运动的轨迹,称其为交流负载线。

交流负载线有如下特点:

(1) 交流负载线必须通过静态工作点:在忽略耦合电容影响的情况下,当输入信号过 0 时,与电路不加输入信号的效果是相同的,这时电路的工作点就是静态工作点。所以,交流负载线必然经过静态工作点;

(2) 交流负载线的斜率为 $-1/R_L'$:由于知道交流负载线必然经过静态工作点,而且知道它的斜率,根据一个点和一个斜率就可以方便地画出交流负载线。具体做法是:先作直流负载线确定 Q 点,然后作经过 Q 点,斜率为 $-1/R_L'$ 的直线即得到交流负载线。

在图2.3.6(b)中,已知交流负载线上有一点为 Q,对于直角三角形 QAB,已知直角边 QA 为 I_{CQ},斜率为 $-1/R_L'$,因此另一直角边 AB 为 $I_{CQ} \cdot R_L'$,所以交流负载线 B 点在 u_{CE} 轴上的值为 $U_{CEQ} + I_{CQ} \cdot R_L'$,通过 B、Q 两点所作的直线即为交流负载线。

由于 $R_L' = R_c // R_L \leqslant R_c$,所以一般情况下,交流负载线比直流负载线更陡。只有在空载时(R_L 开路),$R_L' = R_c$,这时交流负载线与直流负载线重合。

2) 图解法分析电压放大倍数

图解法分析电压放大倍数,就是在放大电路加上输入信号后,通过作图,求出输出电压 $u_o = \Delta u_{CE}$ 与输入电压 u_i 的比值,从而得到电压放大倍数,即

$$A_u = \frac{\Delta u_{CE}}{\Delta u_I} = \frac{u_o}{u_i} \tag{2.3.9}$$

例 2.3.3　设基本共发射极放大电路的三极管的输入、输出特性已知,静态工作点和交流负载线已求出。若输入信号 $u_i = 0.02\sin\omega t\,\text{V}$,用图解法求电路的电压放大倍数。

解　(1) 先在三极管输入特性曲线上静态工作点附近画出 u_i 的波形,根据 u_i 波形得到 i_b 的波形。由于交流信号很小,只在工作点附近变化,基本工作在输入特性的线性段上,因此 i_b 与 u_i 基本符合线性关系,i_b 的波形也为正弦波。当 u_i 达到正、负最大值时,i_B(大写脚标,即总量)分别为 $60\mu\text{A}$ 和 $20\mu\text{A}$,如图2.3.7(a)所示。

(2) 在三极管输出特性平面对应 i_b 的波形画出 i_c 的波形,再由交流负载线画出与 i_c 波形对应的 u_{CE} 波形,如图2.3.7(b)所示。由图可见,当 i_B 在 $20\sim60\mu\text{A}$ 变化,i_c 在 $1\sim3\text{mA}$ 变化。当 u_i 增大时,即 i_c 上升时,u_{CE} 则在下降,表明输出电压与输入电压反相,这也是共发射极放大电路的特点,所以,对应的电压放大倍数中冠以负号。

最后根据式(2.3.9)可得到电路的放大倍数

$$A_u = \frac{u_o}{u_i} = \frac{\Delta u_{CE}}{\Delta u_I} = -\frac{2}{0.02} = -100$$

需要指出的是,在实际求解放大电路的电压放大倍数时,一般不采用图解法而采用解析

法,因为图解法比较烦琐,加上作图的误差较大。这里采用图解法,无非是为了进一步理解放大电路的工作原理。图解法的作用主要用来分析工作点的位置、最大不失真输出电压及输出失真等情况。

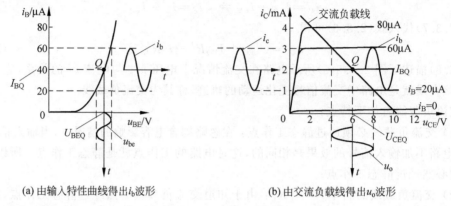

(a) 由输入特性曲线得出 i_b 波形   (b) 由交流负载线得出 u_o 波形

图 2.3.7   例 2.3.3 的图

3) 图解法分析非线性失真

放大电路的核心元件三极管是一个非线性元件,当放大电路的输入信号达到一定幅度或电路的静态工作点设置得不合适,受三极管非线性特性的影响,放大电路的输出信号将出现失真。由于失真是因为三极管的非线性特性引起的,称这种失真为放大电路的非线性失真。

在图 2.3.8 所示的放大电路的波形中,由于静态工作点设置过低,在输入信号负半周的一段时间里,工作点进入截止区, i_B、i_C、u_{CE} 不再随输入信号变化而变化,波形出现了失真,这种失真是因为工作点进入截止区引起的,称为截止失真。

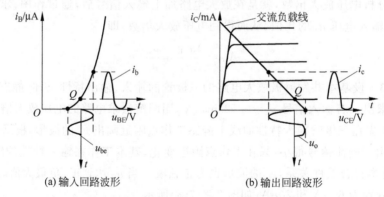

(a) 输入回路波形   (b) 输出回路波形

图 2.3.8   基本共发射极放大电路的截止失真

由图 2.3.8 可见,对于 NPN 三极管组成的共发射极放大电路,当出现截止失真时,输出电压 u_o 的波形出现顶部失真。要想输出信号不失真,可以适当减小 R_b 的值,使静态工作点上移;若放大电路的静态工作点已经不能更改,可减小输入信号,使信号变化的整个周期内,都处于三极管的放大区。

图 2.3.9 是静态工作点设置过高的情况。虽然 i_B 随输入信号变化而变化,但在输入信号正半周的一段时间里,工作点进入饱和区, i_C、u_{CE} 不再随输入信号变化而变化,波形出现了失真,这种失真是因为工作点进入饱和区引起的,称为饱和失真。

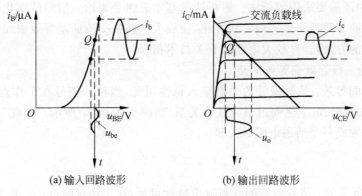

(a) 输入回路波形   (b) 输出回路波形

图 2.3.9 基本共发射极放大电路的饱和失真

由图 2.3.9 可见,对于 NPN 三极管组成的共发射极放大电路,当出现饱和失真时,输出电压 u_o 的波形出现底部失真。同样,要想输出信号不失真,可以适当加大 R_b 的值,使静态工作点下移,或者适当减小输入信号。

4) 图解法分析最大不失真输出电压

当给放大电路加上输入信号,工作点将以 Q 点为中心,沿交流负载线上、下移动,若工作点进入饱和区或截止区,输出信号都会出现失真。最大不失真输出电压是指工作点既不进入饱和区又不进入截止区时,电路最大输出电压的幅值用 U_{om} 表示。一般情况下,当电路的参数和静态工作点确定了,最大不失真输出电压也就确定了。

在图 2.3.10(a)中,静态工作点离饱和区较近,电路的工作点在沿交流负载线移动时,将先受到饱和区限制,所以 $U_{om} = U_{CEQ} - U_{CES}$。

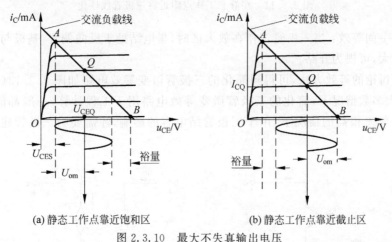

(a) 静态工作点靠近饱和区   (b) 静态工作点靠近截止区

图 2.3.10 最大不失真输出电压

在图 2.3.10(b)中,静态工作点离截止区较近,电路的工作点在沿交流负载线移动时,将先受到截止区限制,所以 $U_{om} = I_{CQ} \cdot R'_L$。

为了充分利用电路的动态范围,应将静态工作点设置在交流负载线 A、B 段的中点处。

3. 解析法

在放大电路的动态分析中,常常要对电路的电压放大倍数、输入电阻、输出电阻等技术指标进行定量计算,对于有些指标的计算,若采用图解法不但很烦琐有时甚至是不可能的,因此，在分析中还需要采用解析法。解析法的基本思想是当输入信号的变化范围很小时，可将放大电路中的非线性元件三极管线性化，使放大电路的交流通路等效成线性电路，然后按求解线性电路的方法，计算放大电路的有关技术指标。

1) 简化的三极管微变等效电路

（1）b～e 间等效：从三极管的共射输入特性可见，当输入信号在工作点附件一个小范围内变化时，Δi_B 与 Δu_{BE} 之间近似为线性关系，如图 2.3.11(a) 所示。因此三极管基极与发射极之间可等效成一个动态电阻 r_{be}，即

$$r_{be} = \frac{\Delta u_{BE}}{\Delta i_B} = \frac{u_{be}}{i_b} \tag{2.3.10}$$

（2）c～e 间等效：从三极管的共射输出特性可见，在工作点附近，i_C 基本不随 u_{CE} 的变化而变化，近似为水平线，具有恒流源特性；在大小上，$\Delta i_C = \beta \Delta i_B$，如图 2.3.11(b) 所示。因此三极管集电极与发射极之间可等效成一个受 i_B 控制的电流源，即

$$\Delta i_C = \beta \Delta i_B \implies i_c = \beta i_b \tag{2.3.11}$$

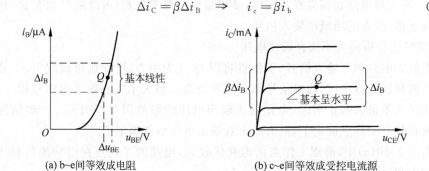

(a) b～e间等效成电阻　　　　　(b) c～e间等效成受控电流源

图 2.3.11　在静态工作点附近将三极管线性化

（3）b～c 间等效：当三极管工作在放大区时，集电结处于反向偏置，基极与集电极之间的电阻非常大，可视为开路。

按以上讨论的等效方法，可得到简化的三极管微变等效电路如图 2.3.12(b) 所示。应该指出，在大多数情况下，简化的三极管微变等效电路用于工程计算，一般都能满足要求。只有在信号频率很高的情况下，由于三极管结电容的影响，才需要为三极管建立新的电路模型。

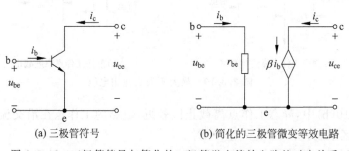

(a) 三极管符号　　　　　　(b) 简化的三极管微变等效电路

图 2.3.12　三极管符号与简化的三极管微变等效电路的对应关系

2) r_{be} 的近似公式

三极管微变等效电路中的动态电阻 r_{be} 的具体值，可以通过三极管的结构进行分析，从

而得到估算 r_{be} 的近似公式。

图 2.3.13 是三极管结构示意图。由图可见,基极与发射极之间的电阻由基区体电阻 $r_{bb'}$、发射结电阻 r_e、发射区体电阻 r_e' 组成。对于低频小功率三极管,$r_{bb'}$ 约为 300Ω 左右,若无特殊说明,一般按 300Ω 处理。由于三极管发射区重掺杂,体电阻 r_e' 非常小,可以忽略不计。至于发射结电阻 r_e,可以通过 PN 结的伏安特性求出。

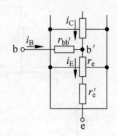

图 2.3.13 三极管结构示意图

由图 2.3.13 可见,流过发射结电阻 r_e 的电流为 i_E,根据 PN 结的伏安关系

$$i_E = I_S(e^{\frac{u}{U_T}} - 1)$$

式中,I_S 为 PN 结的反向饱和电流,U_T 为温度电压当量,在常温下 $U_T \approx 26\mathrm{mV}$,$u$ 为加在 PN 结上的结电压,由于正向偏置,$u \gg 26\mathrm{mV}$,所以

$$i_E \approx I_S e^{\frac{u}{U_T}}$$

可推出

$$\frac{1}{r_e} = \frac{\mathrm{d}i_E}{\mathrm{d}u} = \frac{1}{U_T} \cdot I_S e^{\frac{u}{U_T}} \approx \frac{i_E}{U_T}$$

在静态工作点上,$i_E \approx I_{EQ}$,有

$$\frac{1}{r_e} \approx \frac{i_E}{U_T} \approx \frac{I_{EQ}}{U_T}$$

根据 r_{be} 的定义

$$r_{be} = \frac{u_{BE}}{i_B} \approx \frac{i_B r_{bb'} + i_E r_e}{i_B} = r_{bb'} + (1+\beta)r_e = r_{bb'} + (1+\beta)\frac{U_T}{I_{EQ}}$$

上式中,I_{EQ} 为静态发射极电流。由此得到估算 r_{be} 的近似公式

$$r_{be} = r_{bb'} + (1+\beta)\frac{26(\mathrm{mV})}{I_{EQ}(\mathrm{mA})} \quad (\Omega) \qquad (2.3.12)$$

在式(2.3.12)中,$r_{bb'}$ 是基区的体电阻,其值为 $200 \sim 300\Omega$,本书以后章节中在未说明情况下,均取 $r_{bb'} = 300\Omega$。

3)放大电路的微变等效电路

画放大电路的微变等效电路时,可先画出放大电路的交流通路,然后将三极管用简化的微变等效模型代替即可。

在微变等效电路中,所有元件都是线性元件,求解线性电路的所有方法都可用于微变等效电路分析。需要注意的是,放大电路的微变等效电路只适用于动态分析,不能用于放大电路的静态分析。

4)共射基本放大电路动态参数的计算

基本共发射极放大电路如图 2.3.14(a)所示,图 2.3.14(b)是对应的微变等效电路。通过微变等效电路,可计算出电路的电压放大倍数、输入电阻、输出电阻等动态参数。

由微变等效电路有

$$\dot{U}_i = \dot{I}_b r_{be}$$

$$\dot{U}_o = -\dot{I}_c R_L' = -\beta \dot{I}_b R_L'$$

其中

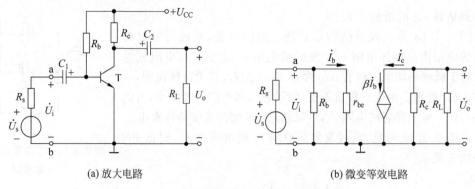

(a) 放大电路　　　　　　　　　(b) 微变等效电路

图 2.3.14　共发射极放大电路动态参数的计算

$$R_{\mathrm{L}}' = R_{\mathrm{c}} \mathbin{/\mkern-5mu/} R_{\mathrm{L}}$$

由此可求得共发射极放大电路的电压放大倍数为

$$\dot{A}_{\mathrm{u}} = \frac{\dot{U}_{\mathrm{o}}}{\dot{U}_{\mathrm{i}}} = -\frac{\beta R_{\mathrm{L}}'}{r_{\mathrm{be}}} \tag{2.3.13}$$

电路的输入电阻是指从图 2.3.14 中 a、b 两点向右看的等效电阻，有

$$r_{\mathrm{i}} = R_{\mathrm{b}} \mathbin{/\mkern-5mu/} r_{\mathrm{be}} \tag{2.3.14}$$

　求电路的输出电阻时，注意两个条件：即信号源为 0 且 R_{L} 断路。由于信号源为 0，所以 $\dot{I}_{\mathrm{b}} = 0$，$\beta\dot{I}_{\mathrm{b}} = 0$，受控源相当于开路，有

$$r_{\mathrm{o}} = R_{\mathrm{c}} \tag{2.3.15}$$

电路的源电压放大倍数为

$$\dot{A}_{\mathrm{us}} = \frac{\dot{U}_{\mathrm{o}}}{\dot{U}_{\mathrm{s}}} = \frac{\dot{U}_{\mathrm{o}}}{\dot{U}_{\mathrm{i}}} \cdot \frac{\dot{U}_{\mathrm{i}}}{\dot{U}_{\mathrm{s}}} = \dot{A}_{\mathrm{u}} \cdot \frac{r_{\mathrm{i}}}{r_{\mathrm{i}} + R_{\mathrm{s}}} \tag{2.3.16}$$

由式(2.3.16)可见，对信号源的电压放大倍数 $\dot{A}_{\mathrm{us}}$ 是考虑了信号源内阻影响的电压放大倍数，由于信号源内阻的存在，对信号源电压放大倍数 $\dot{A}_{\mathrm{us}}$ 比电压放大倍数 $\dot{A}_{\mathrm{u}}$ 要小，当 R_{s} 趋于零，两者相等。

　例 2.3.4　在图 2.3.14(a)所示电路中，已知三极管电流放大系数 $\beta = 50$，$R_{\mathrm{s}} = 500\Omega$，$R_{\mathrm{b}} = 300\mathrm{k}\Omega$，$R_{\mathrm{c}} = 4\mathrm{k}\Omega$，$R_{\mathrm{L}} = 4\Omega$，$U_{\mathrm{CC}} = 12\mathrm{V}$。

　(1) 估算电路的静态工作点；

　(2) 画出简化的微变等效电路；

　(3) 估算三极管的输入电阻 r_{be}；

　(4) 计算电压放大倍数 $\dot{A}_{\mathrm{u}}$ 和 $\dot{A}_{\mathrm{us}}$。

　解　(1) 求 Q 点：根据图 2.3.15(a)可直接得到

$$R_{\mathrm{b}} I_{\mathrm{BQ}} + U_{\mathrm{BE}} = U_{\mathrm{CC}}$$

因此得

$$I_{\mathrm{BQ}} = \frac{U_{\mathrm{CC}} - U_{\mathrm{BE}}}{R_{\mathrm{b}}} = \frac{12 - 0.7}{300} \approx 0.038\mathrm{mA}$$

则集电极电流为

$$I_{CQ} = \beta I_{BQ} = 50 \times 0.038 = 1.9 mA$$

于是有

$$U_{CE} = U_{CC} - R_c I_{CQ} = 12 - 4 \times 1.9 = 4.4 V$$

(2) 画出图 2.3.14(a)对应的微变等效电路如图 2.3.14(b)所示。

(3) 求 r_{be}：

$$I_{EQ} \approx I_{CQ} = 1.9 mA$$

$$r_{be} = r_{bb'} + (1+\beta) \frac{26(mV)}{I_{EQ}(mA)} = 300 + 51 \times \frac{26}{1.9} \approx 998 \Omega$$

(4) 求电压放大倍数 $\dot{A}_u$ 和 $\dot{A}_{us}$：由图 2.3.14(b)可得

$$\dot{U}_o = -\dot{I}_c \times R'_L = -\beta \dot{I}_b (R_c /\!/ R_L)$$

$$\dot{U}_i = \dot{I}_b \times r_{be}$$

所以

$$\dot{A}_u = \frac{\dot{U}_o}{\dot{U}_i} = \frac{-\beta \dot{I}_b (R_c /\!/ R_L)}{\dot{I}_b r_{be}} = -\frac{\beta(R_c /\!/ R_L)}{r_{be}}$$

$$= -\frac{50 \times (4 /\!/ 4) \times 10^3}{998} = -100.2$$

要计算 $\dot{A}_{us}$，就要先计算 r_i，计算 r_i 的电路如图 2.3.15 所示。由图可知

$$r_i = R_b /\!/ r_{be} = \frac{R_b r_{be}}{R_b + r_{be}} \approx r_{be} = 998 \Omega$$

因此有

$$\dot{A}_{us} = \dot{A}_u \times \frac{r_i}{r_i + R_s} = -100.2 \times \frac{998}{998 + 500} = -66.76$$

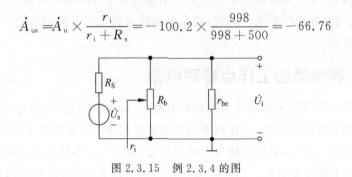

图 2.3.15 例 2.3.4 的图

2.4 静态工作点稳定电路

2.4.1 温度对静态工作点的影响

在讨论半导体特性时,已经讨论半导体材料是一种温度敏感材料。因此,半导体三极管对温度也十分敏感。温度对三极管的影响主要表现在如下三方面。

(1) 由于温度上升时,三极管反向饱和电流 I_{CBO} 将增大,穿透电流 I_{CEO} 也随之增大,而 I_{CEO} 是集电极电流的一部分,因此集电极电流将随温度的升高而增大。

（2）温度上升时，三极管的电流放大系数 β 将增大。因此，即使在基极电流不变的情况下，由于温度升高，集电极电流也将增大。

（3）温度上升时，三极管的输入特性曲线将向左移动；也就是说，当温度升高时电压 u_{BE} 将下降。

总之，温度的升高或降低，主要反映在三极管集电极电流的增大或减小，在输出特性上表现出静态工作点向饱和区移动，可能导致放大电路输出信号出现饱和失真。图 2.4.1 中的虚线，是当温度升高后三极管输出特性曲线发生变化的示意图，静态工作点由 Q 点上升到 Q' 点，输出信号出现饱和失真的情况。

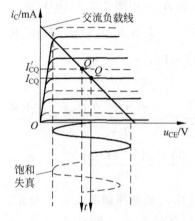

图 2.4.1 温度对静态工作点的影响

显然，在前面已经讨论过的基本共射放大电路没有工作点稳定功能，这使其在有些工作环境下，不能满足实际应用要求。因此，放大电路应该有工作点稳定功能。下面讨论一种典型工作点稳定电路。

2.4.2 典型静态工作点稳定电路

这里讨论的工作点稳定电路是一种典型电路，实际中应用较多，称为分压偏置式共射放大电路。从前面分析已经知道，工作点不稳的主要原因是：环境温度变化时，引起电路中集电极电流 I_{CQ} 变化。因此，要稳定放大电路的静态工作点，归根结底就是要稳定集电极电流 I_{CQ}，使 I_{CQ} 基本不随温度变化。稳定静态工作点的方法有多种，典型的静态工作点稳定电路如图 2.4.2 所示。

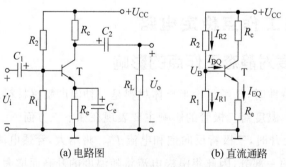

(a) 电路图   (b) 直流通路

图 2.4.2 静态工作点稳定电路

1. 工作原理

图 2.4.2(a) 电路设计的基本思想是,当温度变化时,保证三极管基极电位和发射极电位基本保持不变,从而稳定静态工作点,为此,要求合理选择电路中有关元件的参数。

首先,设计电路参数时让 I_{R1}(或 I_{R2})$\gg I_{BQ}$(一般为 5~10 倍)。由电路的直流通路有

$$I_{R2} = I_{R1} + I_{BQ}$$

若

$$I_{R2} \gg I_{BQ}$$

则

$$I_{R2} \approx I_{R1}$$

因此,R_1、R_2 可看成串联关系,有

$$U_{BQ} \approx U_{CC} \frac{R_1}{R_1 + R_2} \qquad (2.4.1)$$

可见,三极管基极电位 U_B 与三极管无关,不随温度变化而变化,基本为恒定值。由于 U_B 可通过电阻 R_1、R_2 分压得到,所以称该电路为分压偏置式工作点稳定电路。

由电路的直流通路可得到下面过程:

$$温度\!\uparrow \longrightarrow I_C\!\uparrow \longrightarrow I_E\!\uparrow \longrightarrow I_E R_e\!\uparrow \xrightarrow{\text{因}U_B\text{不变}} U_{BE}\!\downarrow \longrightarrow I_B\!\downarrow$$
$$I_C\!\downarrow \longleftarrow$$

另外,如果 $U_{BQ} \gg U_{BE}$,则有

$$I_{CQ} \approx I_{EQ} = \frac{U_{EQ}}{R_e} = \frac{U_{BQ} - U_{BEQ}}{R_e} \approx \frac{U_{BQ}}{R_e} \qquad (2.4.2)$$

由式(2.4.1)、式(2.4.2)可见,I_{CQ} 基本与三极管参数无关,只由电阻、电源电压决定,而电阻和电源电压温度稳定性都很好,因此,I_{CQ} 也基本不随温度变化,从而达到了稳定静态工作点的目的。

2. 静态分析

由图 2.4.2(b)所示的直流通路,可先按式(2.4.1)估算电位 U_B,然后再估算其他静态值,即

$$U_{BQ} \approx U_{CC} \frac{R_1}{R_1 + R_2}$$

$$I_{CQ} \approx I_{EQ} = \frac{U_{EQ}}{R_e} = \frac{U_{BQ} - U_{BEQ}}{R_e} \qquad (2.4.3)$$

$$I_{BQ} = \frac{I_{EQ}}{1 + \beta} \qquad (2.4.4)$$

$$U_{CEQ} = U_{CC} - I_{CQ}R_c - I_{EQ}R_e \approx U_{CC} - I_{CQ}(R_c + R_e) \qquad (2.4.5)$$

3. 动态分析

下面用观察法估算电压放大倍数、输入电阻、输出电阻。图 2.4.2(a)对应的简化微变等效电路如图 2.4.3(a)所示。

1) 估算电压放大倍数

根据图 2.4.3(a)可得

$$\dot{U}_i = \dot{I}_b \times r_{be}$$

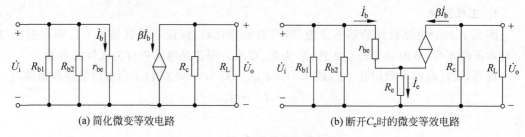

(a) 简化微变等效电路　　　　　　(b) 断开C_e时的微变等效电路

图 2.4.3　简化微变等效电路

$$\dot{U}_o = -\beta \dot{I}_b (R_c \mathbin{/\mkern-5mu/} R_L) = -\beta \dot{I}_b R'_L$$

所以有

$$\dot{A}_u = \frac{\dot{U}_o}{\dot{U}_i} = -\frac{\beta R'_L}{r_{be}} \qquad\qquad (2.4.6)$$

2）估算输入电阻

从微变等效电路的输入端往右看，有 R_1、R_2、r_{be}，所以输入电阻为三条支路电阻的并联，即

$$r_i = R_1 \mathbin{/\mkern-5mu/} R_2 \mathbin{/\mkern-5mu/} r_{be} \qquad\qquad (2.4.7)$$

3）估算输出电阻

断开负载电阻 R_L，因为集电结开路，所以从输出端向左看，有

$$r_o = R_c \qquad\qquad (2.4.8)$$

如果图 2.4.2(a)电路中发射极所接的电容 C_e 断开，则电路的静态工作点不会有任何变化，因为画直流通路时 C_e 就是做断开处理；但交流通路就不同了。可以画出电容 C_e 断开时的微变等效电路如图 2.4.3(b)所示，由图可以得到

$$\dot{U}_i = \dot{I}_b \times r_{be} + (1+\beta)\dot{I}_b \times R_e$$

$$\dot{U}_o = -\beta \dot{I}_b (R_c \mathbin{/\mkern-5mu/} R_L) = -\beta \dot{I}_b R'_L$$

所以有

$$\dot{A}_u = \frac{\dot{U}_o}{\dot{U}_i} = -\frac{\beta R'_L}{r_{be} + (1+\beta)R_e} \qquad\qquad (2.4.9)$$

输入电阻为

$$r_i = R_{b1} \mathbin{/\mkern-5mu/} R_{b2} \mathbin{/\mkern-5mu/} r'_i \qquad\qquad (2.4.10)$$

其中

$$r'_i = \frac{\dot{U}_i}{\dot{I}_b} = r_{be} + (1+\beta)R_e$$

输出电阻为

$$r_o = R_c \qquad\qquad (2.4.11)$$

显然，从稳定静态工作点的过程看，发射极电阻 R_e 起了重要作用。但从式(2.4.9)可知，R_e 过大又会使电压放大倍数严重下降。而加上电容 C_e，即使电路有较好的工作点稳定作用，又使电路的电压放大倍数不下降。因此，在 R_e 上并联电容 C_e，为交流信号提供了另

一个路径,而且只要 C_e 容量充分大,在交流情况下,C_e 相当于短路,在放大电路的交流通路中,R_e 也就不存在了,故称电容 C_e 为旁路电容。

例 2.4.1 如图 2.4.4 所示放大电路中,已知三极管的 $\beta=50$,$U_{BEQ}=0.7\text{V}$。

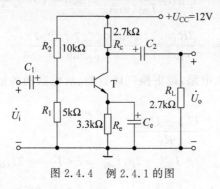

图 2.4.4 例 2.4.1 的图

(1) 估算放大电路的静态工作点;

(2) 估算放大电路的 $\dot{A}_u$、r_i、r_o;

(3) 若将放大电路中的三极管换成 $\beta=100$ 的三极管,其他条件不变,静态工作点有何变化?电压放大倍数是否大约增加一倍?

(4) 若放大电路为基本共射放大电路形式,并将三极管换成 $\beta=100$ 的三极管,其他条件不变,I_{CQ} 将如何变化?电压放大倍数是否大约增加一倍?

解 (1) 计算静态工作点 Q:

$$U_{BQ} \approx U_{CC}\frac{R_1}{R_1+R_2}=12\times\frac{5}{5+10}=4\text{V}$$

$$I_{EQ}=\frac{U_{EQ}}{R_e}=\frac{U_{BQ}-U_{BEQ}}{R_e}=\frac{4-0.7}{3.3}=1\text{mA}\approx I_{CQ}$$

$$I_{BQ}=\frac{I_{EQ}}{1+\beta}=\frac{1}{1+50}\approx20\mu\text{A}$$

$$U_{CEQ}\approx U_{CC}-I_{CQ}(R_c+R_e)=12-1\times(2.7+3.3)=6\text{V}$$

(2) 计算 $\dot{A}_u$、r_i、r_o:

$$r_{be}=300+(1+\beta)\frac{26(\text{mV})}{I_{EQ}(\text{mA})}=300+51\times\frac{26}{1}=1626\Omega$$

$$\dot{A}_u=\frac{\dot{U}_o}{\dot{U}_i}=-\frac{\beta R'_L}{r_{be}}=-\frac{50\times(2.7//2.7)}{1.626}\approx-41.5$$

$$r_i=R_1//R_2//r_{be}=\frac{1}{\dfrac{1}{5}+\dfrac{1}{10}+\dfrac{1}{1.626}}\approx1.1\text{k}\Omega$$

$$r_o=R_c=2.7\text{k}\Omega$$

(3) 当换成 $\beta=100$ 的三极管,放大电路的 U_{BQ}、I_{CQ}、U_{CEQ} 均保持不变,但 I_{BQ} 将减小,即

$$I_{BQ}=\frac{I_{EQ}}{1+\beta}=\frac{1}{1+100}\approx10\mu\text{A}$$

电路的电压放大倍数将有所增加，但不会增加一倍。因为当三极管的 β 增大后，r_{be} 也随之增加，此时 r_{be} 为

$$r_{be}=300+(1+\beta)\frac{26(mV)}{I_{EQ}(mA)}=300+101\times\frac{26}{1}=2926\Omega$$

$$\dot{A}_u=\frac{\dot{U}_o}{\dot{U}_i}=-\frac{\beta R_L'}{r_{be}}=-\frac{100\times(2.7 /\!/ 2.7)}{2.926}\approx-46$$

（4）对于基本共射放大电路，设更换三极管前、后电路的各量分别用脚标 1 和脚标 2 表示，则

$$I_{BQ2}=I_{BQ1}=\frac{U_{CC}-U_{BEQ}}{R_b}$$

$$I_{EQ2}\approx I_{CQ2}=\beta_2 I_{BQ2}=2\beta_1 I_{BQ2}=2\beta_1 I_{BQ1}=2I_{CQ1}\approx 2I_{EQ1}$$

$$r_{be2}=300+(1+\beta_2)\frac{26}{I_{EQ2}}=300+(1+2\beta_1)\frac{26}{2I_{EQ1}}\approx r_{be1}$$

$$\dot{A}_{u2}=-\frac{\beta_2 R_L'}{r_{be2}}=-\frac{2\beta_1 R_L'}{r_{be1}}=2\dot{A}_{u1}$$

从以上分析计算可以看出，对于基本共射放大电路，由于元件的更换，电路的技术指标将发生巨大的变化。推而广之，在外界条件发生变化时，电路的技术指标极不稳定。但对于工作点稳定电路，结果就不同了。所以，工作点稳定电路具有很好的工作稳定性，即使在更换三极管的情况下，静态工作点和电压放大倍数都可以基本保持不变。

2.5 共集电极和共基极放大电路

放大电路除了共发射极放大电路组态以外，还有共集电极和共基极放大电路组态形式。不同电路组态，有不同的特点，也可以应用于不同的需要与场合。本节讨论共集电极和共基极组态电路。

2.5.1 共集电极放大电路

共集电极放大电路如图 2.5.1(a)所示，图 2.5.1(b)、图 2.5.1(c)分别为它的直流通路和交流通路。由图 2.5.1(c)所示的交流通路可以看出，电路的输入回路与输出回路公共端为集电极，所以称为共集电路。又因为信号从三极管基极输入、从发射极输出，故又称共集电极放大电路为射极输出器。

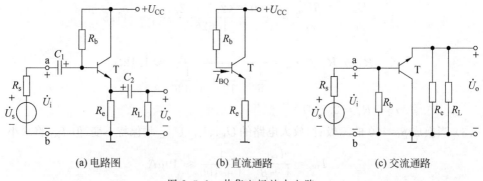

(a) 电路图　　(b) 直流通路　　(c) 交流通路

图 2.5.1　共集电极放大电路

1. 静态分析

根据图 2.5.1(b)所示的直流通路,可直接得到

$$I_{\mathrm{BQ}}=\frac{U_{\mathrm{CC}}-U_{\mathrm{BEQ}}}{R_{\mathrm{b}}+(1+\beta)R_{\mathrm{e}}} \tag{2.5.1}$$

$$I_{\mathrm{CQ}}=\beta I_{\mathrm{BQ}} \tag{2.5.2}$$

$$U_{\mathrm{CEQ}}=U_{\mathrm{CC}}-I_{\mathrm{EQ}}R_{\mathrm{e}}\approx U_{\mathrm{CC}}-I_{\mathrm{CQ}}R_{\mathrm{e}} \tag{2.5.3}$$

2. 动态分析

共集放大电路的微变等效电路如图 2.5.2(a)所示。

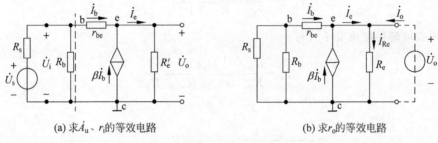

(a) 求 $\dot{A}_{\mathrm{u}}$、r_{i} 的等效电路　　　　　(b) 求 r_0 的等效电路

图 2.5.2　共集放大电路的微变等效电路

1) 电压放大倍数

由图 2.5.2(a)可求得

$$\dot{U}_{\mathrm{i}}=\dot{I}_{\mathrm{b}}r_{\mathrm{be}}+\dot{I}_{\mathrm{e}}R'_{\mathrm{e}}=\dot{I}_{\mathrm{b}}r_{\mathrm{be}}+(1+\beta)\dot{I}_{\mathrm{b}}R'_{\mathrm{e}}$$

$$\dot{U}_{\mathrm{o}}=\dot{I}_{\mathrm{e}}R'_{\mathrm{e}}=(1+\beta)\dot{I}_{\mathrm{b}}R'_{\mathrm{e}}$$

所以

$$\dot{A}_{\mathrm{u}}=\frac{\dot{U}_{\mathrm{o}}}{\dot{U}_{\mathrm{i}}}=\frac{(1+\beta)R'_{\mathrm{e}}}{r_{\mathrm{be}}+(1+\beta)R'_{\mathrm{e}}}<1\approx1 \tag{2.5.4}$$

式(2.5.4)中

$$R'_{\mathrm{e}}=R_{\mathrm{e}}\ /\!/\ R_{\mathrm{L}}$$

一般情况下,$r_{\mathrm{be}}\ll(1+\beta)R'_{\mathrm{e}}$,所以电压放大倍数近似为 1。由于射极输出器从发射极输出的电压信号与基极输入的电压信号大小相同、相位相同,所以射极输出器又称为射极跟随器。

2) 输入电阻

由图 2.5.2(a)电路知,电路的输入电阻 $r_{\mathrm{i}}=R_{\mathrm{b}}/\!/r'_{\mathrm{i}}$,$r'_{\mathrm{i}}$ 为图中虚线右边的等效电阻。

$$r'_{\mathrm{i}}=\frac{\dot{U}_{\mathrm{i}}}{\dot{I}_{\mathrm{b}}}=\frac{\dot{I}_{\mathrm{b}}r_{\mathrm{be}}+\dot{I}_{\mathrm{e}}R'_{\mathrm{e}}}{\dot{I}_{\mathrm{b}}}=\frac{\dot{I}_{\mathrm{b}}r_{\mathrm{be}}+(1+\beta)\dot{I}_{\mathrm{b}}R'_{\mathrm{e}}}{\dot{I}_{\mathrm{b}}}=r_{\mathrm{be}}+(1+\beta)R'_{\mathrm{e}}$$

所以

$$r_{\mathrm{i}}=R_{\mathrm{b}}\ /\!/\ r'_{\mathrm{i}}=R_{\mathrm{b}}\ /\!/\ [r_{\mathrm{be}}+(1+\beta)R'_{\mathrm{e}}] \tag{2.5.5}$$

比较一下基本共射放大电路的输入电阻可知,通常,基极偏流电阻 R_{b} 比较大,而 r_{be} 比较小,所以基本共射电路的输入电阻为 $R_{\mathrm{b}}/\!/r_{\mathrm{be}}$,并联后输入电阻更小;而射极输出器的输

入电阻由式(2.5.5)描述,由于$(1+\beta)R'_e \gg r_{be}$,所以射极输出器的输入电阻非常大,这也是该电路的显著特点之一。

3）输出电阻

令信号源为 $u_S = 0$,并断开负载 R_L,求电路输出端等效电阻就是输出电阻。为此,在电路输出端外加电压 $\dot{U}_o$,对应的端钮电流为 $\dot{I}_o$,如图 2.5.2(b)所示,由图 2.5.2(b)可得如下关系式

$$\dot{I}_o = \dot{I}_{Re} - \dot{I}_e = \frac{\dot{U}_o}{R_e} - (1+\beta)\dot{I}_b$$

$$\dot{I}_b = -\frac{\dot{U}_o}{r_{be} + R_s \ /\!/ \ R_b}$$

联立上两式可解得电流有 $\dot{I}_o$,有

$$\dot{I}_o = \frac{\dot{U}_o}{R_e} + \frac{\dot{U}_o(1+\beta)}{r_{be} + R_s \ /\!/ \ R_b}$$

所以

$$r_o = \frac{\dot{U}_o}{\dot{I}_o} = \frac{1}{\dfrac{1}{R_e} + \dfrac{1+\beta}{r_{be} + R_s \ /\!/ \ R_b}} = R_e \ /\!/ \ \frac{r_{be} + R_s \ /\!/ \ R_b}{1+\beta} \tag{2.5.6}$$

由于 R_s 为信号源内阻,阻值一般较小,r_{be} 一般也只有 $1\sim 2\text{k}\Omega$,当它们的和再除以$(1+\beta)$后,电阻更小。因此可以看到射极输出器输出电阻很小,输出电阻小,也是射极输出器的一个特点。

综上所述,射极输出器是一个具有高输入电阻、低输出电阻、电压放大倍数近似为 1 的放大电路。从电压放大倍数看,射极输出器似乎没什么作用,但实际上它的高输入电阻、低输出电阻特性有使它应用广泛。高输入电阻使它对信号源造成的负担小,所以通常用它做多级放大电路的输入级;低输出电阻使它有更强的带负载能力,因此也常用它作为多级放大电路的输出级;它的高输入电阻、低输出电阻的特性,也常把它用在中间级,起到多级之间连接时的缓冲作用。

例 2.5.1 求图 2.5.1(a)所示的射极输出器的 $\dot{A}_u$、r_i、r_o。

解 射极输出器的交流通路如图 2.5.3 所示。

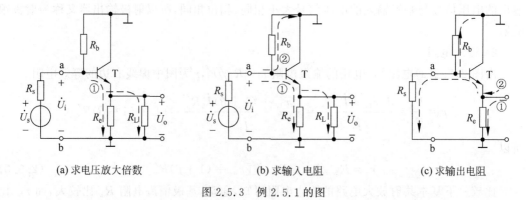

(a) 求电压放大倍数　　　　　(b) 求输入电阻　　　　　(c) 求输出电阻

图 2.5.3　例 2.5.1 的图

1) 求电压放大倍数

由于是共集电路,放大倍数式(2.3.8)中"$-\beta$"改用"$1+\beta$";发射结"支路"的电阻为图2.5.3(a)中虚线①路径对应的电阻,即$r_{be}+(1+\beta)R_e'$,对于虚线①所指的支路,由于是从基极往里看,支路端钮电流是基极电流,所以R_e'需要折算才能与r_{be}相加。三极管输出端向外看的等效电阻为R_e',所以有

$$\dot{A}_u=\frac{(1+\beta)R_e'}{r_{be}+(1+\beta)R_e'}$$

2) 求输入电阻

由图2.5.3(b)可见,从信号输入端(图中a点)看进去,有虚线①、②路径对应的支路到地,输入电阻即为两条支路电阻的并联,电路的输入电阻为

$$r_i=R_b\,/\!/\,[r_{be}+(1+\beta)R_e']$$

3) 求输出电阻

由图2.5.3(c)可见,从放大电路输出端看进去,有虚线①、②路径对应的支路到地,输出电阻即为两条支路电阻的并联。对于虚线②所指的支路,由于是从发射极往里看,支路端钮电流是发射极电流,而该支路的电阻流过的是基极电流($R_s\,/\!/\,R_b$后流过的也是基极电流),所以,支路②的电阻必须折算,即缩小$(1+\beta)$倍。于是有

$$r_o=R_e\,/\!/\,\frac{r_{be}+R_s\,/\!/\,R_b}{1+\beta}$$

2.5.2 共基极放大电路

共基极放大电路如图2.5.4(a)所示,图2.5.4(b)、图2.5.4(c)分别为它的直流通路和交流通路。由图2.5.4(c)可以看出,电路的输入回路与输出回路的公共端为基极,所以称其为共基极电路。

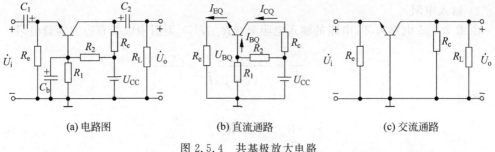

(a)电路图 (b)直流通路 (c)交流通路

图2.5.4 共基极放大电路

1. 静态分析

根据图2.5.4(b)所示的直流通路,由于设计时使得R_1、R_2中的静态电流远远大于三极管基极电流I_{BQ},类似分压偏执电路一样的处理方法,忽略I_{BQ}的影响,先由电阻R_1、R_2分压计算电位U_{BQ},有

$$U_{BQ}\approx U_{CC}\frac{R_1}{R_1+R_2} \tag{2.5.7}$$

$$I_{EQ}=\frac{U_{EQ}}{R_e}=\frac{U_{BQ}-U_{BEQ}}{R_e}\approx I_{CQ} \tag{2.5.8}$$

$$I_{BQ} = \frac{I_{EQ}}{1+\beta} \tag{2.5.9}$$

$$U_{CEQ} = U_{CC} - I_{CQ}R_c - I_{EQ}R_e \approx U_{CC} - I_{CQ}(R_c + R_e) \tag{2.5.10}$$

2. 动态分析

共基放大电路的微变等效电路如图 2.5.5 所示。

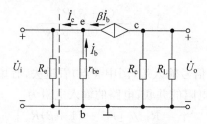

图 2.5.5 共基放大电路的微变等效电路

1）电压放大倍数

由图 2.5.5 电路可求得

$$\dot{U}_i = -\dot{I}_b r_{be}$$

$$\dot{U}_o = -\beta \dot{I}_b R'_L$$

其中，$R'_L = R_c /\!/ R_L$，所以

$$\dot{A}_u = \frac{\dot{U}_o}{\dot{U}_i} = \frac{\beta R'_L}{r_{be}} \tag{2.5.11}$$

由于共基放大电路的输入回路电流为 $\dot{I}_e$、输出回路电流为 $\dot{I}_c$，所以没有电流放大能力，但是电压放大倍数与共发射极放大电路相同（只是输出与输入电压同相），所以有足够的电压放大能力，从而实现功率放大。

2）输入电阻

由图 2.5.5 电路可知，电路的输入电阻 $r_i = R_e /\!/ r'_i$，r'_i 为图中虚线右边的等效电阻。

$$r'_i = \frac{\dot{U}_i}{-\dot{I}_e} = \frac{-\dot{I}_b r_{be}}{-(1+\beta)\dot{I}_b} = \frac{r_{be}}{1+\beta}$$

所以

$$r_i = R_e /\!/ r'_i = R_e /\!/ \frac{r_{be}}{1+\beta} \tag{2.5.12}$$

3）输出电阻

令输入信号为 0，断开 R_L。由于输入信号为 0，在 r_{be} 上没有电压，$\dot{I}_b = 0$，受控源相当于开路，所以

$$r_o = R_c \tag{2.5.13}$$

共基放大电路的电压放大倍数、输入电阻、输出电阻的估算，也可以通过电路的交流通路，用观察法直接得出，这里不再赘述。

2.5.3 三种基本放大电路的特点和用途

由前面分析可见，三种基本放大电路各有自己的特点，因此有不同的应用场合。

共发射极放大电路的特点是,既能放大电压,又能放大电流,功率放大的能力在三种放大电路中是最突出的。此外,输入电阻和输出电阻在三种放大电路中较为适中,只是频带较窄。由于共发射极放大电路的这些特点,使得它在对于输入电阻、输出电阻没有特殊要求的低频放大电路中得到了广泛的应用。

共集电极放大电路的特点是,输入电阻在三种放大电路中是最大的,即对输入信号的影响最小;输出电阻在三种放大电路中是最小的,即带负载的能力最强。此外,只能放大电流,不能放大电压,功率放大的能力比共射电路差。由于共集电极放大电路的这些特点,它通常被用作多级放大电路的输入级或输出级,也可作多级放大电路的中间级,以隔离前、后级间的相互影响。

共基极放大电路的突出特点是输入电阻小,在对高频信号放大时结电容对放大电路的影响显著下降,频率特性好,电路的通频带是三种放大电路中最宽的。此外,只能放大电压,不能放大电流,功率放大的能力比共射电路差。由于共基极放大电路的这些特点,它常被用作宽频带放大电路。

2.6 多级放大电路

在实际工程中,放大电路面对的信号和负载是多种多样的,而且一般情况下需要放大的信号非常微弱,这就对放大电路的输入电阻、输出电阻、电压放大倍数等技术指标有一些特别的要求。无论是哪种组态的放大电路,单独一级都很难满足实际工程的要求。实际中可根据各自的特点,按需要将它们合理地连接起来组成多级放大电路,多级放大电路的结构如图2.6.1所示。

图2.6.1 多级放大电路示意图

多级放大电路的输入级面对的是要求放大的信号,其特性要根据信号的性质决定。中间级主要承担电压放大任务,一般由单级或多级放大电路组成。输出级面对的是负载,其特性要根据负载的性质决定。

组成多级放大电路的每个基本放大电路称为多级放大电路的一级,级与级间的连接称为级间耦合。常用的多级放大电路的耦合方式有阻容耦合、直接耦合、变压器耦合等。

2.6.1 多级放大电路的耦合方式

1. 阻容耦合

在多级放大电路中,前级的输出与后级的输入之间通过电容元件连接起来,这种耦合方式称为阻容耦合。图2.6.2所示的放大电路是两级阻容耦合放大电路的例子。

阻容耦合放大电路的主要优点是,各级放大电路的静态工作点独立。因为在静态分析时所有耦合电容、旁路电容是开路的,各级放大电路的静态工作点相互间没有影响,这为设计、分析、调试带来了方便。此外,只要耦合电容、旁路电容的容量足够大,交流信号可以不衰减地通过电容加到放大电路输入回路,因此这种耦合方式的放大电路适合放大交流信号。

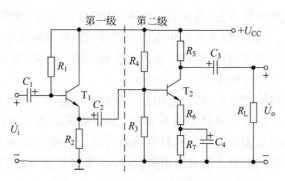

图 2.6.2　两级阻容耦合放大电路

阻容耦合放大电路的主要缺点是：不能放大缓慢变化的交流信号或直流信号。因为对于这样的信号，耦合电容的容抗非常大，信号电压几乎全部落在电容上而不能加在放大电路的输入回路。此外，阻容耦合方式不便于集成化。因为在集成电路中，很难制作大容量的电容。

2. 直接耦合

在多级放大电路中，前级的输出与后级的输入之间通过导线或电阻连接起来，这种耦合方式称为直接耦合。如图 2.6.3 所示的放大电路是两级直接耦合放大电路的例子。

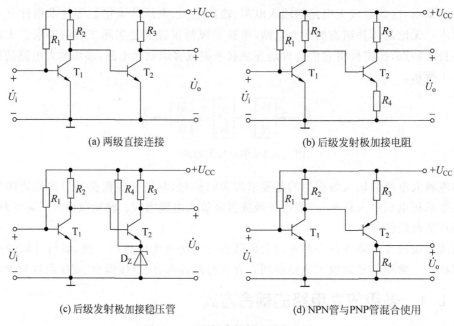

(a) 两级直接连接　　　　　　　　　(b) 后级发射极加接电阻

(c) 后级发射极加接稳压管　　　　(d) NPN管与PNP管混合使用

图 2.6.3　两级直接耦合放大电路

直接耦合放大电路的主要优点是，既能放大频率较高交流信号，又能较好地放大的频率较低的交流或缓慢变化直流信号。因为没有使用大电容耦合，所以直接耦合方式被集成放大器采用。

直接耦合放大电路的主要缺点是，放大电路中存在零点漂移现象，即当放大电路的输入信号为 0 时，输出端电压将随时间变化，这种变化不是输入信号变化的体现，严重时将淹没真正有用的信号。对于零点漂移现象的抑制方法,后面会专门讨论。此外,由于放大电路的前、后级直接相连,使得各级间的静态工作点相互影响,这给设计、分析、调试工作带来了一定困难,特别是在设计工作中,要根据放大电路各级的具体情况,综合考虑,才能得到合理的静态工作点。

在图 2.6.3(a)中,如果断开第一级输出与第二级输入间的连线,各级都很容易获得合理的静态工作点。当按图中的方法将两级连上后,因 T_2 发射结正向导通,使得 T_1 的 U_{CEQ} 被钳位在 0.7V,即第一级放大电路的静态工作点已靠近饱和区,显然,在图 2.6.3(a)中加入信号,很容易出现饱和失真。

在图 2.6.3(b)中,第二级放大电路的三极管发射极加接了电阻 R_4,可以使第二级的基极电位得到提升,从而加大了第一级 u_{CE} 的动态范围,但同时使第二级的电压放大倍数显著下降,即由原来的 $\dot{A}_{u2} = -\dfrac{\beta_2 R_3}{r_{be2}}$ 下降为 $\dot{A}_{u2} \approx -\dfrac{\beta_2 R_3}{r_{be2}+(1+\beta_2)R_4}$。

为了在加大第一级 u_{CE} 动态范围的同时不至于使第二级电压放大倍数显著下降,在图 2.6.3(c)中,用电阻 R_4 和稳压管 D_Z 代替图 2.6.3(b)中的 R_4。在静态时,$U_{CEQ1}=U_{BEQ2}+U_{DZ}$,只要改变 U_{DZ} 的值,可使第一级得到满意的静态工作点;当放大电路加上输入信号,由于稳压管的动态电阻极小,使得第二级电压放大倍数下降得不是太多。

对于图 2.6.3(c)所示的电路,在级数较多的情况下是不可取的。在两级放大的情况下,第二级的基极电位即前级的集电极电位,而为使第二级三极管工作在放大区,集电极电位必须高于基极电位,显而易见,后级集电极电位比前级集电极电位要高很多。可以设想,在放大电路级数较多的情况下,后级集电极电位将逼近电源电压从而不能正常工作,为使后级放大电路正常工作而提高电源电压也是不切实际的。

如图 2.6.3(d)所示的电路是集成电路采用的一种方法,前级采用 NPN 管,后级采用 PNP 管。因为 PNP 管的集电极电位比基极电位低,即使放大电路的级数较多,也可以避免后级集电极电位逐级升高的现象。

3. 变压器耦合

在多级放大电路中,前级的输出与后级的输入之间通过变压器连接起来,这种耦合方式称为变压器耦合。如图 2.6.4 所示的放大电路是两级变压器耦合放大电路的例子。

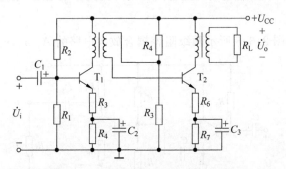

图 2.6.4　两级变压器耦合放大电路

变压器耦合放大电路的主要优点是,各级放大电路的静态工作点独立。因为变压器是通过磁路将原边线圈的交流信号传送到副边线圈的,而直流电压、电流不能通过变压器传送。此外,变压器能够进行阻抗变换。在放大电路的输出电阻与负载电阻相差悬殊的情况下,通过改变变压器的匝数比,实现阻抗匹配,使负载获得较大的功率,所以早期的功率放大电路,一般都是在放大电路输出端与负载之间采用变压器耦合。

变压器耦合放大电路的主要缺点是,低频特性差,不能放大变化缓慢的信号,而且由于变压器体积较大,铁芯重,效率低,也无法集成化,因此现在很少采用。

2.6.2　阻容耦合多级放大电路分析

本节以阻容耦合多级放大电路为例,讨论多级放大电路分析。

1. 静态分析

由于阻容耦合多级放大电路各级的静态工作点相互独立,所以静态分析与单级放大电路的分析方法完全相同,只是对每一级的静态工作点分别分析就行了,这里不再赘述。

2. 动态分析

下面主要讨论电压放大倍数、输入电阻、输出电阻的估算方法。

由图 2.6.1 可见,在多级放大电路中,前一级的输出就是后一级的输入,即

$$\dot{U}_{o1} = \dot{U}_{i2}、\dot{U}_{o2} = \dot{U}_{i3}\cdots \tag{2.6.1}$$

因此,对于 n 级放大电路,其总的电压放大倍数为

$$\dot{A}_u = \frac{\dot{U}_o}{\dot{U}_i} = \frac{\dot{U}_{o1}}{\dot{U}_{i1}} \cdot \frac{\dot{U}_{o2}}{\dot{U}_{i2}} \cdot \cdots \cdot \frac{\dot{U}_o}{\dot{U}_{in}} = \dot{A}_{u1} \cdot \dot{A}_{u2} \cdot \cdots \cdot \dot{A}_{un} \tag{2.6.2}$$

多级放大电路的输入电阻,定义为第一级放大电路的输入电阻,即

$$r_i = r_{i1} \tag{2.6.3}$$

多级放大电路的输出电阻,定义为最后一级放大电路的输出电阻,即

$$r_o = r_{on} \tag{2.6.4}$$

必须指出,在求每个单级电压放大倍数时,应该考虑前、后级间的影响。一般是将后一级的输入电阻作为前一级的负载电阻,即 $r_{i2} = R_{L1}$、$r_{i3} = R_{L2}\cdots$。在求电路的输入电阻时,虽然是求第一级的输入电阻,但它与孤立的单级放大电路的输入电阻也不尽相同,根据电路的结构,后级的电阻往往会影响前级的输入电阻。严格地说,式(2.6.3)应是从电路第一级输入端看进去的交流等效电阻,如果后级对前级的影响存在,应该计入其影响。同样,式(2.6.4)应是从最后一级输出端往里看而看到的交流等效电阻,也应该计入前级对后级的影响(如果存在)。

例 2.6.1　写出图 2.6.5 所示两级阻容耦合放大电路的 $\dot{A}_u$、r_i、r_o 的表达式。

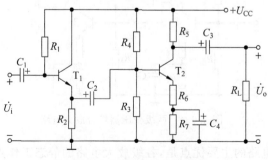

图 2.6.5　例 2.6.1 的图

解　画出图 2.6.5 所示放大电路的微变等效电路如图 2.6.6 所示。

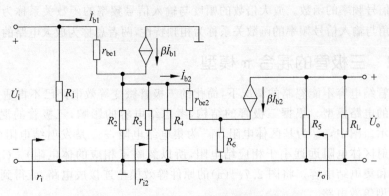

图 2.6.6　例 2.6.1 电路的微变等效电路

（1）电压放大倍数：第一级为射极输出器，由式（2.5.4）可得

$$\dot{A}_{u1} = \frac{\dot{U}_{o1}}{\dot{U}_i} = \frac{(1+\beta)R_2'}{r_{be} + (1+\beta)R_2'}$$

从图 2.6.6 可知道

$$R_2' = R_2 \,/\!/\, r_{i2}$$

$$r_{i2} = R_3 \,/\!/\, R_4 \,/\!/\, [r_{be2} + (1+\beta_2)R_6]$$

第二级放大电路为共发射极电路，故可得

$$\dot{A}_{u2} = -\frac{\beta_2(R_5 \,/\!/\, R_L)}{r_{be2} + (1+\beta_2)R_6}$$

两级放大电路的电压放大倍数为

$$\dot{A}_u = \frac{\dot{U}_o}{\dot{U}_i} = \dot{A}_{u1} \cdot \dot{A}_{u2} = \frac{(1+\beta)R_2'}{r_{be} + (1+\beta)R_2'} \cdot \left(-\frac{\beta_2(R_5 \,/\!/\, R_L)}{r_{be2} + (1+\beta_2)R_6} \right)$$

（2）输入电阻：由图 2.6.6 可见，从放大电路的输入端往里看，输入电阻 r_i 为

$$r_i = r_{i1} = R_1 \,/\!/\, [r_{be1} + (1+\beta_1)R_2']$$

其中

$$R_2' = R_2 \,/\!/\, r_{i2}$$

$$r_{i2} = R_3 \,/\!/\, R_4 \,/\!/\, [r_{be2} + (1+\beta_2)R_6]$$

（3）输出电阻：由图 2.6.6 可见，从放大电路的输出端往里看，输出电阻就是第二级的输出电阻，有

$$r_o = r_{o2} = R_5$$

2.7　放大电路的频率特性简介

前几节在放大电路的讨论中，都是以单一频率的正弦波作为信号，并且信号频率在中频范围内来讨论的，所以，得到放大电路的电压放大倍数都为常数。然而，实际信号不可能只有一种频率，也不可能都处于放大电路的中频段上。实际上放大电路中存在的电抗元件以及晶体管的电容特性，会对不同频率的输入信号有不同影响。在高频或低频段上，电路的输

出电压幅度都会随频率下降,同时还会产生一定的相位差,称为附加相移。也就是说,放大倍数是输入信号频率的函数。放大倍数的幅度与输入信号频率的函数关系称为幅频特性,放大倍数的幅角与输入信号频率的函数关系称为相频特性,两者总称为放大电路的频率特性。

2.7.1 三极管的混合 π 模型

在三极管结电容不能忽略的情况下,简化的三极管微变等效电路已不再适用,需要为三极管建立新的电路模型。根据三极管的结构,考虑结电容的影响,三极管的混合 π 模型如图 2.7.1 所示。图中,r_{bb} 为基区体电阻,$r_{b'c}$ 为集电结电阻,$r_{b'e}$ 是发射结电阻(由于集电区体电阻和发射区体电阻远远小于相应结电阻,所以忽略了相应的体电阻)。C_p、C_μ 分别为发射结电容和集电结电容。将图 2.7.1(a)的原件等效模型连接成电路,就得到图 2.7.1(b)所示混合 π 型等效电路。

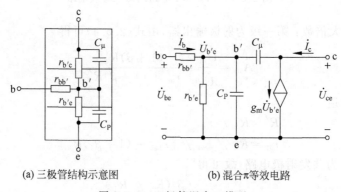

(a) 三极管结构示意图　　　　　　(b) 混合π等效电路

图 2.7.1　三极管混合 π 模型

在图 2.7.1(b)所示的等效电路中,由于 C_μ 跨接在三极管输入、输出回路之间,使计算变得很复杂。为分析方便,常常对 C_μ 进行所谓的单向化处理,即将 C_μ 等效在输入、输出回路中,得到简化的混合 π 参数模型如图 2.7.2(a)所示。图中参数应满足

$$C'_\mu = (1 + |\dot{K}|)C_\mu \tag{2.7.1}$$

$$C''_\mu = \frac{1 - \dot{K}}{\dot{K}}C_\mu \tag{2.7.2}$$

其中

$$\dot{K} = \frac{\dot{U}_{ce}}{\dot{U}_{b'c}} \tag{2.7.3}$$

等效公式(2.7.1)、式(2.7.2)的具体推倒方法可参考书后的参考文献[2]。

在图 2.7.2(a)中,由于 C''_μ 非常小,其容抗将远远大于集电极负载电阻 R'_L,受控源电流几乎全部流入负载 R'_L,C''_μ 中的电流可忽略不计,因此在图中可以忽略电容 C''_μ,将其断开,得到图 2.7.2(b)所示的三极管简化混合 π 参数模型。在后面分析中,都将以图 2.7.2(b)简化模型为基础进行讨论。

在中频段范围内,由于电容的影响全部忽略不计,所以简化的三极管混合 π 模型与简化的三极管微变等效电路对于输入信号应有相同的放大效果,两种模型不但有相同的电压放大倍数,而且两者的参数也应有确定的对应关系,这种对应关系可通过图 2.7.3 所示的电路

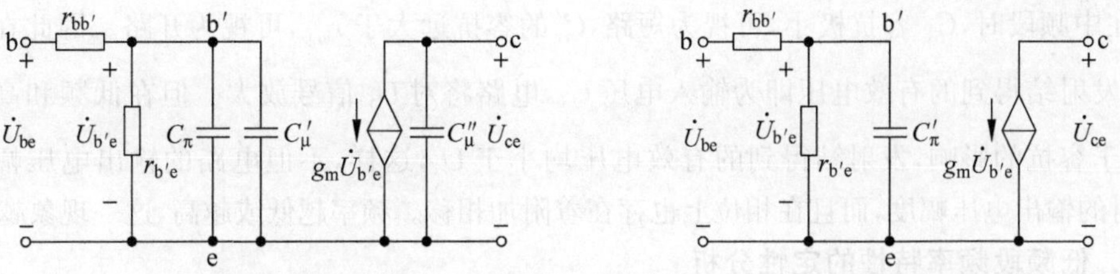

(a) 将C_μ等效后的简化模型   (b) 忽略C''_μ后的简化模型

图 2.7.2 简化的混合 π 模型

比较得出。

由图 2.7.3 可见,两种模型的参数间有如下关系:

$$r_{b'e} = r_{be} - r_{bb'} = (1+\beta)\frac{26(\text{mV})}{I_{EQ}(\text{mA})}$$

$$g_m \dot{U}_{b'e} = g_m \dot{I}_b r_{b'e} = \beta \dot{I}_b$$

所以有

$$g_m = \frac{\beta}{r_{b'e}} = \frac{\beta}{(1+\beta)\frac{26(\text{mV})}{I_{EQ}(\text{mA})}} \approx \frac{I_{EQ}(\text{mA})}{26(\text{mV})} \qquad (2.7.4)$$

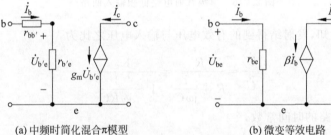

(a) 中频时简化混合π模型   (b) 微变等效电路

图 2.7.3 简化混合 π 模型与微变等效电路间的参数关系

2.7.2 单级共射放大电路的频率特性

单级基本共射放大电路如图 2.7.4(a)所示。若将 C_2、R_L 视为多级放大电路的下一级的耦合电容和输入电阻,则本级的简化混合 π 参数模型中可以不考虑这两个元件,得到单级基本共射放大电路的简化混合 π 参数模型如图 2.7.4(b)所示。

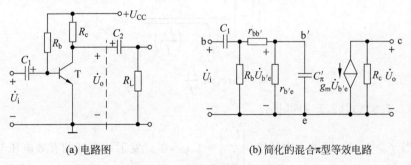

(a) 电路图   (b) 简化的混合π型等效电路

图 2.7.4 单级共射放大电路

在中频段时，C_1 容抗极小，可视为短路，C'_π 的容抗远大于 $r_{b'e}$，可视为开路。因此在中频情况下，发射结得到的有效电压即为输入电压 $\dot{U}_i$，电路将对 $\dot{U}_i$ 信号放大。但在低频和高频情况下，由于容抗的影响，发射结得到的有效电压均小于 $\dot{U}_i$，这样，不但电路的输出电压幅度小于中频时的输出电压幅度，而且在相位上也存在着附加相移。频率越低或越高，这一现象越明显。

1. 低频段频率特性的定性分析

在低频段，由于容抗的加大，在图 2.7.4(b) 中，C'_π 可视为开路，而与输入回路电阻形成串联关系的 C_1，将与电阻一道对输入电压 $\dot{U}_i$ 分压，C_1 的影响不能忽略。因此图 2.7.4(b) 的输入回路可简化成图 2.7.5(a) 的形式。将图 2.7.5(a) 中 C_1 右边部分用戴维南定理等效后，得到图 2.7.5(b) 所示电路，其中，$\dot{U}'_i$ 为发射结得到的有效电压，电阻 $R = R_b /\!/ (r_{bb'} + r_{b'e})$。

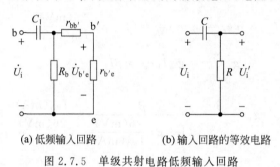

(a) 低频输入回路　　　　(b) 输入回路的等效电路

图 2.7.5　单级共射电路低频输入回路

由图 2.7.5(b) 知，发射结得到的有效电压与输入电压之比为

$$\frac{\dot{U}'_i}{\dot{U}_i} = \frac{R}{R + \dfrac{1}{j\omega C}} = \frac{1}{1 + \dfrac{1}{j\omega RC}} \tag{2.7.5}$$

设 $RC = \tau_L$，称为电路的时间常数，令

$$f_L = \frac{1}{2\pi RC} \tag{2.7.6}$$

则有

$$\frac{\dot{U}'_i}{\dot{U}_i} = \frac{1}{1 + \dfrac{1}{j\omega RC}} = \frac{1}{1 - j\dfrac{f_L}{f}} \tag{2.7.7}$$

对式 (2.7.7) 分别取模和相位角，可得到

$$\left| \frac{\dot{U}'_i}{\dot{U}_i} \right| = \frac{1}{\sqrt{1 + \left(\dfrac{f_L}{f} \right)^2}} \tag{2.7.8}$$

$$\varphi = \arctan \frac{f_L}{f} \tag{2.7.9}$$

由式 (2.7.8)、式 (2.7.9) 可见：

(1) 当 $f \gg f_L$ 时，即进入中频段，$\left| \dfrac{\dot{U}'_i}{\dot{U}_i} \right| \approx 1$、$\varphi \approx 0°$。发射结得到的有效电压与输入电压

幅度相等,且不产生附加相移。

(2) 当 $f=f_L$ 时,$\left|\dfrac{\dot{U}'_i}{\dot{U}_i}\right|=\dfrac{1}{\sqrt{2}}$、$\varphi=45°$。发射结得到的有效电压幅度是输入电压幅度的 $\dfrac{1}{\sqrt{2}}$ 倍,并且相移超前输入电压 $45°$。显然,放大电路的电压放大倍数下降,同时出现附加相移。称 f_L 为放大电路的下限截止频率。由式(2.7.6)可见,下限截止频率与电容 C_1 所在回路的时间常数 τ_L 有关,且时间常数越大,下限频率越低,电路的低频特性越好。

(3) 当 $f \ll f_L$ 时,$\left|\dfrac{\dot{U}'_i}{\dot{U}_i}\right| \approx 0$、$\varphi \approx 90°$。发射结得不到电压,相移超前输入电压 $90°$。显然,放大电路的电压放大倍数趋于 0,同时出现超前 $90°$ 的附加相移。

2. 高频段频率特性的定性分析

在高频段。由于容抗的减小,在图 2.7.4(b)中,C_1 视为短路,而与 $r_{b'e}$ 并联的 C'_{π} 将对信号分流,C'_{π} 的影响不能忽略,因此图 2.7.4(b)的输入回路可简化成图 2.7.6(a)的形式。将图 2.7.6(a)中 C'_{π} 左边部分用戴维南定理等效后,得到图 2.7.6(b)所示的电路,其中,$\dot{U}'_i$ 为发射结得到的有效电压,电阻 $R=r_{bb'} /\!/ r_{b'e}$,$C=C'_{\pi}$,$k=\dfrac{r_{b'e}}{r_{be}}$。

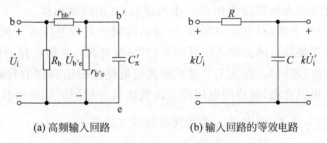

(a) 高频输入回路　　　　　　　(b) 输入回路的等效电路

图 2.7.6　单级共射电路高频输入回路

由图 2.7.6(b)可知,发射结得到的有效电压与输入电压之比为

$$\frac{k\dot{U}'_i}{k\dot{U}_i}=\frac{\dot{U}'_i}{\dot{U}_i}=\frac{\dfrac{1}{j\omega C}}{R+\dfrac{1}{j\omega C}}=\frac{1}{1+j\omega RC} \tag{2.7.10}$$

设 $RC=\tau_H$ 称为电路的时间常数,令

$$f_H=\frac{1}{2\pi RC} \tag{2.7.11}$$

$$\frac{\dot{U}'_i}{\dot{U}_i}=\frac{1}{1+j\omega RC}=\frac{1}{1+j\dfrac{f}{f_H}} \tag{2.7.12}$$

将式(2.7.12)分别用模和相位角表示,有

$$\left|\frac{\dot{U}'_i}{\dot{U}_i}\right|=\frac{1}{\sqrt{1+\left(\dfrac{f}{f_H}\right)^2}} \tag{2.7.13}$$

$$\varphi = -\arctan\frac{f}{f_\text{H}} \qquad (2.7.14)$$

由式(2.7.13)、式(2.7.14)可以得到以下结论：

(1) 当 $f \ll f_\text{H}$ 时，即进入中频段，$\left|\dfrac{\dot{U}_i'}{\dot{U}_i}\right| \approx 1$、$\varphi \approx 0°$，表明发射结得到的有效电压幅度与输入电压幅度相等，且不产生附加相移。

(2) 当 $f = f_\text{H}$ 时，$\left|\dfrac{\dot{U}_i'}{\dot{U}_i}\right| = \dfrac{1}{\sqrt{2}}$、$\varphi = -45°$，发射结得到的有效电压幅度是输入电压幅度的 $\dfrac{1}{\sqrt{2}}$ 倍，相移上滞后输入电压 $45°$。显然，放大电路的电压放大倍数将下降，同时还会出现附加相移。称 f_H 为放大电路的上限截止频率。由式(2.7.11)可见，上限截止频率与电容 C_π' 所在回路的时间常数 τ_H 有关，时间常数越小，上限频率越高，电路的高频特性越好。f_L、f_H 间的频率范围称为放大电路的通频带，即 $f_\text{bw} = f_\text{H} - f_\text{L}$。

(3) 当 $f \gg f_\text{H}$ 时，$\left|\dfrac{\dot{U}_i'}{\dot{U}_i}\right| \approx 0$、$\varphi \approx -90°$。发射结得不到电压，相移滞后输入电压 $90°$。显然，放大电路的电压放大倍数趋于 0，同时出现滞后 $90°$ 的附加相移。

以上的定性分析表明，只有在中频段，发射结得到的有效电压等于输入电压，两者相位相同。在低频段（高频段），随着输入信号频率的降低（升高），发射结得到的有效电压随之减小，相位也随之超前（滞后）。图 2.7.7 是单级共射电路发射结得到的有效电压与输入电压之比的频率特性，可以设想，对应的电压放大倍数也具有相同的频率特性，电压放大倍数的频率特性如图 2.7.8 所示，图中 $\dot{A}_\text{um}$ 为中频电压放大倍数。

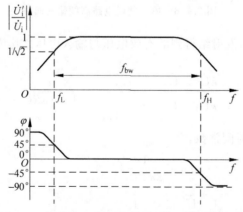

图 2.7.7 发射结有效电压与输入电压之比的频率特性

在研究频率特性时，为了将很宽的变化范围在同一坐标系中表示出来，在画频率特性曲线时，工程上通常用对数频率特性即波特图表示。所谓对数频率特性，就是将放大倍数幅频特性的纵坐标用 $20\lg|\dot{A}_\text{u}|$ 表示，单位为分贝（dB），横坐标用 $\lg f$ 表示；将相频特性的纵坐标仍用 φ 表示，不取对数，横坐标用 $\lg f$ 表示。

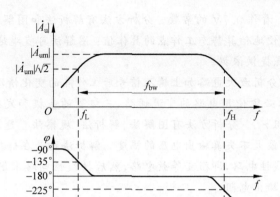

图 2.7.8 单级共射放大电路放大倍数的频率特性

采用对数频率特性的优点是,使很大的频率范围得到压缩,例如频率每增加 10 倍,横坐标仅增加 1 个单位。这样,在较小的坐标范围内,能够清楚的表示低频段和高频段的特性。由于幅频特性的纵坐标用 $20\lg|\dot{A}_u|$ 表示,使得多级放大电路中各级放大倍数的乘积运算在此转换成加法运算。

因为放大倍数是频率的函数,所以输入信号中不同频率的分量经过放大后,不但在幅度上存在差异,而且因电容影响产生的附加相移也不相同,结果导致电路输出信号中各种频率成分的比例与输入信号中各种频率成分的比例不再相同,因而产生量输出与输入的差别,这就是失真。由于这种失真是由于放大电路对不同频率信号放大能力不同而引起的,因此也称之为频率失真。显然,产生这种失真的原因是由于电路中有电容等线性元件存在,故这种失真为线性失真。前面讨论的饱和失真、截止失真是由三极管非线性特性引起的,称为非线性失真。

本章小结

本章主要讨论了放大的基本概念以及放大电路的基本原理和分析方法,本章所讨论的内容是后续各章学习的基础。

1. 放大电路对信号的放大,本质上是一种能量的控制与转换,即将电源能量转换为随输入信号变化的足够大的能量,并通过放大电路输出。

2. 要使放大电路正常放大信号,必须同时满足以下条件:

(1) 三极管必须工作在放大区,即发结正偏、集电结反偏;

(2) 信号能加在发射结上;

(3) 被放大的信号能加在负载上。

3. 由于 PN 结存在死区电压并具有单向导电的特性,所以放大电路必须设置合适的静态工作点,这样才能将输入的交流信号转换成三极管中与之对应的、变化的直流电流和电压,也才能保证在一定范围内电压与电流的线性关系。

4. 放大电路的分析包括静态分析和动态分析。

静态分析主要是分析和估算静态工作点的情况和参数,静态分析时,必须使用电路的直流通路，三极管的 U_{be} 看作 0.7V 的常数。分析方法有解析法和图解法，两种方法各有不同的作用。解析法可方便地估算静态工作点的具体值；图解法可直观地发现静态工作点的位置，为调整静态工作点提供依据。

动态分析主要是分析放大电路加上输入信号后工作点的变化情况以及对部分技术指标的估算，动态分析时，必须使用电路的交流通路，三极管的基极和发射极之间不再是 0.7V 的常数，而是动态电阻 r_{be}。分析方法有图解法、解析法、观察法。通过作图，能够直观地发现波形是否失真以及最大不失真输出电压的幅度。解析法则是在静态工作点附近的小范围内，将三极管等效成线性电路，即微变等效电路，然后按线性电路求解电路的方法估算电压放大倍数、输入电阻、输出电阻。

5. 放大电路有共射、共集、共基三种基本组态形式。共射电路既能放大电压，又能放大电流，输入电阻、输出电阻较适中，在没有特殊要求的情况下，得到了广泛应用，静态工作点稳定电路是共射电路的代表。共集电路不能放大电压，只能放大电流，由于输入电阻大、输出电阻小，通常用来作多级放大电路的输入级，以尽可能少地索取信号电流；也常用来作多级放大电路的输出级，以提高电路的带负载能力；还可用来作电压跟随和起隔离作用。共基电路只能放大电压，不能放大电流，由于输入电阻非常小，使得三极管的结电容对电路的影响显著下降，通常用来作宽频带放大电路。

6. 阻容耦合的多级放大电路各级静态工作点独立，求静态工作点时，与单级放大电路相同。在动态分析中，要考虑后级电路对前级的影响。求电压放大倍数时，应将后一级的输入电阻作为前一级的负载电阻。输入电阻，就是从第一级往里看的交流等效电阻，但必须考虑后级对前级的影响。输出电阻，是从最后一级往前看的交流等效电阻，也要注意前级对电路最后级输出回路的影响。

7. 限于篇幅，本章只对电路的频率特性作了定性讨论，通过讨论建立起电压放大倍数是输入信号频率的函数的概念，以及引起低频段、高频段电压放大倍数下降的原因和下限截止频率、上限截止频率、通频带的物理含义。

习题

2.1 组成放大电路要具备哪些条件才能实现对信号放大？

2.2 下列说法哪些是正确的，哪些是错误的？说明理由。

（1）放大电路的输出信号的能量来自于三极管。

（2）射极输出器的电压放大倍数近似为1，说明射极输出器不能对信号放大。

（3）在放大电路的交流通路中，直流电源为0，这说明放大电路可以不设置静态工作点。

（4）放大电路的静态工作点与放大电路的技术指标没有关系。

（5）放大电路输出信号出现饱和失真是由于电路的工作点在变化过程中进入饱和区引起的。

（6）放大电路的最大不失真输出电压与放大电路的静态工作点设置有关。

2.3 什么是放大电路的静态工作点？静态工作点不合适会出现什么问题？

2.4 在对放大电路进行静态和动态分析时，应采用直流通路还是交流通路？在画放大电路的直流通路和交流通路时，信号源、直流电源、耦合电容、旁路电容应如何对待？

2.5　选择正确的答案填入以下各题的括号中。供选择的答案为 A. 共射电路；B. 共集电路；C. 共基电路。

(1) 向输入信号索取电流最小的放大电路是(　　)。

(2) 只能放大电压，不能放大电流的放大电路是(　　)。

(3) 输出与输入信号同相且能放大电流的放大电路是(　　)。

(4) 既能放大电压又能放大电流的放大电路是(　　)。

(5) 带负载能力最强的放大电路是(　　)。

2.6　判别图 2.1 所示的各电路能否正常放大，并说明理由。

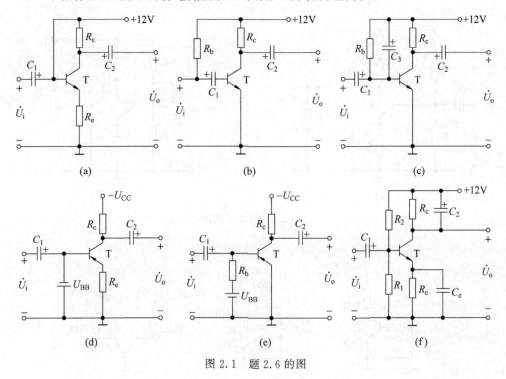

图 2.1　题 2.6 的图

2.7　画出图 2.2 所示各电路的直流通路和交流通路。设电路中所有电容对交流信号均可视为短路，变压器为理想变压器。

2.8　求图 2.3 所示各电路的静态工作点。设三极管 $U_{BEQ}=0.7V$, $U_{CES}=0.3V$。

2.9　放大电路如图 2.4 所示，已知三极管 $\beta=50$，饱和压降 $U_{CES}=0.3V$，求在下列情况下电路的集电极电位 U_{CQ} 各为多少？

(1) 正常情况；

(2) R_e 短路；

(3) R_b 短路；

(4) R_b 开路。

2.10　放大电路如图 2.5 所示，已知三极管 $\beta=100$, $U_{BEQ}=0.7V$，求电路的静态工作点。

2.11　基本共射放大电路如图 2.6(a) 所示，已知输入信号为正弦波，若输出信号波形分别出现图 2.6(b)、图 2.6(c)、图 2.6(d) 所示的三种失真现象，这些失真各称为什么失真？如何消除？

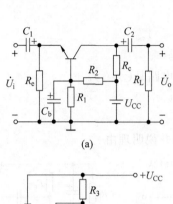

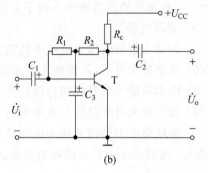

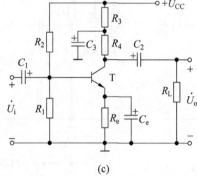

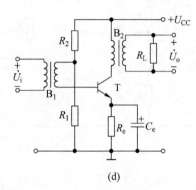

图 2.2　题 2.7 的图

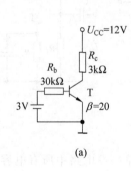

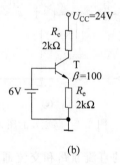

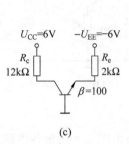

(a)　　　　　　　　(b)　　　　　　　　(c)

图 2.3　题 2.8 的图

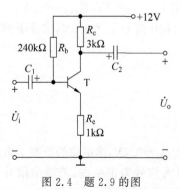

图 2.4　题 2.9 的图

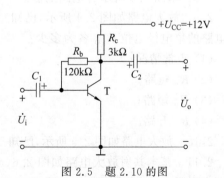

图 2.5　题 2.10 的图

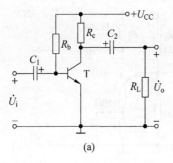 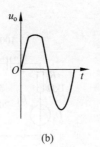 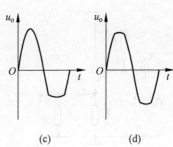

(a)　　　　　　　(b)　　　　(c)　　　　(d)

图 2.6　题 2.11 的图

2.12　放大电路如图 2.7(a)所示,三极管的输出特性曲线如图 2.7(b)所示。

(1) 画出电路的直流负载线和交流负载线。

(2) 指出电路的最大不失真输出电压的幅值为多少?

(3) 若增大输入信号的幅值,电路将首先出现什么性质的失真? 输出波形的顶部还是底部方式失真?

(4) 若减小电阻 R_b 的值,最大不失真输出电压的幅值是增大还是减小?

(5) 要使电路输出信号的幅值尽可能大而又不失真,电阻 R_b 的值大约应取多少?

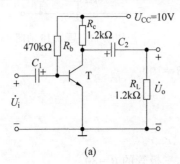 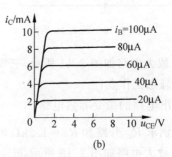

(a)　　　　　　　　　　　　(b)

图 2.7　题 2.12 的图

2.13　放大电路如图 2.8 所示,设某一参数变化时其他参数不变,在下列三种情况下,电路的 I_{BQ}、U_{CEQ}、$|\dot{A}_u|$、r_i、r_o 是增大、减小还是基本不变?

(1) 增大 R_b;

(2) 增大 R_e;

(3) 增大 R_L。

2.14　放大电路如图 2.9 所示。

(1) 求静态工作点;

(2) 求 $\dot{A}_u$、$\dot{A}_{us}$、r_i、r_o;

(3) 若信号源的电压最大值为 20mV,输出电压的最大值为多少?

(4) 若电容 C_e 开路,电路的静态工作点、电压放大倍数、输入电阻、输出电阻有什么影响?

2.15　放大电路如图 2.10 所示,设输入信号电压为正弦波,$R_c=R_e$。

(1) 求 $\dot{A}_{u1}=\dot{U}_{o1}/\dot{U}_i\approx?$ $\dot{A}_{u2}=\dot{U}_{o2}/\dot{U}_i\approx?$

(2) 如果 $u_i=5\cdot\sin(\omega t)$画出输入电压和输出电压 u_i、u_{o1}、u_{o2} 的波形。

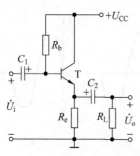
图 2.8　题 2.13 的图

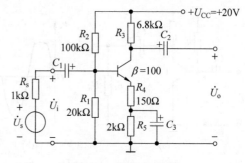
图 2.9　题 2.14 的图

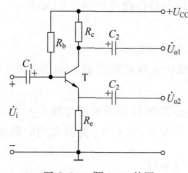
图 2.10　题 2.15 的图

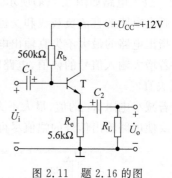
图 2.11　题 2.16 的图

2.16　放大电路如图 2.11 所示，三极管的 $\beta=100$。

（1）求静态工作点；

（2）画出电路的微变等效电路；

（3）分别求 R_L 开路和 $R_L=1.2\text{k}\Omega$ 时的 $\dot{A}_u$、r_i、r_o。

2.17　放大电路如图 2.12 所示，$U_{CC}=12\text{V}$，三极管的 $\beta=80$。

（1）求电路的静态工作点。

（2）为了使 $I_{EQ}=1\text{mA}$，电阻 R_e 应该选多大？

（3）根据（2）中确定的 I_{EQ}，估算 $\dot{A}_u$、r_i、r_o。

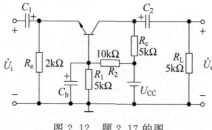
图 2.12　题 2.17 的图

2.18　多级放大电路如图 2.13 所示，三极管的 $\beta_1=\beta_2=50$、$r_{be1}=r_{be2}=1.5\text{k}\Omega$。

（1）求各级电路的静态工作点；

（2）写出 $\dot{A}_{u1}$、$\dot{A}_{u2}$、$\dot{A}_u$、r_i、r_o 的表达式。

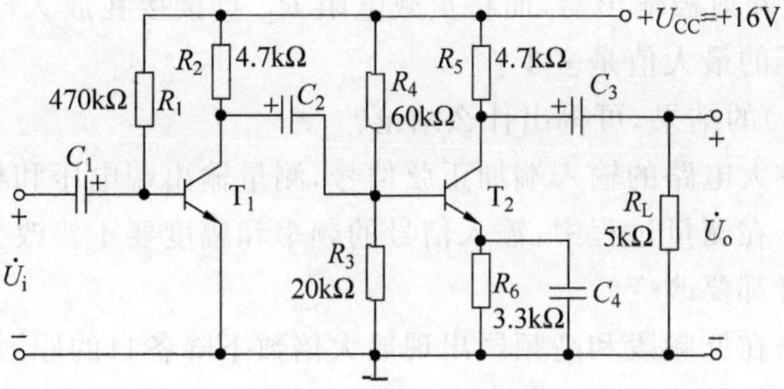

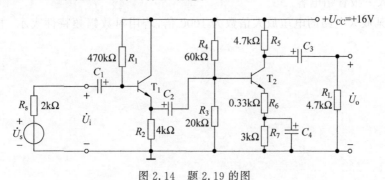

图 2.13　题 2.18 的图

2.19　多级放大电路如图 2.14 所示,三极管的 $\beta_1=\beta_2=80$、$r_{be1}=r_{be2}=1.6\text{k}\Omega$。

(1) 估算电路的输入、输出电阻 r_i、r_o;

(2) 估算电路的源电压放大倍数 $\dot{A}_{us}$;

(3) 若输入信号正弦波的最大值为 10mV,电路的输出电压的最大值是多少?

(4) 若电路中去掉射极输出器,而将信号直接接在放大电路的第二级进行放大,这时电路的输出电压的最大值是多少?

(5) 比较(3)、(4)的结果,可得出什么结论?

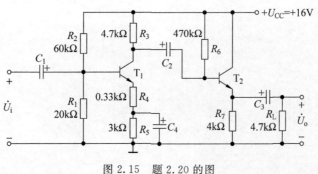

图 2.14　题 2.19 的图

2.20　多级放大电路如图 2.15 所示,三极管的 $\beta_1=\beta_2=100$、$r_{be1}=r_{be2}=2\text{k}\Omega$。

(1) 估算电路的输入、输出电阻 r_i、r_o;

(2) 分别估算当负载电阻 R_L 开路和 $R_L=4.7\text{k}\Omega$ 时,电路的电压放大倍数 $\dot{A}_u$;

(3) 若输入信号正弦波的最大值为 10mV,$R_L=4.7\text{k}\Omega$ 时,电路的输出电压的最大值是多少?

图 2.15　题 2.20 的图

（4）若电路中删除射极输出器，而将负载电阻 R_L 直接接在放大电路的第一级输出端，这时电路的输出电压的最大值是多少？

（5）比较（3）、（4）的结果，可得出什么结论？

2.21 通过在放大电路的输入端加正弦信号，测量输出端电压和相位的变化，可得到放大电路的频率特性。在测量过程中，输入信号的频率和幅度要不要改变？若要改变，应改变其中哪一个还是两者都要改变？

2.22 放大电路在低频段和高频段出现放大倍数下降各自的原因是什么？

2.23 当输入信号的频率等于放大电路的 f_L 或 f_H 时，放大倍数与中频时相比，大约下降了多少？若用对数频率特性表示，大约下降了多少分贝？

2.24 对于单级阻容耦合共射放大电路，当输入信号频率 $f = f_L$ 时，$\dot{U}_o$ 与 $\dot{U}_i$ 的相位差大约是多少度？当 $f = f_H$ 时，$\dot{U}_o$ 与 $\dot{U}_i$ 的相位差大约是多少度？

2.25 对于单级阻容耦合共射放大电路，设某一参数变化时其他参数不变，在下列三种情况下，电路的 f_L、f_H 将如何变化。

（1）增大耦合电容 C_1；

（2）增大基极偏置电阻 R_b；

（3）增大三极管结电容。

2.26 某放大电路的电压放大倍数为 1000 倍，若用对数幅频特性表示，电压增益为多少分贝？

第3章 场效应管及其放大电路

CHAPTER 3

场效应管也是一类重要的半导体器件,本章在介绍了场效应管的基本结构、工作原理及特性曲线的基础上,讨论了由场效应管组成放大电路的原则,以及场效应管放大电路的基本工作原理和静态、动态情况下电路的分析方法。

场效应管以其优良的品质与性能,使之自20世纪60年代诞生以来,被广泛用于各类电子电路中。

半导体三极管是通过基极电流控制集电极电流,属于电流型控制器件,而场效应管是通过栅-源之间的电压或电场控制漏极电流的器件,是电压控制型器件,因而称为场效应管。场效应管有许多优良品质,如噪声小、便于集成等,近年来应用广泛。

从结构上来划分,可把场效应管分为结型场效应管(JFET)和绝缘栅型场效应管(MOSFET,简称MOS)两大类,而每一类又可以细分。下面分别讨论这些场效应管及其电路。

3.1 结型场效应管

3.1.1 结构

根据导电沟道的不同,结型场效应管分为N沟道和P沟道两种结构形式,工作原理相同。后面均以N沟道场效应管为例对其结构、工作原理、放大电路进行讨论。图3.1.1是结型场效应管的结构示意图和符号。

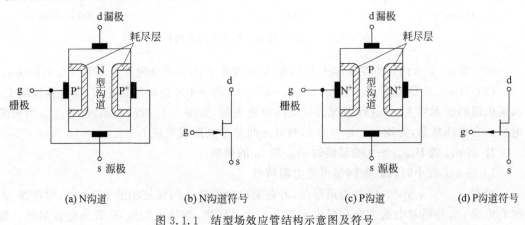

(a) N沟道   (b) N沟道符号   (c) P沟道   (d) P沟道符号

图3.1.1 结型场效应管结构示意图及符号

图 3.1.1(a)是 N 沟道结型场效应管的结构示意图。由图可见,在一块 N 型半导体材料上制作两个高掺杂的 P 区(用 P^+ 表示),形成两个 PN 结,见图中阴影部分。将两个 P 区连在一起并引出一个电极,称为栅极 g,在 N 型半导体两端各引出一个电极,分别称为漏极 d、源极 s。处于两个 PN 结之间的 N 型区,是漏极与源极间的电流通道,称为导电沟道,由于导电沟道是 N 型半导体,所以称为 N 沟道。图 3.1.1(b)是 N 沟道结型场效应管在电路中的符号。

图 3.1.1(c)和(d)分别是 P 沟道场效应管的结构示意图与电路中的符号。下面以 N 沟道场效应管为例,讨论其工作原理和特性等问题。

3.1.2 工作原理

由图 3.1.1(a)可见,若在 d、s 间加电压 u_{DS},就会在 d、s 间形成电流 i_D,通过改变栅极和源极间反向电压 u_{GS} 的大小,即改变耗尽层的宽度从而改变导电沟道的宽度,就可以控制电流 i_D 的大小。所以 N 沟道结型场效应管在正常工作时,应在栅-源间加负电压 u_{GS},以实现对沟道电流的控制;在漏极和源极间加正电压 u_{DS},以形成漏极电流 i_D。

由于在正常工作情况下,场效应管同时承受电压 u_{GS} 和 u_{DS},无论 u_{GS} 还是 u_{DS} 的作用,都将直接影响导电沟道,使场效应管呈现与之对应的特性,为简单起见,下面将分别讨论 u_{GS}、u_{DS} 作用时对场效应管特性及漏极电流 i_D 的影响。

1. $u_{DS}=0$,改变 u_{GS} 时对导电沟道的影响

(1) 当 $u_{GS}=0$ 时,耗尽层较窄,导电沟道最宽,如图 3.1.2(a)所示。

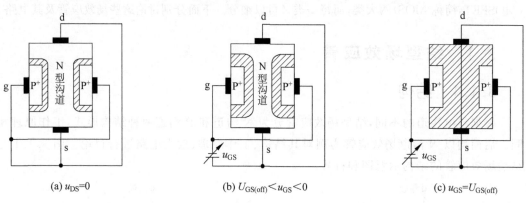

(a) $u_{DS}=0$ (b) $U_{GS(off)}<u_{GS}<0$ (c) $u_{GS}=U_{GS(off)}$

图 3.1.2 $u_{DS}=0$ 时 u_{GS} 对导电沟道的影响

(2) 当 u_{GS} 由 0 向负值变化,耗尽层加宽,导电沟道变窄,沟道电阻加大,如图 3.1.2(b)所示。

(3) 当 u_{GS} 的负值进一步加大,使 $u_{GS}=U_{GS(off)}$,两个 PN 结耗尽层相遇,导电沟道消失,沟道电阻趋于无穷大,称这种情况为导电沟道被夹断,如图 3.1.2(c)所示,称 $U_{GS(off)}$ 为夹断电压。在夹断状态,无论 u_{DS} 是否为 0,在 d、s 间都不能形成电流 i_D。

2. 当 u_{GS} 为 $U_{GS(off)} \sim 0$ 的某值时,u_{DS} 对 i_D 的影响

1) 当 u_{DS} 较小时,漏、源间呈可变电阻特性

当 $U_{GS(off)} < u_{GS} < 0$,导电沟道存在,若在漏极和源极之间加较小的电压 u_{DS},则在漏、源间有电流 i_D,并沿着电流方向在导电沟道上产生电压降,漏极电位最高、源极电位最低。栅极与导电沟道上任何点的电压中,只有 $u_{GD}=u_{GS}-u_{DS}$ 是最负(最小)的电压,所以,两个

PN 结的耗尽层将出现楔形,使靠近漏极间的沟道较窄,靠近源极间的沟道较宽,如图 3.1.3(a) 所示。在 u_{DS} 较小的情况下,i_D 与 u_{DS} 间呈线性关系,导电沟道为一个线性电阻,该电阻的大小仅由 u_{GS} 决定,u_{GS} 越小(越负),沟道呈现的电阻越大。

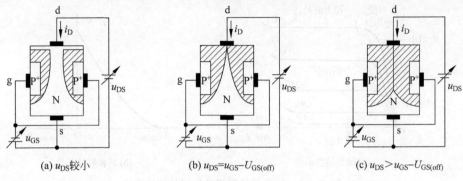

(a) u_{DS} 较小   (b) $u_{DS}=u_{GS}-U_{GS(off)}$ (c) $u_{DS}>u_{GS}-U_{GS(off)}$

图 3.1.3 $U_{GS(off)}<u_{GS}<0$ 且 $u_{DS}>0$

2) 当 u_{DS} 上升到一定值,漏、源间呈受控电流源特性

若继续加大 u_{DS},漏极电位将继续升高,当 u_{DS} 上升到使 $u_{GD}=u_{GS}-u_{DS}=U_{GS(off)}$ 时,即

$$u_{DS}=u_{GS}-U_{GS(off)} \tag{3.1.1}$$

则在漏极处,两个 PN 结耗尽层相遇,出现夹断区,如图 3.1.3(b)所示,称这种情况为预夹断。通常,一个具体的场效应管,其 $U_{GS(off)}$ 是确定的,由式(3.1.1)可见,当栅、源间的电压 u_{GS} 不同时,进入预夹断状态的电压 u_{DS} 也不同。

必须指出,场效应管在进入预夹断状态后,并不意味着 $i_D=0$,在 u_{DS} 电场作用下,电子仍然可从夹断区的窄缝中通过,只有 $u_{GS} \leqslant U_{GS(off)}$,场效应管才处于夹断状态,有 $i_D=0$。

进一步加大 u_{DS},当 u_{DS} 上升到使 $u_{GD}=u_{GS}-u_{DS}<U_{GS(off)}$ 时,即

$$u_{DS}>u_{GS}-U_{GS(off)} \tag{3.1.2}$$

漏极处的夹断区沿导电沟道向源极方向移动,如图 3.1.3(c)所示,一方面使自由电子运动阻力加大,引起 i_D 减小;另一方面由于 u_{DS} 电场的加强,使 i_D 加大,结果是两种影响 i_D 的作用相互抵消,即加大 u_{DS},i_D 基本不变,i_D 的大小仅由 u_{GS} 决定,漏、源间相当于受 u_{GS} 控制的电流源。

需要注意的是,若 u_{DS} 的值过高超过了允许范围,PN 结将被反向击穿,造成器件损坏。

3) u_{GS} 对 i_D 的控制作用

场效应管在正常工作情况下,u_{DS}、$U_{GS(off)}$ 是确定的,在满足式(3.1.2)的情况下,只要改变 u_{GS} 的值,就有一个确定的 i_D 与之对应,从而实现 u_{GS} 对 i_D 的控制。

3.1.3 特性曲线

由于场效应管是非线性元件,其漏极电流 i_D 与栅-源电压 u_{GS}、漏-源电压 u_{DS} 间的关系只能用特性曲线来描述,即输出特性曲线和转移特性曲线。

1. 输出特性曲线

输出特性曲线,是指当栅-源电压 u_{GS} 为常数时漏极电流 i_D 与漏-源电压 u_{DS} 之间的函

数关系，即

$$i_D = f(u_{DS})\big|_{u_{GS}=\text{常数}} \tag{3.1.3}$$

N 沟道结型场效应管的输出特性曲线如图 3.1.4(a)所示。

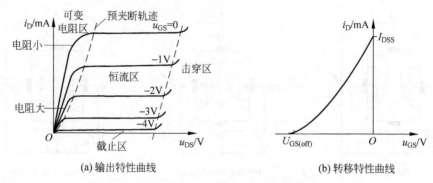

(a) 输出特性曲线   (b) 转移特性曲线

图 3.1.4　N 沟道结型场效应管的特性曲线

由图 3.1.4(a)可见，输出特性可划分成 4 个区，即可变电阻区、恒流区、击穿区和截止区。

1）可变电阻区

可变电阻区位于预夹断轨迹虚线左边部分，由于 u_{DS} 较小，导电沟道尚未进入预夹断状态，i_D 与 u_{DS} 为线性关系，漏-源两端为线性电阻。当 u_{GS} 的取值不同时，曲线斜率不同，u_{GS} 取值越负，呈现的电阻越大，即改变 u_{GS}，就可以改变电阻的大小，所以称为可变电阻区。

预夹断轨迹虚线与每条曲线的交点，u_{DS} 与 u_{GS} 的关系都满足 $u_{DS} = u_{GS} - U_{GS(off)}$，在交点处，场效应管进入预夹断状态，$u_{GS}$ 取值越负，使场效应管进入预夹断状态所对应的 u_{DS} 越小。

2）恒流区

恒流区（即放大区）位于预夹断轨迹虚线右边部分，场效应管所处的状态如图 3.1.3(c)所示。每条曲线的 u_{DS} 与 u_{GS} 的关系都满足 $u_{DS} > u_{GS} - U_{GS(off)}$，$u_{DS}$ 变化时，i_D 基本不变，只有改变 u_{GS} 的大小，才能改变 i_D 的大小，因此，可将 i_D 视为受 u_{GS} 控制的电流源。在用场效应管作放大电路时，场效应管应工作在恒流区。

在恒流区，若 u_{DS} 超过一定限度，场效应管将被击穿，造成器件损坏（见特性曲线的击穿区）。所以，场效应管工作时，u_{DS} 不能超过手册规定的极限值。

3）截止区

截止区位于特性曲线靠近横坐标的区域，由于 $u_{GS} < U_{GS(off)}$，导电沟道被夹断，$i_D \approx 0$，场效应管处于截止状态，漏-源两端相当于开路。

2. 转移特性曲线

转移特性曲线，是指当漏-源电压 u_{DS} 为常数时漏极电流 i_D 与栅-源电压 u_{GS} 之间的函数关系，即

$$i_D = f(u_{GS})\big|_{u_{DS}=\text{常数}} \tag{3.1.4}$$

N 沟道结型场效应管的转移特性曲线如图 3.1.4(b)所示。

由图 3.1.4(b)可见，当 $u_{GS} = 0$ 时，i_D 最大，即 $i_D = I_{DSS}$，称 I_{DSS} 为饱和漏极电流。当 u_{GS} 减小，i_D 也随之减小，当 $u_{GS} = U_{GS(off)}$，场效应管处于夹断状态，$i_D \approx 0$。

结型场效应管工作在恒流区时，i_D 与 u_{GS} 的关系，可用下面的近似公式表示：

$$i_D = I_{DSS}\left(1 - \frac{u_{GS}}{U_{GS(off)}}\right)^2 \quad (U_{GS(off)} \leqslant u_{GS} \leqslant 0) \tag{3.1.5}$$

式(3.1.5)是本章的重要公式之一,在后面对场效应管放大电路分析时会经常用到。

3. 输出特性曲线与转移特性曲线间的对应关系

输出特性曲线和转移特性曲线都是描述同一个场效应管的 u_{GS}、u_{DS}、i_D 三者之间关系的曲线,两组曲线间存在着严格的对应关系,所以,可以根据输出特性曲线通过作图得到对应的转移特性曲线。由转移特性的定义,可以在输出特性的恒流区作垂线(u_{DS} 为常数),读出各条曲线与垂线交点处 u_{GS}、i_D 的坐标,在 u_{GS}、i_D 坐标系中画出对应点,然后连接各点即为转移特性曲线,如图 3.1.5 所示。

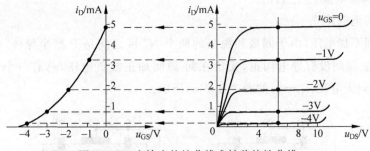

图 3.1.5 由输出特性曲线求转移特性曲线

3.2 绝缘栅场效应管

结型场效应管的输入电阻一般为 $10^7\,\Omega$,在希望输入电阻更高的情况下,通常采用绝缘栅场效应管。绝缘栅场效应管由金属-氧化物和半导体制成,所以又称为金属-氧化物-半导体场效应管,简称 MOS 管。MOS 管分为 N 沟道和 P 沟道两种结构,每种结构又分为增强型和耗尽型两种形式。由于 N 沟道 MOS 管与 P 沟道 MOS 管工作原理相同,所以本节只讨论 N 沟道 MOS 管。

3.2.1 N 沟道增强型 MOS 管

1. 结构

图 3.2.1(a)是 N 沟道增强型 MOS 管的结构示意图,图 3.2.1(b)为电路中的符号。

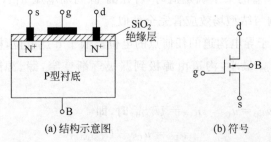

(a)结构示意图   (b)符号

图 3.2.1 N 沟道增强型 MOS 管结构示意图及符号

由图 3.2.1(a)可见,它是以一块低掺杂的 P 型半导体为衬底,通过一定的工艺在上面制作两个高掺杂的 N 型区(图中用 N⁺ 表示),在半导体材料上覆盖一层 SiO₂ 绝缘层,在 SiO₂ 绝缘层上制作一个金属电极,作为栅极 g,从两个 N 型区分别引出两个金属电极,作为漏极 d 和源极 s。衬底上也引出一根引线 B,通常情况下将它和源极在管内相连。由于栅极与源极、漏极间被绝缘材料隔开,栅-源间电阻可达 10^{10} Ω 以上,故称为绝缘栅场效应管。

2. 工作原理

绝缘栅场效应管的工作原理与结型场效应管有所不同,它是通过改变栅-源电压 u_{GS} 的大小,从而改变衬底靠近绝缘层处感应电荷的多少,即改变感应电荷形成的导电沟道的状况,达到控制漏极电流 i_D 之目的。

1) 导电沟道的建立

若栅-源间不加电压,由于漏极和源极的两个 N⁺ 区之间是 P 型半导体,相当于两个背向的 PN 结,漏-源间没有导电沟道,无论在漏-源间加正或负电压,总有一个 PN 结反向偏置,所以漏-源间无电流,$i_D=0$,如图 3.2.2(a)所示。

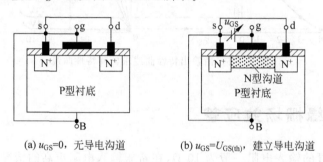

(a) $u_{GS}=0$,无导电沟道　　　　(b) $u_{GS}=U_{GS(th)}$,建立导电沟道

图 3.2.2　N 沟道增强型 MOS 管导电沟道的建立

若漏-源间不加电压,在栅-源间加电压 u_{GS}。当 $u_{GS}>0$,则会产生一个由栅极指向 P 型衬底的电场,这个电场排斥 P 型衬底中的空穴,吸引电子,随着 u_{GS} 的增大,吸引电子的能力也增强。当 $u_{GS} \geq U_{GS(th)}$ 时,在衬底靠近绝缘层处形成电荷层,将两个 N⁺ 区连接起来,使漏、源间形成电子导电的沟道,称为 N 沟道。如图 3.2.2(b)所示。$U_{GS(th)}$ 称为开启电压,u_{GS} 越高,导电沟道越宽,沟道电阻越小。

2) u_{DS} 对 i_D 的影响

当 u_{GS} 是大于 $U_{GS(th)}$ 的某个确定值时,若在漏-源间加电压 u_{DS},就会形成漏极电流 i_D,u_{DS} 对导电沟道的影响与结型场效应管完全类似。

当 u_{DS} 较小时,由于导电沟道的任何点的电位都低于 d 点电位,栅极与导电沟道各点间电压中 $u_{GD}=u_{GS}-u_{DS}$ 最小,沟道由源极到漏极逐渐变窄,漏、源间呈可变电阻特性,如图 3.2.3(a)所示。

当 u_{DS} 增大到使 $u_{GD}=u_{GS}-u_{DS}=U_{GS(th)}$ 时,即

$$u_{DS} = u_{GS} - U_{GS(th)} \tag{3.2.1}$$

时,漏极处的导电沟道出现夹断区,场效应管处于预夹断状态,如图 3.2.3(b)所示。

当 u_{DS} 增大到使 $u_{GD}=u_{GS}-u_{DS}>U_{GS(th)}$ 时,即

$$u_{DS} > u_{GS} - U_{GS(th)} \tag{3.2.2}$$

时,夹断区向源极方向移动,和结型场效应管一样,增大的 u_{DS} 和增大的沟道电阻基本抵消,i_D 基本不变,具有恒流源特性,如图 3.2.3(c)所示。

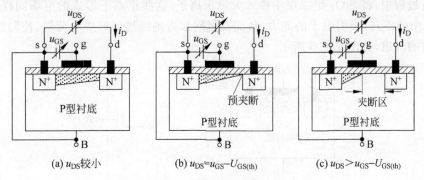

(a) u_{DS} 较小   (b) $u_{DS} \approx u_{GS} - U_{GS(th)}$ (c) $u_{DS} > u_{GS} - U_{GS(th)}$

图 3.2.3 u_{DS} 对导电沟道和 i_D 的影响

3) u_{GS} 对 i_D 的控制作用

MOS 管在正常工作情况下,u_{DS}、$U_{GS(th)}$ 是确定的,在满足式(3.2.2)的情况下,只要改变 u_{GS} 的值,就有一个确定的 i_D 与之对应,从而实现 u_{GS} 对 i_D 的控制。

3. 特性曲线

N 沟道增强型 MOS 管的转移特性和输出特性如图 3.2.4 所示。

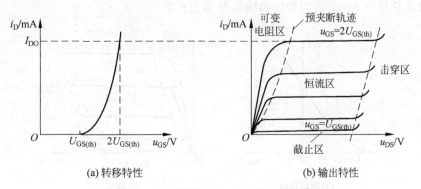

(a) 转移特性   (b) 输出特性

图 3.2.4   N 沟道增强型 MOS 管的特性曲线

MOS 管的输出特性也分为 4 个区:可变电阻区、恒流区、截止区、击穿区,各区的含有与结型场效应管完全相同。

由 MOS 管的转移特性可见,当 $u_{GS} < U_{GS(th)}$ 时,$i_D = 0$,MOS 管中没有形成导电沟道,只有 $u_{GS} \geqslant U_{GS(th)}$ 时,才存在导电沟道,在满足式(3.2.2)的情况下,随着 u_{GS} 的增大,导电沟道增宽,沟道电阻减小,i_D 增大。N 沟道 MOS 管工作在恒流区时,i_D 与 u_{GS} 的关系,可用下面的近似公式表示:

$$i_D = I_{DO}\left(\frac{u_{GS}}{U_{GS(th)}} - 1\right)^2, \quad (u_{GS} \geqslant U_{GS(th)}) \tag{3.2.3}$$

式中,I_{DO} 为 $u_{GS} = 2U_{GS(th)}$ 时的 i_D 值,见图 3.2.4(a)所示。

3.2.2　N沟道耗尽型MOS管

N沟道耗尽型MOS管与增强型MOS管结构基本相似,唯一的区别是,耗尽型MOS管在制造过程中,将SiO_2绝缘层中掺入大量正离子,这些正离子形成的电场同样具有排斥P型衬底中的空穴,吸引电子的能力,从而在衬底靠近绝缘层处形成电荷层,使漏、源间形成电子导电的沟道,如图3.2.5所示。

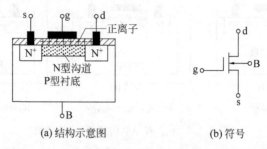

(a) 结构示意图　　　　　　　(b) 符号

图 3.2.5　N沟道耗尽型MOS管结构示意图及符号

当在栅-源间加负电压u_{GS},将削弱SiO_2绝缘层中正离子形成的电场,使导电沟道变窄,i_D减小;若u_{GS}更负,满足$u_{GS}=U_{GS(off)}$,导电沟道被夹断,$i_D=0$,称$U_{GS(off)}$为夹断电压。可见,N沟道耗尽型MOS管的u_{GS}选择范围更灵活,可以在小于0、等于0、大于0的一定范围内实现对漏极电流i_D的控制。

N沟道耗尽型MOS管的特性曲线如图3.2.6所示。

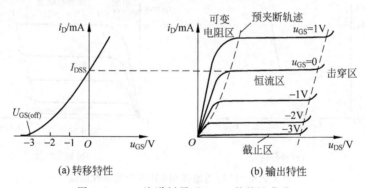

(a) 转移特性　　　　　　　(b) 输出特性

图 3.2.6　N沟道耗尽型MOS管特性曲线

3.2.3　P沟道场效应管

P沟道场效应管与对应的N沟道场效应管有完全相同的工作原理。从结构看,只要将对应N沟道场效应管中的N型半导体改为P型半导体、P型半导体改为N型半导体即得到对应的P沟道场效应管。从外加的电压看,只要将对应N沟道场效应管的外加正电压改为负电压、外加负电压改为正电压,就符合对应P沟道场效应管的外加电压要求。例如,与N沟道增强型MOS管对应,P沟道增强型MOS管的开启电压$U_{GS(th)}<0$,$u_{GS}<U_{GS(th)}$时才形成导电沟道,漏-源间应加负电压,i_D的真实方向也相应改变。与N沟道场效应管类比,不难得到P沟道场效应管的特性曲线,如表3.2.1所示。

表 3.2.1 场效应管的符号和特性曲线

种 类		符 号	转移特性曲线	输出特性曲线
结型	N 沟道		i_D ↑ I_{DSS} ... $U_{GS(off)}$ O u_{GS}	i_D ... $u_{GS}=0$ 负向变化 O $U_{GS(off)}$ u_{DS}
	P 沟道		i_D ↑ $U_{GS(off)}$ O u_{GS} ... I_{DSS}	$U_{GS(off)}$ i_D O u_{DS} 正向变化 $u_{GS}=0$
绝缘栅 增强型	N 沟道	d g—[B s	i_D ↑ O $U_{GS(th)}$ u_{GS}	i_D ... u_{GS} 正向变化 O $U_{GS(th)}$ u_{DS}
	P 沟道	d g—[B s	$U_{GS(th)}$ i_D O u_{GS}	$U_{GS(th)}$ i_D O u_{DS} u_{GS} 负向变化
绝缘栅 耗尽型	N 沟道	d g—[B s	i_D ↑ $U_{GS(off)}$ O u_{GS}	i_D $u_{GS}=0V$ 正 u_{GS} 负 O u_{DS}
	P 沟道	d g—[B s	i_D $U_{GS(off)}$ O u_{GS}	i_D O u_{DS} 正 $u_{GS}=0V$ 负

3.3 场效应管的主要参数

3.3.1 直流参数

1. 开启电压 $U_{GS(th)}$

$U_{GS(th)}$ 是增强型 MOS 管的参数。$U_{GS(th)}$ 的定义是，当 u_{DS} 为某常数时，漏极电流 i_D 达到某微小值（通常是 $5\mu A$）时所需要的最小 $|u_{GS}|$ 值。

2. 夹断电压 $U_{GS(off)}$

$U_{GS(off)}$ 是结型、耗尽型 MOS 管的参数。$U_{GS(off)}$ 的定义是，当 u_{DS} 为某常数时，使漏极电流 i_D 减小到某微小值（通常是 $5\mu A$）时所需要的 u_{GS} 值。

3. 饱和漏极电流 I_{DSS}

I_{DSS} 是结型、耗尽型 MOS 管的参数。I_{DSS} 的定义是，当 $u_{GS}=0$、场效应管处于预夹断状态（即 $|u_{DS}| \geqslant |U_{GS(off)}|$）时的漏极电流。

4. 直流输入电阻 R_{GS}

R_{GS} 的定义是，栅、源间所加电压与栅极电流之比。由于栅极电流几乎趋于 0，所以 R_{GS} 非常大，结型场效应管的输入电阻高达 $10^7\Omega$ 以上，MOS 管的输入电阻高达 $10^{10}\Omega$ 以上。

3.3.2 交流参数

1. 低频跨导 g_m

g_m 类似于半导体三极管的 β，g_m 描述的是 u_{GS} 对 i_D 的控制作用。g_m 的定义是，当 u_{DS} 为某常数时，i_D 与 u_{GS} 的变化量之比，即

$$g_m = \frac{\partial i_D}{\partial u_{GS}}\bigg|_{u_{DS}=常数} \qquad (3.3.1)$$

g_m 即转移特性上某点切线的斜率，随着静态工作点的变化而变化，不是常数。g_m 也可以通过公式求得，对于 N 沟道结型、耗尽型 MOS 管，可通过对式（3.1.5）求导得到；对于 N 沟道增强型 MOS 管，可通过对式（3.2.3）求导得到。

g_m 的单位为 mS（毫西门子）。

2. 极间电容

极间电容指场效应管三个电极间的电容，即 C_{GS}、C_{GD}、C_{DS}。这些电容一般为几个皮法，它们的值越小，则高频特性越好、速度越快。

3.3.3 极限参数

1. 漏极最大允许功率 P_{DM}

P_{DM} 的定义是，漏极电流与漏-源电压的乘积，工作时不允许场效应管的功率超过该值，否则，场效应管会因为温度升高而造成损坏。

2. 漏-源击穿电压 $U_{(BR)DS}$

$U_{(BR)DS}$ 指场效应管进入恒流区后，漏极电流突然增大对应的 $|u_{DS}|$，这时场效应管已被击穿。工作时加在漏-源间的电压不能超过该值。

3. 栅-源击穿电压 $U_{(BR)GS}$

$U_{(BR)GS}$ 指场效应管栅-源间允许加的最大电压 $|u_{GS}|$。若栅、源电压超过该值,对于结型场效应管,将造成 PN 结被反向击穿,对于 MOS 管,将使 SiO_2 被击穿,使场效应管损坏。

3.4 场效应管放大电路

对于场效应管,可以通过 u_{GS} 控制 i_D,从对能量的控制角度看,它与双极型三极管通过 i_B 控制 i_C 在本质上并无区别,因此用场效应管也能组成放大电路。

场效应管与双极型三极管存在着一定的对应关系,因此用场效应管组成放大电路时,可以参照双极型三极管放大电路的某些做法,理解起来就比较容易了。在分析方法上,双极型三极管放大电路中使用的分析方法,在场效应管放大电路中也基本适用。

首先,场效应管有三个电极,分别可以和双极型三极管的三个电极对应,即栅极 g 与基极 b 对应,漏极 d 与集电极 c 对应,源极 s 与发射极 e 对应。可以设想,场效应管放大电路也应有三种基本形式,即共源放大电路、共漏放大电路、共栅放大电路,实际工程中主要使用前两种放大电路,一般不使用共栅放大电路。然而,两种元件毕竟工作原理不同,特性曲线也不尽相同,两者之间不能简单取代。

其次,两种元件组成放大电路时,都必须工作在放大区(场效应管为恒流区),都必须设置合理的静态工作点。不同之处在于双极型三极管是电流控制器件,设置静态工作点时,必须使发射结正偏、集电结反偏,通过 β 描述其放大作用。场效应管是电压控制器件,设置静态工作点时,对于 N 沟道结型、耗尽型 MOS 管,必须使 $u_{GS} > U_{GS(off)}$ 且 $u_{DS} > u_{GS} - U_{GS(off)}$,对于 N 沟道增强型 MOS 管,必须使 $u_{GS} > U_{GS(th)}$ 且 $u_{DS} > u_{GS} - U_{GS(th)}$,通过 g_m 描述其放大作用。

最后,对场效应管放大电路的分析也包括静态分析和动态分析,分别要用放大电路的直流通路和交流通路,在直流通路和交流通路中,对电容元件、直流电源、信号源的处理原则完全相同。分析方法也有图解法、解析法,只是在动态分析中,场效应管与双极型三极管的线性化模型不同。根据场效应管的结构、工作原理和特性曲线知,场效应管的栅极几乎没有电流,因此,在其微变等效电路中可认为栅-漏、栅-源之间是开路的;在恒流区(即放大区),i_D 基本不随 u_{DS} 的变化而改变,具有恒流源特性,i_D 的大小只受 u_{GS} 控制,因此,在其微变等效电路中可认为漏-源之间是受 u_{GS} 控制的受控电流源。因此,可得到场效应管的微变等效电路如图 3.4.1(a)所示。通常情况下,由于 r_{ds} 比电路输出回路电阻大得多,所以可忽略 r_{ds} 上的电流,将 r_{ds} 作开路处理,所以有简化的微变等效电路如图 3.4.1(b)所示。

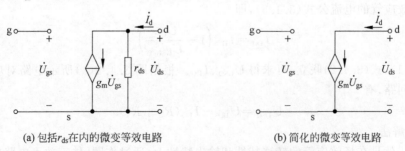

(a) 包括r_{ds}在内的微变等效电路　　　　(b) 简化的微变等效电路

图 3.4.1　场效应管的微变等效电路

在场效应管简化的微变等效电路中，跨导 g_m 是待求的参数，前已述及，g_m 可通过对式(3.1.5)或式(3.2.3)求导得到，在已知 I_{DSS}（或 I_{DO}）、$U_{GS(off)}$（或 $U_{GS(th)}$）的情况下，只需将求导结果中的 u_{GS} 用静态工作点处的 U_{GSQ} 代入，即可求得 g_m。

3.4.1 共源极放大电路

如图 3.4.2(a) 所示的电路是用 N 沟道耗尽型 MOS 管组成的共源极放大电路，图 3.4.2(b) 为对应的交流通路。电路中 C_1、C_2 为耦合电容，C_s 为旁路电容，起隔直传交的作用。直流电源 U_{DD} 的作用是，一方面通过电阻 R_1、R_2 分压，为场效应管设置静态工作点，并使场效应管工作在恒流区；另一方面为负载提供能量。电阻 R_g 的作用是，避免因 R_1、R_2 的影响使放大电路的输入电阻减小。电阻 R_s 的作用是稳定静态工作点(类似于工作点稳定电路中的 R_e)。电阻 R_d 的作用是，将漏极电流 i_D 的变化转化成电压 u_{DS} 的变化，实现电压放大。

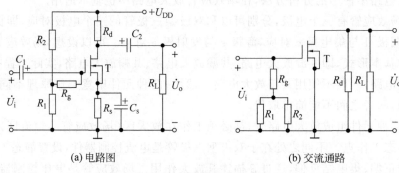

(a) 电路图　　　　　　　　　　　　　　(b) 交流通路

图 3.4.2　共源极放大电路

从交流通路看，放大电路的输入、输出回路的公共端是场效应管的源极，所以该电路为共源放大电路。

从静态工作点的设置方法看，直流电源通过 R_1、R_2 分压产生静态值 U_{GQ}，又称这种偏置方式的放大电路为分压式偏置电路。根据电路参数的不同，分压式偏置电路能够保证静态时 U_{GSQ} 大于 0、等于 0 或小于 0，因此这种偏置方式对结型场效应管、耗尽型 MOS 管、增强型 MOS 管均适用。

1. 静态分析

1) 解析法

由于电阻 R_g 上无电流，$U_{GQ} = U_{R1Q}$。根据图 3.4.2(a) 电路的直流通路，有

$$U_{GSQ} = U_{DD} \times \frac{R_1}{R_1 + R_2} - I_{DQ} R_s \tag{3.4.1}$$

再利用场效应管的电流公式(3.1.5)，即

$$I_{DQ} = I_{DSS} \left(1 - \frac{U_{GSQ}}{U_{GS(off)}}\right)^2 \tag{3.4.2}$$

将式(3.4.1)、式(3.4.2)联立，可求得 U_{GSQ}、I_{DQ}。根据图 3.4.2(a)所示电路对应的直流通路的输出回路，有

$$U_{DSQ} = U_{DD} - I_{DQ}(R_d + R_s) \tag{3.4.3}$$

2) 图解法

图解法就是在场效应管的转移特性和输出特性上，通过作图，估算放大电路的静态工作

点,具体方法如下:

(1) 由放大电路直流通路的输入回路写出 u_{GS} 与 i_D 的关系式,得到直线方程,即

$$u_{GS} = U_{DD} \times \frac{R_1}{R_1 + R_2} - i_D R_s \qquad (3.4.4)$$

在转移特性上作式(3.4.4)表示的直线方程,曲线与直线方程的交点即为 Q 点,得到 I_{DQ}、U_{GSQ}。

(2) 由放大电路直流通路的输出回路写出 u_{DS} 与 i_D 的关系式,得到直线方程,即

$$u_{DS} = U_{DD} - i_D(R_d + R_s) \qquad (3.4.5)$$

在输出特性上作式(3.4.5)表示的直线方程,与 $u_{GS} = U_{GSQ}$ 对应的曲线和直线方程的交点即为 Q 点,可得到 U_{DSQ}。

2. 动态分析

下面根据图 3.4.2(a)所示电路的微变等效电路,求放大电路电压放大倍数、输入电阻、输出电阻。如图 3.4.2(a)所示电路的微变等效电路如图 3.4.3 所示。

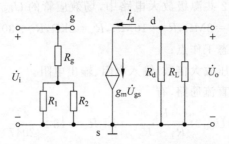

图 3.4.3 图 3.4.2 (a)所示电路的微变等效电路

1) 电压放大倍数

由于

$$\dot{U}_o = -\dot{I}_d(R_d \mathbin{/\!/} R_L) = -g_m \dot{U}_{gs}(R_d \mathbin{/\!/} R_L)$$

$$\dot{U}_i = \dot{U}_{gs}$$

所以电压放大倍数为

$$\dot{A}_u = \frac{\dot{U}_o}{\dot{U}_i} = -g_m(R_d \mathbin{/\!/} R_L) \qquad (3.4.6)$$

2) 输入电阻和输出电阻

$$r_i = R_g + (R_1 \mathbin{/\!/} R_2) \qquad (3.4.7)$$

$$r_o = R_d \qquad (3.4.8)$$

3. 自给偏压电路

对于 N 沟道结型场效应管,必须在栅-源电压 $u_{GS} < 0$ 时才能正常工作,对于耗尽型 MOS 管,在 $u_{GS} < 0$ 时也能正常工作,因此由这两种场效应管组成放大电路时,设置静态工作点时也可采用如图 3.4.4 所示的自给偏压电路。

图中,由于栅极无电流,静态时,栅极电位 $U_{GQ} = 0$V,静态漏极电流 I_{DQ} 流过电阻 R_s 产生电压,使源极电位 $U_{SQ} = I_{DQ}R_s$,所以栅-源间的静态电压为

$$U_{GSQ} = U_{GQ} - U_{SQ} = -I_{DQ}R_s \qquad (3.4.9)$$

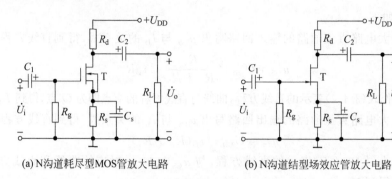

(a) N沟道耗尽型MOS管放大电路　　　　　(b) N沟道结型场效应管放大电路

图 3.4.4　自给偏压共源极放大电路

因电路是通过源极电阻上的电压为栅-源提供负偏压,故称这种电路为自给偏压电路。若将式(3.4.9)与式(3.4.2)联立,再利用式(3.4.3),即可求出电路的静态工作点。

例 3.4.1　设图 3.4.2 共源极放大电路中,场效应管的 $U_{GS(off)}=-1V$,$I_{DSS}=0.5mA$,$U_{DD}=18V$,$R_1=47k\Omega$,$R_2=2M\Omega$,$R_g=10M\Omega$,$R_s=2k\Omega$,$R_d=30k\Omega$,$R_L=30k\Omega$。

(1) 求放大电路的静态工作点;

(2) 求放大电路的电压放大倍数、输入电阻、输出电阻。

解　(1) 根据电路的直流通路,有

$$U_{GSQ}=U_{DD}\times\frac{R_1}{R_1+R_2}-I_{DQ}R_s=18\times\frac{47}{2047}-I_{DQ}R_s$$

$$I_{DQ}=I_{DSS}\left(1-\frac{U_{GSQ}}{U_{GS(off)}}\right)^2=0.5\times\left(1-\frac{U_{GSQ}}{-1}\right)^2$$

将以上两式联立,因为 N 沟道耗尽型 MOS 管的漏源电压 $U_{DSQ}=U_{DD}-I_D(R_d+R_s)$ 应该为正值,所以舍弃漏源电压 U_{DSQ} 为负值的解。解得

$$I_{DQ1}=1.6mA$$

$$I_{DQ2}=0.32mA=I_{DQ}$$

$$U_{GSQ}=-0.23V$$

$$U_{DSQ}=7.76V$$

(2) 先求 g_m:

$$g_m=\frac{\partial i_D}{\partial u_{GS}}=-\frac{2I_{DSS}}{U_{GS(off)}}\left(1-\frac{U_{GSQ}}{U_{GS(off)}}\right)=-\frac{2\times0.5}{-1}\left(1-\frac{-0.23}{-1}\right)=0.77(mS)$$

由图 3.4.3 所示的微变等效电路,将电路的有关参数代入式(3.4.6)~式(3.4.8),有

$$\dot{A}_u=-g_m(R_D\ /\!/\ R_L)=-0.77\times\frac{30\times30}{30+30}\approx-11.6$$

$$r_i=R_g+(R_1\ /\!/\ R_2)\approx R_g=10M\Omega$$

$$r_o=R_d=30k\Omega$$

3.4.2　共漏极放大电路

图 3.4.5(a)所示的电路是用 N 沟道耗尽型 MOS 管组成的共漏极放大电路,图 3.4.5(b)为对应的交流通路微变等效电路。从微变等效电路看,放大电路的输入、输出回路的公共端

是场效应管的漏极,所以该电路为共漏放大电路。共漏放大电路又称为源极输出器。

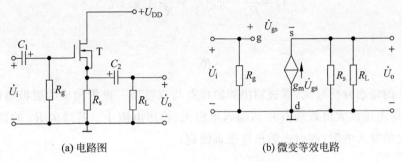

(a) 电路图　　　　　　　　(b) 微变等效电路

图 3.4.5　共漏极放大电路

1. 静态分析

由于电路为自给偏压电路,所以静态时,根据电路的直流通路,利用式(3.4.9)和场效应管的电流特性方程联立,即

$$U_{GSQ} = U_{GQ} - U_{SQ} = -I_{DQ}R_s$$

$$I_{DQ} = I_{DSS}\left(1 - \frac{U_{GSQ}}{U_{GS(off)}}\right)^2$$

求出 I_{DSQ} 和 U_{GSQ},再根据直流通路的输出回路,有

$$U_{DSQ} = U_{DD} - I_{DQ}R_s$$

2. 动态分析

1) 电压放大倍数

由图 3.4.5(b)所示的微变等效路,有

$$\dot{A}_u = \frac{\dot{U}_o}{\dot{U}_i} = \frac{g_m\dot{U}_{gs}(R_s /\!/ R_L)}{\dot{U}_{gs} + g_m\dot{U}_{gs}(R_s /\!/ R_L)} = \frac{g_m(R_s /\!/ R_L)}{1 + g_m(R_s /\!/ R_L)} \tag{3.4.10}$$

当 $g_m(R_s/\!/R_L) \gg 1$ 时,$\dot{A}_u \approx 1$。

2) 输入电阻

$$r_i = R_g \tag{3.4.11}$$

3) 输出电阻

根据输出电阻的定义,求输出电阻时,令输入信号为 0,从输出端往里看的等效电阻。由于输入信号为 0 时,电路中受控源仍然存在,所以,这里求输出电阻时,只能用二端网络求解等效电阻的一般方法,即在输出端加电压 $\dot{U}_o$,求出端钮电流 $\dot{I}_o$,则 $r_o = \dfrac{\dot{U}_o}{\dot{I}_o}$。如图 3.4.6 所示,有

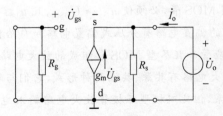

图 3.4.6　求图 3.4.5 共漏极放大电路的输出电阻

$$\dot{I}_{\circ}=\frac{\dot{U}_{\circ}}{R_{s}}-g_{m}\dot{U}_{gs}=\frac{\dot{U}_{\circ}}{R_{s}}+g_{m}\dot{U}_{\circ}$$

所以

$$r_{\circ}=R_{s}\mathbin{/\mkern-5mu/}\frac{1}{g_{m}} \tag{3.4.12}$$

由以上的动态分析可见，源极输出器的特点与双极型三极管构成的射极输出器的特点非常相似，即电压放大倍数近似为1，输入电阻大，输出电阻小。若增大 R_{g} 的值，可使电路呈现非常大的输入电阻，而射极输出器很难做到。

本章小结

本章主要讨论了场效应管的基本结构和工作原理，以及场效应管放大电路的基本原理和分析方法。

1. 场效应管是一种电压控制器件，通过栅-源电压 u_{GS} 控制漏极电流 i_{D}，实现对信号的放大。描述其放大能力的参数是跨导 g_{m}。

2. 和半导体三极管相比，场效应管由多数载流子参与导电，而前者由电子、空穴两种载流子参与导电，所以前者又称为双极型三极管，场效应管称为单极型三极管。因为场效应管是多数载流子参与导电，所以温度稳定性好、抗辐射能力强、噪声低。

3. 场效应管的一个主要优点是输入电阻非常高，通常可达 $10^{7}\sim10^{12}\,\Omega$，由场效应管构成的放大电路基本不向信号索取电流，当对放大电路输入电阻要求很高的情况下，可采用场效应管放大电路。此外，场效应管还具有功耗小、体积小、制造工艺简单、便于集成化等突出优点，在大规模集成电路中得到了广泛应用。

4. 场效应管分为结型和绝缘栅型两类，每类都有 N 沟道和 P 沟道两种结构。对于绝缘栅型场效应管，还分为增强型和耗尽型两种形式。

5. 由于 MOS 管的栅-源间电容容量较小，只要少量的感应电荷就能产生很高的电压，而栅-源电阻非常高，感应电荷不易释放，这样很容易使 SiO_{2} 绝缘层被击穿而造成器件损坏。虽然在有些集成电路中增加了栅极保护电路，但它所能承受的静电电压仍有一定限度，因此，无论在何种情况下，都要避免 MOS 管的栅极悬空；在焊接时，电烙铁要有良好的接地。

6. 场效应管有三个工作区：可变电阻区、恒流区、截止区，当组成放大电路时，应工作在恒流区。对于 N 沟道结型场效应管、耗尽型 MOS 管，必须使 $u_{GS}>U_{GS(off)}$ 且 $u_{DS}>u_{GS}-U_{GS(off)}$，对于 N 沟道增强型 MOS 管，必须使 $u_{GS}>U_{GS(th)}$ 且 $u_{DS}>u_{GS}-U_{GS(th)}$。

7. 场效应管放大电路的偏置电路有分压式偏置电路和自给偏压电路两种常用的形式，后者只能用于由结型场效应管和耗尽型 MOS 管组成的放大电路。

8. 常用的场效应管放大电路有共源、共漏两种形式，它们与双极型三极管组成的共射、共集电路有一定的对应关系，但比双极型三极管放大电路输入电阻高、稳定性好、电压放大倍数低，通常用来做多级放大电路的输入级。

习题

3.1 场效应管和双极型三极管比较有什么特点？

3.2 说明场效应管的夹断电压 $U_{GS(off)}$、开启电压 $U_{GS(th)}$ 的含义。对于 N 沟道场效应管，$U_{GS(off)}$ 和 $U_{GS(th)}$ 为正值、负值还是 0？对于 P 沟道场效应管呢？

3.3 耗尽型 MOS 管和增强型 MOS 管的区别是什么？

3.4 绝缘栅场效应管的栅极为什么不能悬空？

3.5 为什么增强型场效应管不能采用自给偏置电路？

3.6 I_{DSS} 和 I_{DO} 是如何定义的？它们分别是哪种场效应管的参数？

3.7 场效应管处于"预夹断"状态时，是否意味着漏极电流等于 0？

3.8 电路如图 3.1 所示，若 R_g 短路或开路，将对电路产生什么影响？

3.9 电路如图 3.2 所示，R_g 的作用是什么？

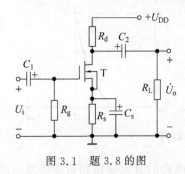

图 3.1 题 3.8 的图

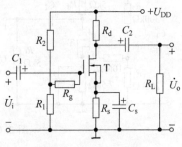

图 3.2 题 3.9 的图

3.10 某场效应管的输出特性如图 3.3 所示，回答如下问题。

(1) $u_{GS} = -2V$ 时，u_{DS} 为多少伏场效应管出现预夹断？

(2) $u_{GS} = -3V$ 时，u_{DS} 为多少伏场效应管被击穿？

(3) 该场效应管的夹断电压是多少伏？

(4) 该场效应管的 I_{DSS} 是多少？

3.11 某场效应管的输出特性如图 3.4 所示，画出 $u_{DS} = 6V$ 时对应的转移特性曲线。

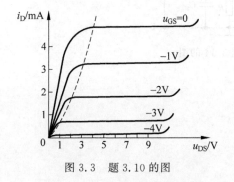

图 3.3 题 3.10 的图

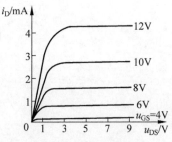

图 3.4 题 3.11 的图

3.12 电路如图 3.5 所示，判断它们能否放大输入信号。

3.13 场效应管转移特性曲线及放大电路如图 3.6 所示。

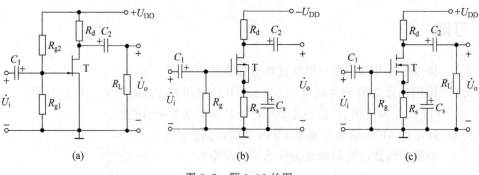

图 3.5　题 3.12 的图

（1）计算电路的静态工作点；

（2）计算电路的 $\dot{A}_u$、r_i、r_o。

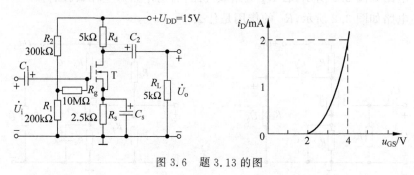

图 3.6　题 3.13 的图

3.14　场效应管放大电路如图 3.7 所示，画出电路的直流通路和微变等效电路，并写出电路的 $\dot{A}_u$、r_i、r_o 的表达式。

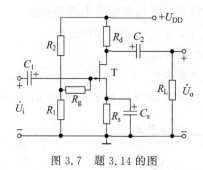

图 3.7　题 3.14 的图

<table>
<tr><td>第 4 章</td><td rowspan="2" style="font-size:2em">负反馈放大电路</td></tr>
<tr><td>CHAPTER 4</td></tr>
</table>

第 4 章

负反馈放大电路

CHAPTER 4

在电子线路中反馈应用极为普遍。放大电路中引入适当的负反馈,可以改善放大电路的一些重要性能指标。因此掌握反馈的基本概念及反馈类型的判断方法是研究实际电子线路的基础。

本章首先介绍反馈、正反馈和负反馈、交流反馈和直流反馈的基本概念,以及负反馈的四种基本类型及其判别方法;然后介绍负反馈对放大电路性能的影响及在深度负反馈条件下如何估算放大倍数;最后讨论反馈放大电路的自激振荡及消除自激振荡的方法。

4.1 反馈的基本概念

4.1.1 反馈的概念

在电子线路中,所谓反馈,就是将放大电路的输出量(电压或电流)的一部分或全部,通过某种电路(称为反馈网络)送回到输入端,与外部所加输入信号共同形成放大电路的输入信号(电压或电流),以影响输出量(电压或电流)的过程。反馈体现了输出信号对输入信号的影响。

前面几章中虽然没有具体地介绍反馈,但已多次遇到反馈的不同存在形式。例如在共射放大电路的分析中,为了稳定静态工作点,曾讨论了分压式偏置电路,该电路是在发射极接电阻 R_e,由此引入负反馈实现稳定静态电流 I_{CQ} 的目的。

按照反馈放大电路中电路的功能及作用可将反馈放大电路分成基本放大电路和反馈电路(通常也称为反馈网络)两大部分,其功能框图如图 4.1.1 所示。其中基本放大电路的主要功能是放大信号,反馈网络则是信号反向传输的通路,也称反馈通路。反馈放大电路中,基本放大电路 A 和反馈网络 F 组成了一个闭合环路,称其为闭环放大电路;无反馈通路的放大电路也称为开环放大电路。

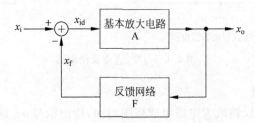

图 4.1.1 反馈放大电路和组成框图

图 4.1.1 中 x_i 是反馈放大电路的输入信号；x_o 是输出信号；x_f 是反馈信号；x_{id} 是基本放大电路的净输入信号，它由输入信号 x_i 与反馈信号 x_f 共同决定的。

为简化反馈放大电路的分析，可以假设反馈放大电路中信号的传输是单向的，如图 4.1.1 中箭头所示。即认为信号从输入到输出的信号正向传输（放大）只经过基本放大电路，而不通过反馈网络（因为反馈网络一般由无源元件组成，对信号的放大贡献很小，故其正向传输作用可以忽略）。基本放大电路的增益为 $A = x_o/x_{id}$；信号从输出到输入的反向传输只通过反馈网络，而不通过基本放大电路（因为基本放大电路内部反馈作用很小，可以忽略），反向传输系数为 $F = \dfrac{x_f}{x_o}$，也称为反馈系数。反馈放大电路的增益（闭环增益）为 $A_f = \dfrac{x_o}{x_i}$。

4.1.2 反馈类型及判定方法

1. 直流反馈与交流反馈

放大电路的特点之一就是信号的交直流共存，且交、直流信号在放大电路中所起的作用不同，在放大电路的分析中，交流和直流信号通常是通过交流通路和直流通路分别讨论的。反馈也存在直流反馈和交流反馈，仅在直流通路中存在的反馈称为直流反馈，或者说，反馈量中只含有直流量时，称为直流反馈；仅在交流通路中存在的反馈称为交流反馈，或者说，反馈量中只含交流量时称为交流反馈。放大电路中的直流负反馈常用来稳定放大电路的静态工作点；交流负反馈则用来改善放大电路的动态性能。在很多放大电路中，常常是交、直流反馈兼而有之，即反馈量中既有直流量、又有交流量，这样的反馈称为交、直流反馈。

图 4.1.2(a)所示的基极分压式放大电路中，R_{e1} 和 R_{e2} 既在输入回路又在输出回路中，构成反馈通路。在直流通路图 4.1.2(b)中，R_{e1} 和 R_{e2} 引入直流反馈。在图 4.1.2(a)中因射极旁路电容 C_e 对交流信号相当于短路，电阻 R_{e2} 上没有交流反馈信号，所以对交流反馈而言只有 R_{e1} 构成反馈通路。因此 R_{e1} 引入的反馈既有直流反馈又有交流反馈，而 R_{e2} 则只有直流反馈。

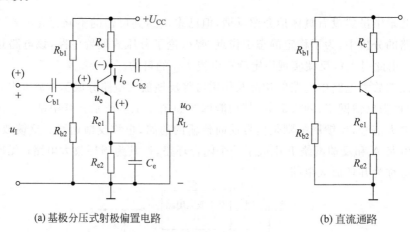

(a) 基极分压式射极偏置电路　　　　　　　(b) 直流通路

图 4.1.2　交、直流反馈电路

2. 正反馈与负反馈

由图 4.1.1 所示的反馈放大电路组成框图可知，输出信号 x_o 通过反馈网络产生的反馈信号 x_f 送回到输入回路与原输入信号共同作用于基本放大器得到净输入信号 x_{id}，x_f 对净

输入信号 x_{id} 的影响有两种效果：一种是使净输入信号量 x_{id} 比没有引入反馈时减小了，这种反馈称为负反馈；另一种是使净输入信号量 x_{id} 比没有引入反馈时增大了，这种反馈称为正反馈。引入反馈的目的是改变输出量，所以根据输出量也可以区分反馈的正、负。在原输入信号不变情况下，如引入反馈后使输出量增大，则引入的是正反馈，使输出量减小，则引入的是负反馈。

通常，采用瞬时极性法判别反馈电路是正反馈还是负反馈。具体做法是：对于电压输入的反馈放大电路，先假设反馈放大电路输入信号 u_i 在某一瞬间变化的极性为正（相对于公共端而言有增加的趋势），用（＋）号标出，沿着信号的传递路径，根据各种基本放大电路输入信号与输出信号间的相位关系，从输入到输出逐极标出放大电路中各有关点电位的瞬时极性，或有关支路电流的瞬时流向，以确定输出回路反送回输入回路的反馈信号的瞬时极性，最后判别反馈信号是削弱还是增强了净输入信号，如果削弱，为负反馈；增强则为正反馈。值得特别指出的是：判别交流反馈极性的前提是在中频区考虑的，在中频区，可以忽略电路中电容元件的影响的（即将电容视为短路，不产生附加相移），而在直流反馈中电容相当于开路。

如图 4.1.2(a) 所示，设输入信号 u_i 的瞬时极性为增加（记为"＋"），如图 4.1.2(a) 中所标，经三极管放大后，其集电极电位 u_c 为减小（记为"－"），发射极电位 u_e，反馈信号 u_f 为正，因而该放大电路的净输入信号 $u_{be}=u_i-u_f$ 比没有反馈时的 $u_{be}=u_i$ 减小了，所以判断为负反馈。据上分析可归纳三极管 b、e、c 三极的瞬时极性关系为 e、b 两极同相位，c、b 两极反相位。

3. 电压反馈与电流反馈

反馈放大器中反馈网络从输出回路取出信号，再送回输入回路，而输出回路中的输出信号有电压和电流，这样反馈网络就有电压和电流两种取样方式。在输出回路中，若反馈信号取自输出电压 u_o，如图 4.1.3(a) 所示，即反馈信号 x_f 直接与输出电压成正比 $x_f=Fu_o$，则称该反馈为电压反馈；若反馈信号 x_f 取自输出电流 i_o，如图 4.1.3(b) 所示，即反馈信号直接与输出电流成正比 $x_f=Fi_o$，称该反馈为电流反馈。

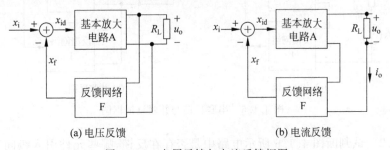

(a) 电压反馈　　　　　　　　　　　(b) 电流反馈

图 4.1.3　电压反馈与电流反馈框图

判断电压反馈与电流反馈的常用方法是"输出短路法"，即假设输出电压 $u_o=0$（即令负载电阻 $R_L=0$），观察反馈信号 x_f 是否为零，若为零，则说明是电压反馈；若不为零则说明反馈信号不与输出电压成正比，因此是电流反馈。

例 4.1.1　试判断图 4.1.4 所示电路中的反馈是电压反馈还是电流反馈。

解　在图 4.1.4(a) 中，电阻 R_e 构成反馈网络，反馈电压 u_f，用"输出短路法"，令 $u_o=0$，则 $u_f=u_o=0$，即 $u_f=0$，所以该反馈是电压反馈。

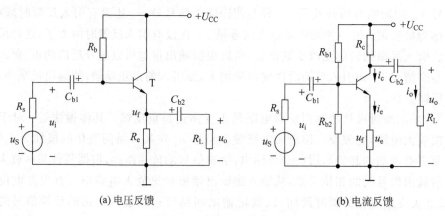

(a) 电压反馈   (b) 电流反馈

图 4.1.4　例 4.1.1 的电路图

图 4.1.4(b)所示电路中仍是电阻 R_e 上的电压为反馈电压 u_f，用"输出短路法"，令 $R_L=0$ 即 $u_o=0$ 时 $u_f=i_e R_e \approx i_c R_e \neq 0$，$i_c$ 与输出电流 i_o 成正比，是电流反馈。

4. 串联反馈与并联反馈

串联反馈与并联反馈的区别体现在反馈网络与放大电路输入回路的连接方式不同。

串联反馈指在放大电路输入回路，反馈网络与基本放大电路串联，如图 4.1.5(a)所示。在串联反馈中，基本放大电路的净输入电压是输入电压 u_i 与反馈电压 u_f 比较得到的净输入电压 u_{id}；并联反馈则指在放大电路输入回路，反馈网络与基本放大电路并联，如图 4.1.5(b)所示，在并联反馈中，基本放大电路的净输入电流是输入电流 i_i 与反馈电流 i_f 比较得到的净输入电流 i_{id}。

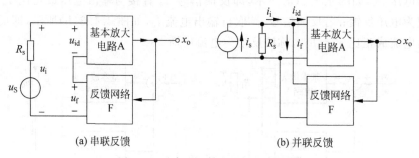

(a) 串联反馈   (b) 并联反馈

图 4.1.5　串联反馈与并联反馈框图

例 4.1.2　试判断图 4.1.6 所示电路中是否存在反馈，哪些元件引入级间直流反馈，哪些元件引入了级间交流反馈，级间反馈是正反馈还是负反馈？并进一步判断级间交流是电压反馈还是电流反馈？是串联反馈还是并联反馈？

解　图 4.1.6 中电路为三级放大电路，其中 R_{e1} 构成第一级的反馈通路，R_{e2} 是第二级的反馈通路，每级各自存在的反馈称为局部（或本级）反馈，因此 R_{e1} 和 R_{e2} 反馈分别为第一级的本级反馈与第二级的本级反馈。第三级放大电路中 T_3 的输出端集电极通过 R_{f1}、R_{f2} 和 C 与第一级放大电路中 T_1 的输入端基极相连构成反馈通路，而 T_3 的输出回路发射极通过导线连到 T_1 的输入回路发射极与 R_{e1} 一同构成反馈通路，这种跨级的反馈称为级间反馈。

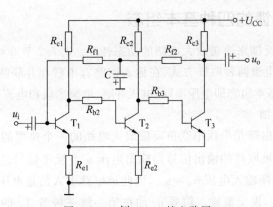

图 4.1.6　例 4.1.2 的电路图

画出图 4.1.6 所示电路的直流通路和交流通路分别如图 4.1.7 和图 4.1.8 所示。在图 4.1.7 中，电阻 R_{f1} 和 R_{f2} 组成的反馈通路引入的是级间直流反馈，用瞬时极性法判断反馈的极性，其各相关点的瞬时极性为图 4.1.7 中所示，由此可以判断该级间直流反馈为负反馈，其作用是稳定静态工作点。而电阻 R_{e1} 既能引起级间直流反馈，又能引起级间交流反馈。同样可以用瞬时极性法判断反馈的极性，信号的瞬时极性为图 4.1.8 中所示，则放大电路的净输入信号 $u_{be1} = u_i - u_f$，反馈使净输入信号 u_{be1} 减小，是串联负反馈，而当 $u_o = 0$ 时 $u_f \neq 0$，所以该反馈是电流反馈。综上所述，该反馈是电流串联负反馈。

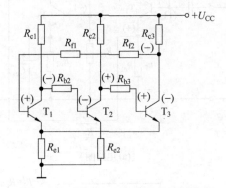

图 4.1.7　例 4.1.2 电路的直流通路图

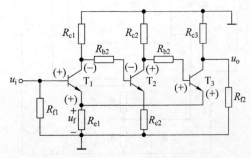

图 4.1.8　例 4.1.2 电路的交流通路

4.1.3　负反馈的四种基本组态

通常引入交流负反馈来改善放大电路的动态性能。4.1.2节介绍反馈网络在放大电路的输出回路有电压和电流两种取样方式，在输入回路有串联和并联两种连接方式。因此，负反馈放大电路有四种基本组态即电压串联、电压并联、电流串联和电流并联负反馈放大电路。

1. 电压串联负反馈

图 4.1.9(a)所示电路是电压串联负反馈放大电路的一个典型的实际电路。电阻 R_f 和 R_{e1} 构成反馈网络，其被取样的输出信号是输出电压 u_o；反馈信号是以电压形式 u_f 与原输入电压 u_i 进行比较得净输入电压 $u_{id} = u_{be}$，因此该电路引入的是电压串联反馈。用"瞬时极性法"判断反馈的极性，设交流输入信号 u_i 加在第一级三极管 T_1 的基极 b_1 点的瞬时极性为（+），电路各点的瞬时极性如图 4.1.9(a)中所示，则净输入信号为 $u_{id} = u_{be} = u_i - u_f$，所以该反馈使净输入信号 u_{be} 减小，是负反馈。该电路的反馈方框图如图 4.1.9(b)所示，电压串联负反馈放大电路的开环增益 $A_u = \dfrac{u_o}{u_{id}}$；反馈系数 $F_u = \dfrac{u_f}{u_o}$；闭环增益 $A_f = \dfrac{u_o}{u_i}$。

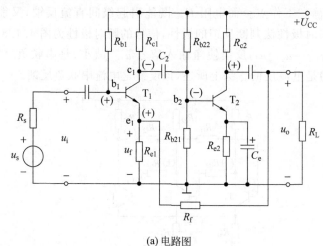

(a) 电路图

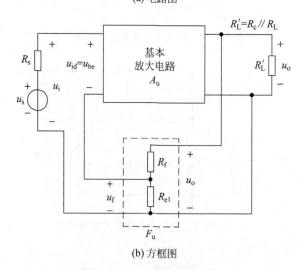

(b) 方框图

图 4.1.9　电压串联负反馈

电压负反馈的重要特点是具有稳定输出电压的作用。例如在图 4.1.9(a)电路中,当输入信号 u_i 大小一定时,由于负载 R_L 减小或其他因素导致 u_o 下降,该电路能自动进行如下调节:

$$R_L \downarrow \rightarrow u_o \downarrow \rightarrow u_f(u_{e1}) \downarrow \rightarrow u_{id}(u_i - u_f) \uparrow$$
$$u_o \uparrow$$

可见,电压负反馈能减少负载 R_L 等因素导致的输出电压 u_o 的变化,说明电压负反馈电路具有较好的恒压特性。由于该电路的输出端电压 u_o 受 u_i 控制,可以视为电压控制电压源。

2. 电压并联负反馈放大电路

图 4.1.10(a)所示电路中,电阻 R_f 构成反馈通路,其取样信号为输出电压 u_o,在输入回路中,反馈信号 i_f 与输入信号 i_i 均从同一节点 b 加入,是并联反馈,i_f 与 i_i 比较得净输入电流 $i_{id} = i_b$。用瞬时极性法判断各点电位信号的瞬时极性,则反馈电流 i_f 的瞬时流向为由 b→c,由此得 $i_{id} = i_i - i_f = i_b$,所以该反馈是负反馈。

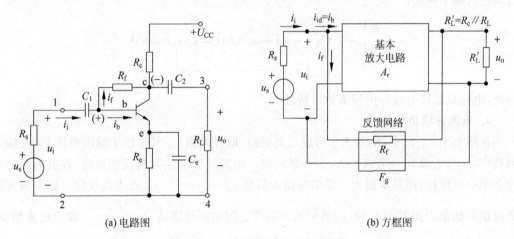

(a) 电路图　　　　　　　　　　(b) 方框图

图 4.1.10　电压并联负反馈放大器

综上所述,该放大电路是电压并联负反馈,其组成方框图如图 4.1.10(b)所示。其开环增益为 $A_r = \dfrac{u_o}{i_{id}} = \dfrac{u_o}{i_b}$,称为开环互阻放大倍数,其量纲是电阻的单位,反馈系数 $F_g = \dfrac{i_f}{u_o}$,称为互导反馈系数,闭环增益 $A_{rf} = \dfrac{u_o}{i_i}$,称为闭环互阻增益。

3. 电流串联负反馈放大电路

图 4.1.11(a)是前面已介绍过的共射极分压式偏置电路,从前面的分析知它是一个典型的电流串联负反馈放大电路,其中 R_f 构成交流反馈通路,取样电流 $i_e \approx i_c \approx i_o$,其组成方框图如图 4.1.11(b)所示。从方框图中可得开环增益 $A_g = \dfrac{i_o}{u_{id}} = \dfrac{i_o}{u_{be}}$ 为互导开环增益;反馈系数 $F_r = \dfrac{u_f}{i_o} = \dfrac{u_f}{-i_c} = -\dfrac{u_f}{i_c}$ 称为互阻反馈系数;闭环增益 $A_{gf} = \dfrac{i_o}{u_i}$ 称为闭环互导增益。

电流负反馈的特点是维持输出电流基本恒定,如图 4.1.11(a)中,当输入信号 u_i 一定

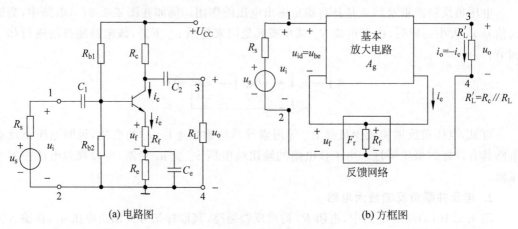

(a) 电路图   (b) 方框图

图 4.1.11 电流串联负反馈

时,R_L 增加,或三极管因温度变化使 β 值下降均会使输出电流减小,引入负反馈后,电路将自动进行如下调整:

$$\begin{array}{c} R_L\uparrow \\ \beta\downarrow \end{array} \rightarrow i_o\downarrow\ i_c\downarrow \rightarrow i_e\downarrow \rightarrow u_f(=i_eR_f)\downarrow \rightarrow u_{id}=u_{be}(=u_i-u_f)\uparrow$$

$$i_o\uparrow\ i_c\uparrow \longleftarrow$$

因此,电流负反馈有较好的恒流输出特性。

4. 电流并联负反馈

在图 4.1.12(a) 中,R_f 与 R_{e2} 构成反馈通路,取样电流 i_{e2} 其正比于输出电流 i_o',在输入回路中,i_f 与 i_i 从同一节点加入,为并联反馈。用瞬时极性法判断反馈极性,各点的瞬时极性如图中所标注,则基本放大电路的净输入信号 $i_{id}=i_{b1}=i_i-i_f$,故为负反馈。该电流并联负反馈可抽象为如图 4.1.12(b) 所示的方框图。图中开环增益 $A_i=\dfrac{i_o}{i_{id}}=\dfrac{i_o}{i_{b1}}$ 称为电流增益,反馈系数 $F_i=\dfrac{i_f}{i_o}$ 为电流反馈系数,闭环增益为 $A_{if}=\dfrac{i_o}{i_i}$ 称为闭环电流增益。

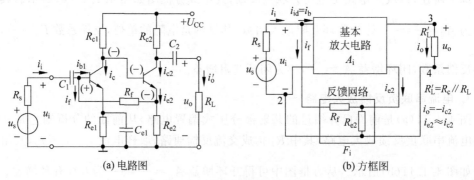

(a) 电路图   (b) 方框图

图 4.1.12 电流并联负反馈

在负反馈放大电路的分析中,正确判断反馈组态是十分重要的,因为反馈组态不同,放大电路的性能就不同。

4.1.4　负反馈放大电路增益的一般表达式

从 4.1.3 节的分析知,负反馈放大电路有四种基本组态,表现出四种不同的连接方式。本节为研究负反馈放大电路的共同规律,则先不考虑不同组态间的区别,利用图 4.1.13 所示的负反馈放大电路的组成框图,讨论并推导负反馈放大电路增益的一般表达式。

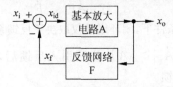

图 4.1.13　负反馈放大电路的组成框图

在图 4.1.13 中,输入端上的"$\oplus$"符号表示求和的含义,箭头指入表示为输入量,箭头指出表示求和的输出量,输入量前的"$+$""$-$"号表示输入量求和前的"$+$""$-$"号,由于是负反馈,则反馈量前应为"$-$",因此,基本放大电路的净输入信号为

$$x_{id} = x_i - x_f \tag{4.1.1}$$

基本放大电路的增益(开环增益为)

$$A = \frac{x_o}{x_{id}} \tag{4.1.2}$$

反馈网络的反馈系数为

$$F = \frac{x_f}{x_o} \tag{4.1.3}$$

根据式(4.1.2)和式(4.1.3)可得

$$AF = \frac{x_f}{x_{id}} \tag{4.1.4}$$

AF 称为负反馈放大电路的环路放大倍数。

负反馈放大电路增益(闭环增益)为

$$A_f = \frac{x_o}{x_i} \tag{4.1.5}$$

将式(4.1.1)、式(4.1.2)、式(4.1.3)和式(4.1.4)代入式(4.1.5),可得负反馈放大电路增益的一般表达式为

$$A_f = \frac{x_o}{x_i} = \frac{x_o}{x_{id} + x_f} \approx \frac{A x_{id}}{x_{id} + AF x_{id}} = \frac{A}{1 + AF} \tag{4.1.6}$$

由式(4.1.6)可以看出,引入负反馈后,放大电路的原开环增益由 A 变成了闭环增益 A_f,且闭环增益 A_f 为开环增益 A 的$(1+AF)$分之一。因此$(1+AF)$是反映反馈程度的重要指标,通常将$(1+AF)$的大小称为反馈深度。负反馈放大电路的所有性能的改变几乎都与$(1+AF)$有关。

一般情况下,负反馈放大电路的输入信号为正弦信号,而正弦信号的稳态响应可用相量法分析,当电路中所有电压、电流都用相量表示后,A_f,A 和 F 也分别用复数 $\dot{A_f}$,$\dot{A}$,$\dot{F}$ 表示,它们的幅值和相位都是频率的函数。

下面分几种情况讨论反馈深度 $|1+\dot A\dot F|$ 的值对放大电路的影响。

(1) 当 $|1+\dot A\dot F|>1$ 时，$|\dot A_{\mathrm f}|<|\dot A|$，即引入反馈后，增益下降了，这种反馈为负反馈。当 $|1+\dot A\dot F|\gg1$ 时，称为深度负反馈，此时有

$$\dot A_{\mathrm f}=\frac{\dot A}{1+\dot A\dot F}\approx\frac{1}{\dot F} \tag{4.1.7}$$

式(4.1.7)说明在深度负反馈的条件下，闭环增益仅取决于反馈系数，几乎与基本放大电路无关。

(2) 当 $|1+\dot A\dot F|<1$ 时，$|\dot A_{\mathrm f}|>|\dot A|$，说明引入反馈后，增益增加了，表明由于 $\dot A\dot F$ 的相移已使负反馈转化为了正反馈。

(3) 当 $|1+\dot A\dot F|=0$ 即 $\dot A\dot F=-1$ 时，$|A_{\mathrm f}|\to\infty$，这说明放大电路在没有信号输入的情况下，也会有输出信号。这种情况称放大电路产生了自激振荡。在负反馈放大电路中，应避免出现自激振荡。放大电路中自激振荡的问题将在 4.4 节中重点讨论。

由 4.1.3 节分析知，不同反馈组态中，$\dot A$、$\dot A_{\mathrm f}$、$\dot F$ 的物理意义不同，量纲也不同，现将其归纳如表 4.1.1 所示。

表 4.1.1　负反馈放大电路中各种信号量的含义

信号量或信号传递比	反馈类型			
	电压串联	电流并联	电压并联	电流串联
$\dot X_{\mathrm o}$	电压	电流	电压	电流
$\dot X_{\mathrm i}$、$\dot X_{\mathrm f}$、$\dot X_{\mathrm o}$	电压	电流	电流	电压
$\dot A=\dfrac{\dot X_{\mathrm o}}{\dot X_{\mathrm{id}}}$	$\dot A_{\mathrm u}=\dfrac{\dot U_{\mathrm o}}{\dot U_{\mathrm{id}}}$	$\dot A_{\mathrm i}=\dfrac{\dot I_{\mathrm o}}{\dot I_{\mathrm{id}}}$	$\dot A_{\mathrm r}=\dfrac{\dot U_{\mathrm o}}{\dot I_{\mathrm{id}}}$	$\dot A_{\mathrm g}=\dfrac{\dot I_{\mathrm o}}{\dot U_{\mathrm{id}}}\,A_{\mathrm g}=i_{\mathrm o}/u_{\mathrm{id}}$
$\dot F=\dfrac{\dot X_{\mathrm f}}{\dot X_{\mathrm o}}$	$\dot F_{\mathrm u}=\dfrac{\dot U_{\mathrm f}}{\dot U_{\mathrm o}}$	$\dot F_{\mathrm i}=\dfrac{\dot I_{\mathrm f}}{\dot I_{\mathrm o}}$	$\dot F_{\mathrm g}=\dfrac{\dot I_{\mathrm f}}{\dot U_{\mathrm o}}$	$\dot F_{\mathrm r}=\dfrac{\dot U_{\mathrm f}}{\dot I_{\mathrm o}}\,F_{\mathrm r}=u_{\mathrm f}/i_{\mathrm o}$
$\dot A_{\mathrm f}=\dfrac{\dot X_{\mathrm o}}{\dot X_{\mathrm i}}$ $=\dfrac{\dot A}{1+\dot A\dot F}$	$\dot A_{\mathrm{uf}}=\dfrac{\dot U_{\mathrm o}}{\dot U_{\mathrm i}}$ $=\dfrac{\dot A_{\mathrm u}}{1+\dot A_{\mathrm u}\dot F_{\mathrm u}}$	$\dot A_{\mathrm{if}}=\dfrac{\dot I_{\mathrm o}}{\dot I_{\mathrm i}}$ $=\dfrac{\dot A_{\mathrm i}}{1+\dot A_{\mathrm i}\dot F_{\mathrm i}}$	$\dot A_{\mathrm{rf}}=\dfrac{\dot U_{\mathrm o}}{\dot I_{\mathrm i}}$ $=\dfrac{\dot A_{\mathrm r}}{1+\dot A_{\mathrm r}\dot F_{\mathrm g}}$	$\dot A_{\mathrm{gf}}=\dfrac{\dot I_{\mathrm o}}{\dot U_{\mathrm i}}$ $=\dfrac{\dot A_{\mathrm g}}{1+\dot A_{\mathrm g}\dot F_{\mathrm r}}$
功能	$\dot U_{\mathrm i}$ 控制 $\dot U_{\mathrm o}$，电压放大	$i_{\mathrm i}$ 控制 $i_{\mathrm o}$，电流放大	$i_{\mathrm i}$ 控制 $u_{\mathrm o}$，电流转换为电压	$u_{\mathrm i}$ 控制 $i_{\mathrm o}$，电压转换为电流

例 4.1.3　已知某电压串联负反馈放大电路在中频区的反馈系数 $\dot F_{\mathrm u}=0.01$，开环增益 $\dot A_{\mathrm u}=10^4$，输入信号 $u_{\mathrm i}=10\sqrt2\sin\omega t\,(\mathrm{mV})$，试求该电路的闭环电压增益 $\dot A_{\mathrm{uf}}$、反馈电压 $u_{\mathrm f}$ 和净输入电压 u_{id}。

解　方法一：在正弦稳态情况下，依表 4.1.1 中的表达式可知该电压串联负反馈放大电路的闭环增益为

$$\dot{A}_{uf} = \frac{\dot{A}_u}{1 + \dot{A}_u \dot{F}_u} = \frac{10^4}{1 + 10^4 \times 0.01} \approx 99.01$$

反馈电压为

$$\dot{U}_f = \dot{F}_u \dot{U}_o = \dot{F}_u \dot{A}_{uf} \dot{U}_i = 0.01 \times 99.01 \times 10 \approx 9.9 (\text{mV})$$

净输入电压为

$$\dot{U}_{id} = \dot{U}_i - \dot{U}_f = 10 - 9.9 = 0.1 (\text{mV})$$

则

$$u_{id} = 0.1\sqrt{2}\sin\omega t (\text{mV}), \quad u_f = 9.9\sqrt{2}\sin\omega t (\text{mV})$$

方法二：由式(4.1.1)、式(4.1.2)和式(4.1.3)得

$$\dot{X}_{id} = \dot{X}_i - \dot{X}_f = X_i - \dot{F}\dot{X}_o = \dot{X}_i - \dot{F}\dot{A}\dot{X}_{id}$$

整理得

$$\dot{X}_{id} = \frac{\dot{X}_i}{1 + \dot{A}\dot{F}}$$

对本例题则有

$$\dot{U}_{id} = \frac{\dot{U}_i}{1 + \dot{A}_u \dot{F}_u} = \frac{10}{1 + 10^4 \times 0.01} \approx 0.099 \approx 0.1 (\text{mV})$$

而

$$\dot{U}_f = \dot{U}_i - \dot{U}_{id} = 10 - 0.1 = 9.9 (\text{mV})$$

求 $\dot{A}_{uf}$，u_{id} 同方法一。

由此例可知，在深度负反馈 $|1 + \dot{A}\dot{F}| \gg 1$ 的条件下，反馈信号与输入信号大小相差很小，而净输入信号则远小于输入信号。

4.2 负反馈对放大电路性能的影响

放大电路中引入交流负反馈后，除使闭环增益下降外，还会影响放大电路的许多性能。本节将从提高放大倍数的稳定性、输入和输出电阻的变化、展宽通频带、减小非线性失真等几个方面讨论负反馈对放大电路性能的影响。

4.2.1 提高放大倍数的稳定性

放大电路由于其内部元器件参数、环境温度、电源电压以及负载大小等因素的变化的影响，会导致其放大倍数的不稳定。当引入适当的负反馈后虽会使闭环放大倍数下降，但在深度负反馈，即 $|1 + \dot{A}\dot{F}| \gg 1$ 时，$\dot{A}_f \approx \dfrac{1}{\dot{F}}$，这说明引入深度负反馈后，放大电路的放大倍数取决于反馈网络的反馈系数，而与基本放大电路几乎无关。反馈网络一般由稳定性远高于半导体三极管的电阻、电容等无源元件组成，因而使放大电路闭环放大倍数的稳定得以提高。

在中频段，$\dot{A}$、$\dot{A}_f$、$\dot{F}$ 均为实数，因此在计算时可分别用 A，A_f 和 F 表示，A_f 的稳定性用其相对变化量 $\dfrac{dA_f}{A_f}$ 表示，用 $\dfrac{dA_f}{A_f}$ 与引入反馈前开环放大倍数 A 的相对变化量 $\dfrac{dA}{A}$ 比较，可反映引入负反馈后对放大电路放大倍数稳定性的影响。将式 $A_f=\dfrac{A}{1+AF}$ 对 A 求导，有

$$\frac{dA_f}{dA}=\frac{1}{(1+AF)^2}$$

即

$$dA_f=\frac{dA}{(1+AF)^2}$$

将上式等号两边分别除以 A_f 得

$$\frac{dA_f}{A_f}=\frac{1}{1+AF}\cdot\frac{dA}{A} \tag{4.2.1}$$

式(4.2.1)表明，引入负反馈后，闭环放大倍数 A_f 的相对变化是 $\dfrac{dA_f}{A_f}$ 仅为无反馈开环放大倍数 A 的相对变化量 $\dfrac{dA}{A}$ 的 $\dfrac{1}{1+AF}$ 倍，即引入负反馈后 A_f 的稳定性是无反馈时的 $(1+AF)$ 倍。

例如，当 A 变化 10% 时，若 $1+AF=100$，则 A_f 仅变化 0.1%。

引入负反馈后，放大倍数 A_f 的稳定性提高到 A 的 $(1+AF)$ 倍，但它是以损失放大倍数为代价的，即 A_f 减小到 A 的 $(1+AF)$ 分之一。

4.2.2　影响输入电阻和输出电阻

不同组态的交流负反馈对放大电路的输入电阻和输出电阻的影响是不同的。

1. 对输入电阻的影响

放大电路输入电阻是从其输入端看进去的等效电阻，因此负反馈对放大电路的输入电阻的影响，取决于负反馈放大电路中的基本放大电路与反馈网络在输入回路的连接方式，即取决于电路引入的是串联反馈还是并联反馈。

1) 串联负反馈对输入电阻的影响

如图 4.2.1(a)所示为串联负反馈放大电路的方框图，由输入电阻的定义知，基本放大电路的输入电阻(即开环输入电阻)为

$$r_i=\frac{\dot{U}_{id}}{\dot{I}_i}$$

有负反馈时的闭环输入电阻为

$$r_{if}=\frac{\dot{U}_i}{\dot{I}_i}=\frac{\dot{U}_{id}+\dot{U}_f}{\dot{I}_i}=\frac{\dot{U}_{id}+\dot{A}\dot{F}\dot{U}_{id}}{\dot{I}_i}=(1+\dot{A}\dot{F})\frac{\dot{U}_{id}}{\dot{I}_i}$$

所以

$$r_{if}=(1+\dot{A}\dot{F})r_i \tag{4.2.2}$$

式(4.2.2)表明，引入串联负反馈后，输入电路增大到无反馈时开环输入电阻的

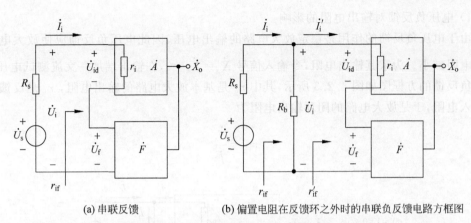

(a) 串联反馈　　　　　(b) 偏置电阻在反馈环之外时的串联负反馈电路方框图

图 4.2.1　串联负反馈对输入电阻的影响

$|1+\dot{A}\dot{F}|$ 倍。可见,引入串联负反馈会增大输入电阻。

需指出的是,在某些负反馈放大电路中,有些电阻并不在反馈环中,例如共射放大电路中的基极偏置电阻 R_b 是并接在交流通路中负反馈放大电路输入端上,这类电路的方框图如图 4.2.1(b) 所示,由图可知

$$r'_{if}=(1+\dot{A}\dot{F})r_i$$

而整个负反馈放大电路的输入电阻为 $r_{if}=R_b /\!/ r'_{if}$,因此这类电路输入电阻增大的上限不会超过 R_b。

2) 并联负反馈对输入电阻的影响

图 4.2.2 是并联负反馈方框图。无反馈基本放大电路的输入电阻为

$$r_i=\frac{\dot{U}_i}{\dot{I}_{id}}$$

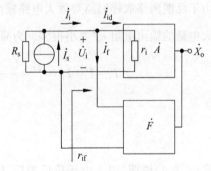

引入负反馈后的闭环输入电阻为

$$r_{if}=\frac{\dot{U}_i}{\dot{I}_i}=\frac{\dot{U}_i}{\dot{I}_{id}+\dot{I}_f}=\frac{\dot{U}_i}{\dot{I}_{id}+\dot{A}\dot{F}\dot{I}_{id}}=\frac{1}{1+\dot{A}\dot{F}}\cdot\frac{\dot{U}_i}{\dot{I}_{id}}$$

即

图 4.2.2　并联负反馈对输入电阻的影响

$$r_{if}=\frac{1}{1+\dot{A}\dot{F}}r_i \qquad (4.2.3)$$

由式(4.2.3)可见,引入并联负反馈后,输入电阻减小了。引入负反馈后的闭环输入电阻是无反馈的开环输入电阻的 $\dfrac{1}{|1+\dot{A}\dot{F}|}$ 倍。

2. 对输出电阻的影响

输出电阻是从负反馈输出端看进去的等效电阻,因而输出电阻取决于基本放大电路与反馈网络在放大器输出回路的连接方式,即取决于是电压反馈还是电流反馈。

1）电压负反馈对输出电阻的影响

由于电压负反馈的作用是稳定放大电路的输出电压，因此电压负反馈应使放大电路的输出电阻减小。为求其输出电阻，令输入信号 $\dot{X}_s = \dot{X}_i = 0$，在输出端加一交流测试电压 $\dot{U}_t$，电压负反馈的方框图如图 4.2.3 所示，其中 r_o 是基本放大电路的输出电阻，r_f 是反馈网络的输入电阻，于是放大电路的闭环输出电阻为

$$r_{of} = \frac{\dot{U}_t}{\dot{I}_t}$$

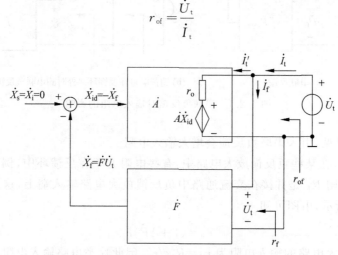

图 4.2.3　求电压负反馈放大电路输出电阻的框图

由于反馈网络取样回路对放大电路输出端的影响越小越好，故 r_f 通常很大，与 r_f 相比，基本放大电路的输出电阻 r_o 要小很多。为简化分析，相对 r_o 而言，r_f 可视为无穷大，即有 $\dot{I}_f \approx 0$，则

$$\dot{I}_t = \dot{I}'_t + \dot{I}_f \approx \dot{I}'_t = \frac{\dot{U}_t - \dot{A}\dot{X}_{id}}{r_o} = \frac{\dot{U}_t - \dot{A}(-\dot{F}\dot{U}_t)}{r_o} = \frac{1 + \dot{A}\dot{F}}{r_o}\dot{U}_t$$

于是

$$r_{of} = \frac{r_o}{1 + \dot{A}\dot{F}} \tag{4.2.4}$$

式（4.2.4）说明，引入电压负反馈后，输出电阻减小。引入电压负反馈后的闭环输出电阻 r_{of} 为无反馈的基本放大电路开环输出电阻 r_o 的 $1/|1 + \dot{A}\dot{F}|$。

2）电流负反馈对输出电阻的影响

由于电流负反馈能使输出电流更稳定，故电流负反馈使放大电路输出电阻增大。图 4.2.4 是求电流负反馈放大电路输出电阻的框图。其中 r_o 是基本放大电路的输出电阻，令输入信号 $\dot{X}_s = \dot{X}_i = 0$，在输出端加一交流测试电压源 $\dot{U}_t$。

由于电流反馈是为了稳定输出电流，所以反馈网络的输入电阻 r_f 与基本放大电路的输出电阻 r_o 相比要小很多，为简化分析，可以假设反馈网络输入电阻 r_f 为零，如图 4.2.5 所示。则由图 4.2.5 可得

$$\dot{I}_t = \frac{\dot{U}_t}{r_o} + \dot{A}\dot{X}_{id} = \frac{\dot{U}_t}{r_o} - \dot{A}\dot{F}\dot{I}_t$$

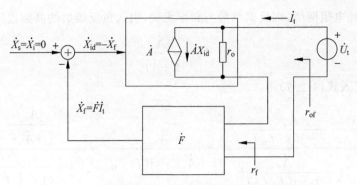

图 4.2.4 求电流负反馈放大电路输出电阻的框图(一)

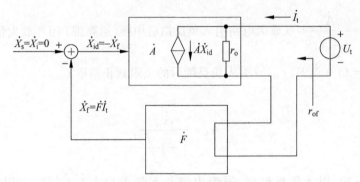

图 4.2.5 求电流负反馈放大电路输出电阻的框图(二)

则电流负反馈放大电路的闭环输出电阻为

$$r_{of} = \frac{\dot{U}_t}{\dot{I}_t} = (1 + \dot{A}\dot{F})r_o \tag{4.2.5}$$

式(4.2.5)说明,引入电流负反馈后,输出电阻增大了。有反馈的闭环输出电阻 r_{of} 是无反馈的开环输出电阻 r_o 的 $|1 + \dot{A}\dot{F}|$ 倍。

4.2.3 展宽通频带

从第 2 章有关频率响应分析的内容知,在通频带内,放大倍数基本维持恒定,不随频率的变化而改变,在通频带外,在低频区,电路中耦合电容、旁路电容等对电路的影响不能忽视;而在高频区,电路中分布电容和半导体管的极间电容效应不能被忽视。在低频区的放大倍数将随频率的降低而减小,在高频区的放大倍数将随频率的升高而减小,因此在通频带外,放大电路的放大倍数是频率的函数。放大倍数随着频率的变化发生显著的改变。通频带是放大电路的一个重要指标。负反馈的引入会对通频带产生影响。

为使问题简化,现只考虑反馈网络为纯电阻网络,则反馈系数与频率无关,且在放大电路频率特性的低频段和高频段各仅有一个拐点,设基本放大电路的中频(通频带)放大倍数为 $\dot{A}_o$,上限截止频率为 f_H,下限截止频率为 f_L,其高频段放大倍数为

$$\dot{A} = \frac{\dot{A}_o}{1 + j\left(\dfrac{f}{f_H}\right)} \tag{4.2.6}$$

若反馈网络为纯电阻网络，则反馈系数与频率无关，引入负反馈后的高频段闭环增益为

$$\dot{A}_f = \frac{\dot{A}}{1 + \dot{A}\dot{F}} \tag{4.2.7}$$

将式(4.2.6)代入式(4.2.7)得

$$\dot{A}_f = \frac{\dfrac{\dot{A}_o}{1 + j(f/f_H)}}{1 + \dfrac{\dot{A}_o}{1 + j(f/f_H)}\dot{F}} = \frac{\dot{A}_o}{1 + \dot{A}_o\dot{F} + j(f/f_H)} = \frac{\dfrac{\dot{A}_o}{1 + \dot{A}_o\dot{F}}}{1 + j\dfrac{f}{(1 + \dot{A}_o\dot{F})f_H}}$$

令上式中

$$\dot{A}_{of} = \frac{\dot{A}_o}{1 + \dot{A}_o\dot{F}} \quad （放大电路引入负反馈后中频（通频带）闭环放大倍数）$$

$$f_{Hf} = (1 + \dot{A}_o\dot{F})f_H \quad （引入负反馈后的上限截止频率）$$

则

$$\dot{A}_f = \frac{\dot{A}_{of}}{1 + j\dfrac{f}{f_{Hf}}} \tag{4.2.8}$$

由式(4.2.8)可知，引入负反馈后，通带内增益下降了 $|1 + \dot{A}_o\dot{F}|$ 倍，上限频率则提高了 $|1 + \dot{A}_o\dot{F}|$ 倍。利用上述推导方法可以导出放大电路引入负反馈放大电路的下限频率 f_{Lf} 为

$$f_{Lf} = \frac{f_L}{1 + \dot{A}_o\dot{F}} \tag{4.2.9}$$

可见，引入反馈后的下限频率 f_{Lf} 减小到基本放大电路下限频率 f_L 的 $1/|1 + \dot{A}_o\dot{F}|$。

一般情况下：由于 $f_H \gg f_L$，即有：$f_{Hf} \gg f_{Lf}$，因此无负反馈放大电路及有负反馈放大电路的通频带可分别近似为

$$f_{bw} = f_H - f_L \approx f_H$$

$$f_{bwf} = f_{Hf} - f_{Lf} \approx f_{Hf} = (1 + \dot{A}_o\dot{F})f_H \approx (1 + \dot{A}_o\dot{F})f_{bw} \tag{4.2.10}$$

即引入负反馈使通频带 f_{bwf} 展宽到基本放大电路通频带 f_{bw} 的 $|1 + \dot{A}_o\dot{F}|$ 倍。

在频率特性有多个拐点的负反馈放大电路中，虽然闭环与开环不再是简单的 $|1 + \dot{A}_o\dot{F}|$ 倍关系，但负反馈对通频带的影响展宽趋势是相同的。

4.2.4 减小非线性失真

对于理想的放大电路，其输出信号应与输入信号有完全的线性关系。但由于组成放大电路中的半导体器件（如晶体三极管、场效应管等）均有非线性特性，这使实际放大电路存在非线性失真现象。如果基本放大电路存在非线性失真，则其输入和输出波形如图 4.2.6(a) 所示，图中输出波形的正半周幅值大于负半周幅值。

若引入负反馈，反馈网络由线性元件组成，则反馈网络不会产生非线性失真，反馈网络输出信号 x_f 波形的正半周幅值大于负半周幅值。而基本放大电路的净输入信号 $x_{id} = x_i - x_f$，

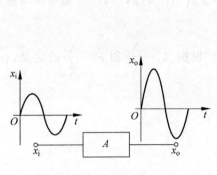

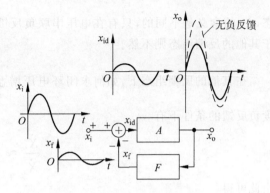

(a) 无反馈时的信号波形　　　　　　　　(b) 有负反馈时的信号波形

图 4.2.6　负反馈减小非线性失真

使净输入信号产生与输出信号相反的失真(正半周振幅小于负半周振幅),再经基本放大电路输出,正好补偿了原来的非线性失真,从而减小了放大电路的非线性失真。其输入输出波形如图 4.2.6(b)所示。

　　需要指出的是,负反馈只能减小反馈环内产生的非线性失真,如果输入信号本身就存在失真,负反馈是无能为力的。

　　同理,负反馈还能在一定程度上抑制反馈环内产生的噪声和干扰。但环外的干扰和噪声随输入信号一起进入放大电路,则负反馈对其无抑制作用。

　　通过本节的介绍知,在放大电路中引入负反馈,可以改善放大电路的许多性能,如可以稳定放大倍数,改变输入电阻、输出电阻、展宽频带、减小非线性失真等。但这些性能的改善是以失去放大倍数为代价的。因此损失的放大倍数需通过其他方法弥补,如选高 β 值的管子,高增益的运放及增加放大电路的级数来实现。

4.3　深度负反馈放大电路的指标计算

　　负反馈放大电路一般工作在线性区,原则上讲利用电路理论中介绍的线性电路分析方法(如节点电压分析法,回路电流分析法等)是可以分析求解的,但当电路复杂时,特别是有多级反馈时,这类方法就显得比较烦琐了。因此有必要从工程实际出发,讨论在深度负反馈条件下,负反馈放大电路的特点,在工程误差允许的条件下简化其运算。本节将重点讨论深度负反馈放大电路放大倍数的估算方法。

4.3.1　深度负反馈的特点

　　在 4.1.4 节中已介绍深度负反馈的条件是 $|1+\dot{A}\dot{F}|\gg 1$,则放大电路的闭环增益表达式为

$$\dot{A}_{\mathrm{f}} \approx \frac{1}{\dot{F}} \tag{4.3.1}$$

式(4.3.1)说明,深度负反馈的闭环增益近似等于反馈系数 $\dot{F}$ 的倒数,只要求出 $\dot{F}$,即可求出 $\dot{A}_{\mathrm{f}}$。

　　需要指出的是,在实际工程中,人们最关心的是闭环电压增益。对于不同的负反馈组

态，$\dot{A}_\mathrm{f}$ 的含义是不同的，只有在电压串联负反馈时，才有 $\dot{A}_\mathrm{f}=\dot{A}_\mathrm{uf}$，即 $\dot{A}_\mathrm{f}$ 才是电压增益，对于其他的反馈组态则不然。

在其他的反馈组态下，如何求闭环电压增益呢？根据 $\dot{A}_\mathrm{f}=\dfrac{\dot{X}_\mathrm{o}}{\dot{X}_\mathrm{i}}$ 和 $\dot{F}=\dfrac{\dot{X}_\mathrm{f}}{\dot{X}_\mathrm{o}}$ 的定义，在深度负反馈的条件下有

$$\frac{\dot{X}_\mathrm{o}}{\dot{X}_\mathrm{i}}\approx\frac{\dot{X}_\mathrm{o}}{\dot{X}_\mathrm{f}}$$

由此可得

$$\dot{X}_\mathrm{i}\approx\dot{X}_\mathrm{f}$$

对于串联负反馈有

$$\dot{U}_\mathrm{i}\approx\dot{U}_\mathrm{f} \tag{4.3.2}$$

对于并联负反馈

$$\dot{I}_\mathrm{i}\approx\dot{I}_\mathrm{f} \tag{4.3.3}$$

式(4.3.2)和式(4.3.3)表明，对于串联负反馈，只要找到 $\dot{U}_\mathrm{f}$ 与 $\dot{U}_\mathrm{o}$ 的关系，即可求出闭环电压增益 $\dot{A}_\mathrm{uf}$，对于并联负反馈，只要将 $\dot{I}_\mathrm{f}$ 和 $\dot{I}_\mathrm{i}$ 分别用 $\dot{U}_\mathrm{o}$ 和 $\dot{U}_\mathrm{is}$（或 $\dot{U}_\mathrm{i}$）的表示，即可求出闭环电压增益 $\dot{A}_\mathrm{uf}$。

4.3.2 深度负反馈条件下放大倍数的估算

前已述及，在深度负反馈条件下，闭环增益均可按 $\dot{A}_\mathrm{f}\approx\dfrac{1}{\dot{F}}$ 求出，下面将重点说明深度负反馈条件下闭环电压增益的估算方法，步骤归纳如下：

(1) 首先判断放大电路的组态及反馈性质；

(2) 深度负反馈条件下，对于串联负反馈根据式(4.3.2)，有 $\dot{U}_\mathrm{i}\approx\dot{U}_\mathrm{f}$ 成立，且因为引入串联负反馈使输入电阻增大 $|1+\dot{A}\dot{F}|$ 倍，在理想情况下认为 $r_\mathrm{if}\to\infty$，即放大电路输入端相当于开路(也称"虚断")。根据上述特点，找出 $\dot{U}_\mathrm{f}$ 与 $\dot{U}_\mathrm{o}$ 的关系，有

$$\dot{A}_\mathrm{uf}=\frac{\dot{U}_\mathrm{o}}{\dot{U}_\mathrm{i}}\approx\frac{\dot{U}_\mathrm{o}}{\dot{U}_\mathrm{f}}$$

(3) 深度负反馈条件下，对于并联负反会使输入电阻减小 $|1+\dot{A}\dot{F}|$ 倍，在理想情况下认为，$r_\mathrm{if}\to0$，即放大电路输入端相当于短路(也称"虚短")。根据上述特点，找出 $\dot{I}_\mathrm{i}$ 与 $\dot{U}_\mathrm{i}$（或 $\dot{U}_\mathrm{is}$）及 $\dot{I}_\mathrm{f}$ 与 $\dot{U}_\mathrm{o}$ 的关系。再利用 $\dot{I}_\mathrm{i}\approx\dot{I}_\mathrm{f}$ 可求出 $\dot{A}_\mathrm{uf}$（或 $\dot{A}_\mathrm{usf}$）。

下面举例说明深度负反馈闭环增益放大倍数的估算。

例 4.3.1 电路如图 4.3.1(a)所示。

(1) 判断电路中引入了哪种级间反馈；

(2) 求出在深度负反馈条件下的闭环电压增益。

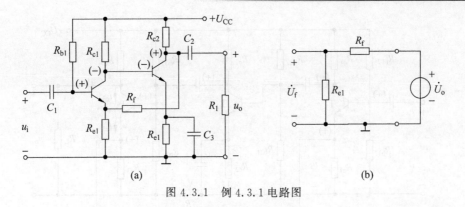

图 4.3.1 例 4.3.1 电路图

解 （1）图 4.3.1(a)所示电路为两级共射放大电路,设输入电压 u_i 的瞬时极性为(+),将各相关电位点的瞬时极性标注在图中,由此可以判断电路引入了级间电压串联负反馈。

（2）对于级间负反馈中的多级放大电路开环增益通常很高,可认为是深度负反馈,为方便分析,考虑输出端加入电压源 $\dot{U}_o$ 作为反馈网络的输入信号。根据基本放大电路在深度负反馈条件下,电压串联负反馈放大电路的输入电阻 $r_{if} \rightarrow \infty$,输入端"虚断",可得反馈网络如图 4.3.1(b)所示,则反馈系数

$$\dot{F}_{uu} = \frac{\dot{U}_f}{\dot{U}_o} = \frac{R_{e1}}{R_{e1} + R_f}$$

闭环电压增益

$$\dot{A}_{uf} = \frac{\dot{U}_o}{\dot{U}_i} \approx \frac{\dot{U}_o}{\dot{U}_f} = \frac{1}{\dot{F}_{uu}} = 1 + \frac{R_f}{R_{e1}}$$

例 4.3.2 求图 4.3.2(a)所示放大电路的闭环电压增益 $\dot{A}_{uf} = \frac{\dot{U}_o}{\dot{U}_i}$。

解 首先要判断放大电路级间反馈的极性及组态。图 4.3.2(a)所示放大电路中,R_{e3}、R_f 和 R_{e1} 组成反馈网络,电流 i_{e3} 作为反馈网络的取样电流(相当于反馈网络的激励),u_f 作为反馈网络的反馈电压,所以该反馈为电流串联负反馈。用瞬时极性法判断该级间反馈为负反馈。通常可以将多级放大电路的级间负反馈看成深度负反馈,由于是串联负反馈,放大电路的输入端即 T_1 管的基极为"虚断",则反馈网络如图 4.3.2(b)所示,由图 4.3.2(b)及式(4.3.2)可得

$$\dot{U}_i \approx \dot{U}_f = R_{e1} \dot{I}_f = R_{e1} \frac{R_{e3}}{R_{e1} + R_f + R_{e3}} \dot{I}_{e3}$$

在图 4.3.2(a)中有

$$\dot{U}_o \approx -\dot{I}_{c3} R'_L \quad (R'_L = R_{c3} \mathbin{/\mkern-5mu/} R_L)$$

所以

$$\dot{I}_{e3} \approx \dot{I}_{c3} = -\frac{\dot{U}_o}{R'_L}$$

将式(4.3.5)代入式(4.3.4)得

$$\dot{U}_i \approx \dot{U}_f = -\frac{R_{e1} R_{e3}}{R_{e1} + R_f + R_{e3}} \cdot \frac{\dot{U}_o}{R'_L}$$

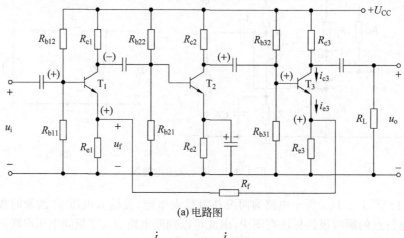

(a) 电路图

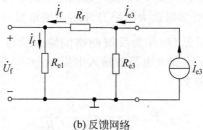

(b) 反馈网络

图 4.3.2　例 4.3.2 电路图

故闭环电压增益

$$\dot{A}_{uf} = \frac{\dot{U}_o}{\dot{U}_i} \approx -\frac{R_{e1}+R_f+R_{e3}}{R_{e1}R_{e3}} \cdot R_L'$$

例 4.3.3　图 4.3.3 所示为某反馈放大电路的交流通路。电路的输出端通过电阻 R_f 与电路的输入端相连，形成级间反馈。

（1）试判断电路中级间反馈的组态；

（2）求级间反馈的闭环增益的近似表达式；

（3）求深度负反馈条件下 $\dot{A}_{usf}$。

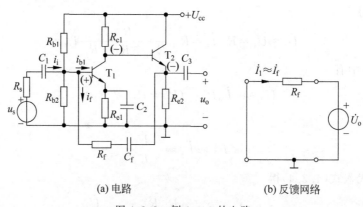

(a) 电路　　　　　　　　　　(b) 反馈网络

图 4.3.3　例 4.3.3 的电路

解 （1）判断电路中级间反馈的组态：首先用瞬时极性法判断该反馈的极性。设基极电位的瞬时极性为（＋）如图中所示，各点电位瞬时极性如图中（＋）、（－）号所示，由此可知，由 R_f 和 C_f 引入的级间反馈为交流负反馈，根据 R_f 在该电路输出输入端的连接方式知，该反馈为电压并联负反馈。

（2）一般多级放大电路开环增益很高，所以级间负反馈可认为是深度负反馈。由于是深度并联负反馈，在理想情况下 $r_{if} \to 0$，即 T_1 基极电位近似为 0（即"虚地"），反馈网络如图 4.3.3(b)所示。闭环互阻增益为

$$\dot{A}_{rf} = \frac{\dot{U}_o}{\dot{I}_i} \approx \frac{\dot{U}_o}{\dot{I}_f} = -R_f$$

（3）由于 T_1 基极电位为"虚地"，所以

$$\dot{I}_i = \frac{\dot{U}_s}{R_s}; \quad \dot{I}_f = \frac{-\dot{U}_o}{R_f}$$

利用 $\dot{I}_i \approx \dot{I}_f$ 条件，则闭环源电压增益为

$$\dot{A}_{usf} = \frac{\dot{U}_o}{\dot{U}_s} = -\frac{R_f}{R_s}$$

例 4.3.4 电路如图 4.3.4(a)所示。

（1）判断电路中引入了哪种组态的级间交流负反馈。

（2）求出在深度负反馈条件下的 $\dot{A}_f$ 和 $\dot{A}_{usf}$。

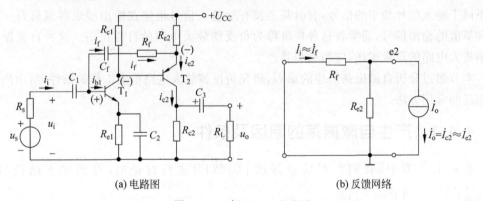

(a) 电路图　　　　　　　　　　(b) 反馈网络

图 4.3.4　例 4.3.4 电路图

解 （1）各相关点的瞬时电位极性及反馈电流的瞬时流向如图 4.3.4(a)中所标注，R_f 和 R_{e2} 构成反馈网络，取样信号为电流 $i_{e2}(i_{e2} \approx i_{c2})$，反馈信号与输入信号同接于 T_1 管的基极，因而该电路引入电流并联级间负反馈，由于反馈通路中有隔直电容 C_f，所以该反馈为交流反馈。

（2）级间反馈为深度负反馈，由于并联负反馈，T_1 管的基极 b 为"虚地"，从放大电路中分离出的反馈网络如图 4.3.4(b)所示，且有 $\dot{I}_i \approx \dot{I}_f$，则反馈电流为

$$\dot{I}_f = \frac{R_{e2}}{R_{e2} + R_f} \dot{I}_{e2}$$

因此反馈系数为

$$\dot{F}_{\mathrm{i}} = \frac{\dot{I}_{\mathrm{f}}}{\dot{I}_{\mathrm{o}}} \approx \frac{\dot{I}_{\mathrm{f}}}{\dot{I}_{\mathrm{e2}}} = \frac{R_{\mathrm{e2}}}{R_{\mathrm{e2}} + R_{\mathrm{f}}}$$

闭环增益为

$$\dot{A}_{\mathrm{if}} = \frac{\dot{I}_{\mathrm{o}}}{\dot{I}_{\mathrm{i}}} \approx \frac{1}{F_{\mathrm{i}}} = 1 + \frac{R_{\mathrm{f}}}{R_{\mathrm{e2}}}$$

闭环电压放大倍数为

$$\dot{A}_{\mathrm{usf}} = \frac{\dot{U}_{\mathrm{o}}}{\dot{U}_{\mathrm{s}}} \approx \frac{\dot{I}_{\mathrm{c2}}(R_{\mathrm{c2}} /\!/ R_{\mathrm{L}})}{R_{\mathrm{s}} \dot{I}_{\mathrm{i}}} \approx \frac{\dot{I}_{\mathrm{o}}}{\dot{I}_{\mathrm{i}}} \cdot \frac{R_{\mathrm{c2}} /\!/ R_{\mathrm{L}}}{R_{\mathrm{s}}}$$

即

$$\dot{A}_{\mathrm{usf}} = \left(1 + \frac{R_{\mathrm{f}}}{R_{\mathrm{e2}}}\right) \frac{R_{\mathrm{c2}} /\!/ R_{\mathrm{L}}}{R_{\mathrm{s}}}$$

4.4　负反馈放大电路的自激振荡

　　从前面讨论得知，交流负反馈可以改善和提高放大电路的性能，而改善和提高的程度取决于反馈深度 $|1 + \dot{A}\dot{F}|$ 的大小，其值越大，性能改善的程度越大。然而在实际负反馈放大电路，特别是在多级负反馈放大电路的实际应用中，在放大电路的输出信号中常能观察到完全不同于输入信号频率的信号，有时甚至没有加输入信号也能在输出端观察到具有一定频率和幅值的输出信号，通常将这种现象称为负反馈放大电路的自激振荡。这种自激振荡会影响放大电路的正常工作，应当避免其产生。

　　本节通过分析自激振荡产生的原因，研究负反馈放大电路稳定工作的条件，给出消除自激振荡的常用方法。

4.4.1　产生自激振荡的原因及条件

　　在 4.1.4 节中，我们在对反馈深度 $|1 + \dot{A}\dot{F}|$ 进行讨论时，得到如下结论，即当 $|1 + \dot{A}\dot{F}| = 0$ ($\dot{A}\dot{F} = -1$) 时

$$\dot{A}_{\mathrm{f}} = \frac{\dot{X}_{\mathrm{o}}}{\dot{X}_{\mathrm{i}}} = \frac{\dot{A}}{1 + \dot{A}\dot{F}} \to \infty$$

上式说明，当输入量 $\dot{X}_{\mathrm{i}} \to 0$ 时，输出量 $\dot{X}_{\mathrm{o}}$ 并不为 0。此时放大电路在无输入信号时，也能有输出信号产生。这就是负反馈放大电路自激现象的数学描述。

　　需特别指出的是，前面负反馈放大电路的讨论是以中频段为前提考虑的，在中频段，电路中的耦合电容、旁路电容、电感性元件及半导体器件的极间电容、分布电容均可忽略。$\dot{X}_{\mathrm{i}}$ 和 $\dot{X}_{\mathrm{f}}$ 反相，负反馈放大电路的净输入量 $\dot{X}_{\mathrm{id}} = \dot{X}_{\mathrm{i}} - \dot{X}_{\mathrm{f}}$，所以负反馈使净输入量减小。可是在低频段，电路中耦合电容、旁路电容及电感性元件不能忽略；而在高频段，半导体器件的极间电容、分

布电容又不能忽略。因此 $\dot{A}$、$\dot{F}$ 都是频率的函数，即表示为 $\dot{A}(j\omega)$、$\dot{F}(j\omega)$，$\dot{A}(j\omega)\dot{F}(j\omega)$ 将产生附加相移 $(\varphi_A+\varphi_F)$，当在某一频率下使 $\varphi_A+\varphi_F=(2n+1)\times 180°$（$n$ 为整数）时，反馈量 $\dot{X}_f$ 与输入量 $\dot{X}_i$ 必然由中频段的反相变为同相，此时放大电路由负反馈变成了正反馈。所以，负反馈放大电路产生自激振荡的条件为

$$\dot{A}\dot{F}=-1 \tag{4.4.1}$$

式(4.4.1)为复数方程，可表示为幅值和相位两个方程（也称为幅值条件和相位条件）

$$|\dot{A}\dot{F}|=1 \tag{4.4.2a}$$

$$\varphi_A+\varphi_F=(2n+1)\times 180°$$

由于相移的定义通常限制为 $-180°\sim +180°$。因此相位条件也常写成

$$\varphi_A+\varphi_F=\pm 180° \tag{4.4.2b}$$

由上分析知环路增益 $\dot{A}\dot{F}$ 只有同时满足幅值和相位条件，负反馈放大电路才会产生自激振荡。在起振过程中输出量 $|\dot{X}_o|$ 有一个从小到大的变化过程，故起振幅值条件为

$$|\dot{A}\dot{F}|>1 \tag{4.4.2c}$$

4.4.2　负反馈放大电路的稳定判别

在实际工程中，为保证负反馈放大电路能稳定的工作，必须使其远离自激振荡状态。也就是使环路增益 $\dot{A}\dot{F}$ 幅值条件和相位条件不能同时满足。为方便直观地体现自激振荡的幅值条件和相位条件，常利用 $\dot{A}\dot{F}$ 的频率特性曲线分析负反馈放大电路的稳定性。设自激振荡相位条件 $\varphi_A+\varphi_F=\pm 180°$ 的频率 f_c 为相位临界频率，满足自激振荡幅频条件 $|\dot{A}\dot{F}|=1$(或 $20\lg|\dot{A}\dot{F}|=0$)的频率为 f_o。因此分析负反馈放大电路的稳定性的方法有三种：

(1) 在相频特性上找到满足相位条件 $\varphi_A+\varphi_F=-180°$ 的频率 f_c，如图 4.4.1(a)、图 4.4.1(b)所示。在幅频特性的 f_c 频率处，若 $20\lg|\dot{A}\dot{F}|>0$(或 $|\dot{A}\dot{F}|>1$)，说明 $f=f_c$ 时，电路同时满足幅值条件和相位条件，将产生振荡，否则放大电路是稳定的。对于相位临界频率点 f_c，对应在图 4.4.1(a)中，$20\lg|\dot{A}\dot{F}|>0$(即 $|\dot{A}\dot{F}|>1$)，放大电路处于不稳定状态，而图 4.4.1(b)中，$20\lg|\dot{A}\dot{F}|<0$(或 $|\dot{A}\dot{F}|<1$)，放大电路处于稳定状态。

(2) 在幅频特性上找出满足幅值条件 $20\lg|\dot{A}\dot{F}|=0$ 的幅值临界频率 f_o，在 f_o 处，放大电路稳定工作的条件是 $|\varphi_A+\varphi_F|<180°$。在临界频率 f_o 处，从图 4.4.1(a)中看出 $|\varphi_A+\varphi_F|>180°$，放大电路处于不稳定状态，而图 4.4.1(b)中，$|\varphi_A+\varphi_F|<180°$，放大电路处于稳定状态。

(3) 通过对图 4.4.1(a)、图 4.4.1(b)波特图的分析知，可以通过比较幅值，相位两个临界频率 f_c 和 f_o 的位置判断电路的稳定性。

当 $f_c\leqslant f_o$ 时，放大电路处于不稳定状态。

当 $f_c>f_o$ 时，放大电路处于稳定状态。

虽然只要 $f_c>f_o$ 电路就稳定，但实际工作中，由于环境温度、电源电压、电路元器件参

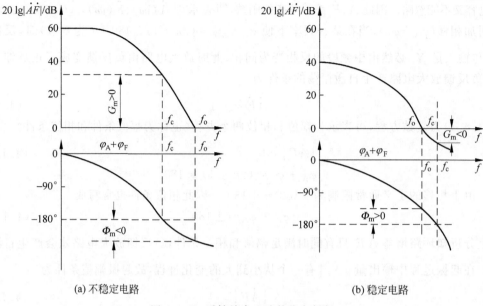

(a) 不稳定电路　　　　　　　　　　(b) 稳定电路

图 4.4.1　反馈放大电路的稳定判断

数的波动及外界电磁场干扰信号的存在都会影响放大电路的稳定性，为使负反馈放大电路有足够的可靠性，还应使电路保持具有一定的稳定裕度。通常用来衡量放大电路稳定程度的稳定裕度指标有：幅值裕度和相位裕度。

定义 $f=f_c$（即 $|\varphi_A+\varphi_F|=180°$）时所对应的 $20\lg|\dot{A}\dot{F}|$ 的值为幅值裕度 G_m，如图 4.4.1 所示标注的 G_m，G_m 的表达式为

$$G_m=20\lg|\dot{A}\dot{F}|\big|_{f=f_c} \tag{4.4.3}$$

对于稳定的负反馈放大电路，$G_m<0$，而且 $|G_m|$ 越大，电路越稳定，工程上认为 $G_m\leqslant-10\text{dB}$，可以保证放大电路工作比较稳定。

定义 $f=f_o$ 时 $|\varphi_A+\varphi_F|$ 与 $180°$ 的差值为相位裕度 Φ_m，如图 4.4.1 中标注的 Φ_m，其表达式为

$$\Phi_m=180°-|\varphi_A+\varphi_F|\big|_{f=f_o} \tag{4.4.4}$$

对于稳定的负反馈放大电路，其 $\Phi_m>0$，而 Φ_m 越大电路越稳定，工程上为保证放大电路的稳定工作，取 $\Phi_m>45°$。

综上所述，为保证负反馈放大电路有可靠的稳定性，则应满足如下条件之一：

$$G_m\leqslant-10\text{dB}$$
$$\Phi_m>45°$$

4.4.3　消除自激振荡的常用方法

消除自激振荡，就是要破坏自激振荡的幅值条件和相位条件。最简单的方法就是通过减小反馈系数 $\dot{F}$ 达到减小反馈深度破坏幅值条件，但这不利于改善放大电路的性能。因此，采取的措施既要注意使负反馈放大电路在中频段有足够的反馈深度，又注意能使其稳定的工作。

通常采取的措施是在放大电路中加入由 RC 组成的校正网络如图 4.4.2(a)、图 4.4.2(b)、图 4.4.2(c)所示。其中图 4.4.2(a)、图 4.4.2(b)中的电容的容抗与频率有关,在高频区会使 $\dot{A}$ 下降且 φ_A 也改变。最终会增加负反馈放大电路的相位裕度 Φ_m,从而破坏自激振荡的条件。图 4.4.2(c)将电容 C 跨接在三极管的 b、c 极之间,根据密勒定理,电容的补偿作用可增大 $|1+A|$ 倍,这样,可以选用较小的电容,达到同样的消振效果。

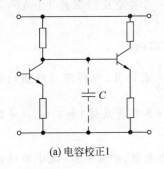　　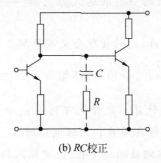　　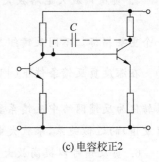

(a) 电容校正1　　　　　　　　(b) RC校正　　　　　　　　(c) 电容校正2

图 4.4.2　常用的消振电路

本章小结

1. 反馈是指把输出电压或输出电流的一部分或全部通过反馈网络(或反馈通路),送回到放大电路的输入回路,以影响放大电路的净输入电压或电流的过程,达到稳定输出电压或输出电流、改善放大电路的性能指标的目的。因此,几乎在所有的实用放大电路中都要引入负反馈。

2. 可以从不同角度将反馈分为正反馈、负反馈;交流反馈、直流反馈;电压反馈、电流反馈;串联反馈、并联反馈等。不同的反馈类型对放大电路的影响是不同的。交流负反馈影响放大电路的交流性能指标,直流负反馈能稳定放大电路的静态工作点;电压负反馈能稳定输出电压,减小输出电阻;电流负反馈能稳定输出电流,增大输出电阻;串联负反馈增大输入电阻,并联负反馈减小输入电阻。

3. 在掌握反馈基本概念的基础上,熟练掌握反馈极性及反馈类型的判断方法是分析和设计反馈放大电路的前提。

在分析反馈放大电路中,"有无反馈"取决于是否存在联系输入回路和输出回路的反馈通路;"直流反馈或交流反馈"取决于反馈通路存在于直流通路还是交流通路;"正反馈和负反馈"(即常说的反馈极性)的判断可采用瞬时极性法,反馈的结果使放大电路的净输入量减小的为负反馈,使净输入量增大的为正反馈;"电压反馈或电流反馈"取决于放大电路输出回路与反馈网络的连接方式,常用输出短路法判断,即令负载 $R_L=0$,则输出电压等于零,若反馈量随之为零,则为电压反馈,否则为电流反馈;"串联反馈或并联反馈"取决于放大电路输入回路与反馈网络的连接方式,串联时,x_i 与 x_f 以电压形式 u_i 与 u_f 串联在输入回路;并联时,x_i 与 x_f 以电流形式 i_i 与 i_f 并联在输入端。

4. 本章主要讨论交流负反馈放大电路,交流负反馈放大电路有四种基本组态:电压串联负反馈、电压并联负反馈、电流串联负反馈、电流并联负反馈,它们的性能各不相同。串联负反馈要获取电压信号,用内阻较小的电压源提供信号,并联负反馈要获取电流信号用内阻较大的电流源提供信号;电压负反馈能稳定输出电压,对负载可等效为电压源,电流负反馈能稳定输出电流,对负载可等效为电流源。因此,上述四种组态的负反馈放大电路又常被分别称为压控电压源、流控电压源、压控电流源和流控电流源。

5. 负反馈放大电路放大倍数的一般表达式为 $\dot{A}_f = \dfrac{\dot{A}}{1 + \dot{A}\dot{F}}$,其中反馈深度 $1 + \dot{A}\dot{F}$ 是一个重要指标。不同反馈组态,$\dot{A}$、$\dot{F}$ 的物理含义及量纲是不同的。

在深度负反馈条件下($|1 + \dot{A}\dot{F}| \gg 1$),闭环增益用 $A_f \approx \dfrac{1}{\dot{F}}$ 来计算,即将闭环增益的计算转化为反馈网络中反馈系数的计算。此外也可利用 $u_i \approx u_f$(串联负反馈)和 $i_i \approx i_f$(并联负反馈)的近似关系,求放大电路闭环增益和闭环电压增益。

6. 负反馈可以提高放大电路增益的稳定性、改变输入输出电阻、扩展频带、减小非线性失真等,其影响程度与反馈深度 $|1 + \dot{A}\dot{F}|$ 有关,反馈越深($|1 + \dot{A}\dot{F}|$ 的值越大),影响越大。但由于电路中存在电容等电抗性元件,实际上 $\dot{A}\dot{F}$ 是与频率有关的函数(在中频段忽略频率的影响),当幅值条件 $|\dot{A}\dot{F}| \geqslant 1$ 及附加相移 $\varphi_A + \varphi_F = (2n+1) \times 180°$ 同时满足时,电路就会由原来的负反馈变成正反馈,产生自激振荡。在实际负反馈放大电路中要采取相应的补偿措施防止自激振荡的产生。

习题

4.1 选择合适的答案填入空内。

(1) 对于放大电路,所谓开环是指_____。

A. 无信号源　　　　B. 无反馈通路　　　C. 无电源　　　　D. 无负载

而所谓闭环是指_____。

A. 考虑信号源内阻　B. 存在反馈通路　　C. 接入电源　　　D. 接入负载

(2) 在输入量不变的情况下,若引入反馈后_____,则说明引入的反馈是负反馈。

A. 输入电阻增大　　B. 输出量增大　　　C. 净输入量增大　D. 净输入量减小

(3) 直流负反馈是指_____。

A. 直接耦合放大电路中所引入的负反馈

B. 只有放大直流信号时才有的负反馈

C. 在直流通路中存在的负反馈

(4) 交流负反馈是指_____。

A. 阻容耦合放大电路中所引入的负反馈

B. 只有放大交流信号时才有的负反馈

C. 在交流通路中存在的负反馈

（5）为了实现下列目的，应引入什么反馈。

A. 直流负反馈   B. 交流负反馈

① 为了稳定静态工作点，应引入_____；

② 为了稳定放大倍数，应引入_____；

③ 为了改变输入电阻和输出电阻，应引入_____；

④ 为了抑制温漂，应引入_____；

⑤ 为了展宽频带，应引入_____。

4.2 选择合适答案填入空内。

A. 电压   B. 电流   C. 串联   D. 并联

（1）为了稳定放大电路的输出电压，应引入_____负反馈；

（2）为了稳定放大电路的输出电流，应引入_____负反馈；

（3）为了增大放大电路的输入电阻，应引入_____负反馈；

（4）为了减小放大电路的输入电阻，应引入_____负反馈；

（5）为了增大放大电路的输出电阻，应引入_____负反馈；

（6）为了减小放大电路的输出电阻，应引入_____负反馈。

4.3 负反馈所能抑制的干扰和噪声是_____。（从以下答案中，选出正确的答案填入。）

A. 输入信号所包含的干扰和噪声

B. 反馈环内的干扰和噪声

C. 反馈环外的干扰和噪声

4.4 对以下要求分别填入：

A. 串联电压负反馈   B. 并联电压负反馈

C. 串联电流负反馈   D. 并联电流负反馈

（1）要求输入电阻 r_i 大，输出电流稳定，应选用_____。

（2）某传感器产生的是电压信号（几乎不能提供电流），经放大后要求输出电压与信号电压成正比，希望得到稳定的输出信号，该放大电路应选用_____。

（3）希望获得一个电流控制的电流源，应选用_____。

（4）要得到一个由电流控制的电压源，应选用_____。

（5）需要一个阻抗变换电路，要求 r_i 大，r_o 小，应选用_____。

（6）需要一个输入电阻 r_i 小，输出电阻 r_o 大的阻抗变换电路，应选用_____。

4.5 某反馈放大电路的方框图如图 4.1 所示，已知其开环电压增益 $A_u=2000$，反馈系数 $F_u=0.0495$。若输出电压 $u_o=2\text{V}$，求输入电压 u_i、反馈电压 u_f 及净输入电压 u_{id} 的值。

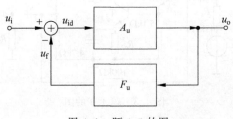

图 4.1 题 4.5 的图

4.6 电路如图 4.2 所示，判断电路引入了什么性质的反馈（包括局部反馈和极间反馈；正、负、电流、电压、串联、并联、直流、交流）。

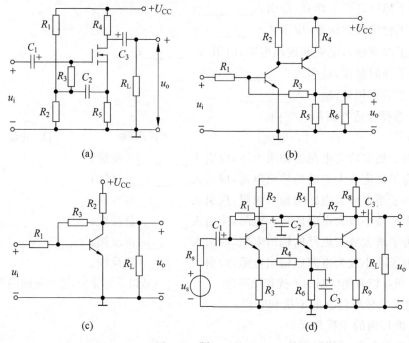

图 4.2 题 4.6 的图

4.7 某串联电压负反馈放大电路，如开环电压放大倍数 A_u 变化 20% 时，要求闭环电压放大倍数 A_{uf} 的变化不超过 1%，设 $A_{uf}=100$，求开环放大倍数 A_u 及反馈系数 F_u。

4.8 一个阻容耦合放大电路在无反馈时，$A_{um}=-100$，$f_1=30\,\mathrm{Hz}$，$f_h=3\,\mathrm{kHz}$。如果反馈系数 $F=-10\%$，问闭环后 A_{uf}、f_{1f}、f_{hf} 的值是多少？

4.9 负反馈放大电路如图 4.3 所示。

（1）定性说明反馈对输入电阻和输出电阻的影响。

（2）求深度负反馈的闭环电压放大倍数 A_{uf}。

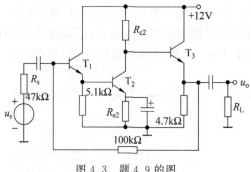

图 4.3 题 4.9 的图

4.10 负反馈放大电路如图 4.4 所示。

(1) 判断反馈类型；

(2) 说明对输入电阻和输出电阻的影响；

(3) 求深度负反馈的闭环电压放大倍数。

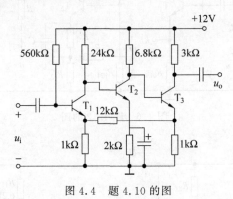

图 4.4 题 4.10 的图

4.11 在图 4.5 所示电路中,为实现下述性能要求,反馈应如何引入?

(1) 静态工作点稳定；

(2) 通过 R_{c3} 的信号电流基本上不随 R_{c3} 的变化而改变；

(3) 输出端接上负载后,输出电压 u_o 基本上不随 R_L 的改变而变化；

(4) 向信号源索取的电流小。

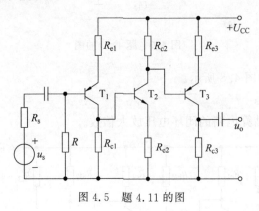

图 4.5 题 4.11 的图

4.12 图 4.6 电路中,要求：

(1) 稳定输出电流；

(2) 提高输入电阻。

试问应该把 j、k、m、n 四点中哪两点连起来?

4.13 放大电路如图 4.7 所示。

(1) 判断反馈类型；

(2) 深度反馈时,估算电路的闭环电压放大倍数 $A_{u_f} = \dfrac{u_o}{u_s}$。

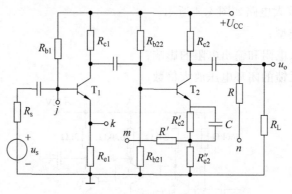

图 4.6　题 4.12 的图

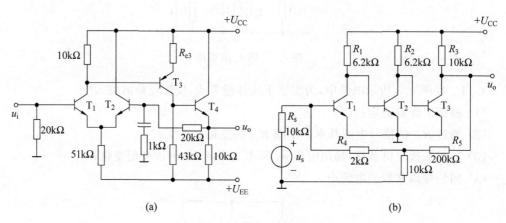

(a)　　　　　　　　　　　　(b)

图 4.7　题 4.13 的图

4.14　放大电路如图 4.8 所示。

（1）判断反馈类型；

（2）深度反馈时，估算电路的闭环电压放大倍数。

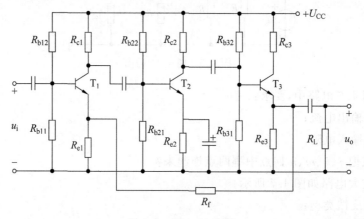

图 4.8　题 4.14 的图

4.15 电路如图 4.9 所示,若要使闭环电压放大倍数 $A_{uf}=U_o/U_s \approx 15$,计算电阻 R_f 的大小。

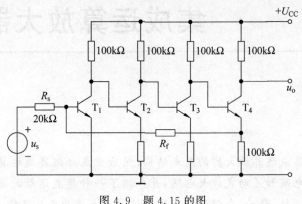

图 4.9 题 4.15 的图

第 5 章

CHAPTER 5

集成运算放大器

本章首先讨论集成运算放大器的基本结构,然后重点介绍集成运算放大器中的主要单元电路——电流源电路和差动式放大电路,并介绍了一种集成运放的简化电路和集成运算放大器的主要性能指标,最后,介绍了理想集成运算放大器的条件及特点。

5.1 集成运算放大器概述

前面讨论的电路都是由单个元件组成的,称为分立元件电路。20 世纪 60 年代,用半导体制造工艺把整个电路中的元件制作在一块硅基片上,构成特定功能的电子电路,称为集成电路(IC)。它的体积小,但性能却很好。集成电路按其功能来分,有模拟集成电路和数字集成电路。模拟集成电路种类繁多,有集成运算放大器、集成功率放大器、集成稳压电源、集成乘法器、集成锁相环和电视机、音响等电子设备中某些专用集成电路等。而运算放大器(简称运放)是模拟集成电路中应用最为广泛的一种,它是具有高放大倍数的直接耦合放大器。

5.1.1 集成电路的特点

集成电路是采用一定制造工艺将大量半导体三极管、场效应管、电阻、电容等元件组成的电路制作在同一小块单晶硅的芯片上。由于制造工艺上的原因,模拟集成电路和分离元件相比有以下特点。

(1)电容的值不能做得太大,电路结构上采用直接耦合。在集成电路中电容常用 PN 结的结电容构成,其电容量不大,约为几十皮法。至于电感的制造更为困难了,所以在集成电路中,级间耦合都采用直接耦合方式。

(2)电阻的值不宜做得太大,集成电路中常用有源器件代替大电阻。集成电路中电阻元件是由半导体的体电阻构成,电阻值的范围一般为几十欧到 $20\mathrm{k}\Omega$,阻值不大。所以在集成电路中,高阻值的电阻多用三极管或场效应管等有源器件组成的电流源电路替代。

(3)元件参数一致性好。由于在同一硅片上元器件采用同一标准工艺流程制成,虽然元器件参数分散性大,但同一硅片内元件参数绝对值有同向偏差,温度的一致性好,容易制成两个特性相同的管子或两个阻值相等的电阻。为克服直接耦合电路的温度漂移,模拟集成电路的输入级常采用结构对称的差动放大电路。

（4）采用复合管结构改进单管电路的性能。

5.1.2　集成运算放大器的内部基本结构

典型的集成运算放大器的内部结构框图如图 5.1.1 所示。一般由输入级、中间级、输出级和偏置电路四个部分组成。

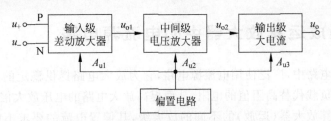

图 5.1.1　集成运算放大器的内部结构框图

输入级由差动放大电路组成，利用电路的对称性可提高整个电路的性能。它的好坏直接影响集成运放性能指标的优劣；中间电压放大级的主要作用是提高电压的放大倍数，它可以由一级或多级放大电路组成，多采用共射（共源）放大电路；输出级要具有输出电压线性范围宽，输出电阻小，非线性失真小，能为负载提供一定的功率，多采用功率放大的输出级；偏置电路是为各级提供合适的工作电流，确定合适的工作点，多采用电流源电路。此外电路中还有一些保护电路和高频补偿等辅助环节。

5.1.3　直接耦合放大电路的零点漂移

集成运算放大器均采用直接耦合方式，在第 2 章多级放大电路的耦合方式这一节中，对直接耦合方式的特点及问题已经作了介绍，这里主要讨论直接耦合放大电路的零点漂移问题。

零点漂移（简称零漂）就是直接耦合放大电路的输入端短路（即不加输入信号）而输出电压不为零，有缓慢变化的电压产生，即输出电压偏离原来的零点上下漂动，如图 5.1.2 所示。

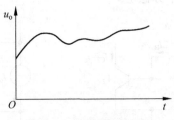

图 5.1.2　零点漂移现象

在放大电路中，任何参数的变化，如电源电压，元件老化，半导体元件参数（如三极管的 β、I_{CQ}、U_{CEQ}）随温度变化而产生的变化，都会导致输出电压的漂移。将由于环境温度变化引起半导体参数变化产生的零点漂移称为温度漂移（简称温漂），它是零点漂移的主要来源。

在直接耦合多级放大电路中，由于前后级直接相连，当输入级放大电路的工作点因某种原因(如温度变化)而稍有偏移产生漂移电压时,第一级的漂移电压和有用信号一起被送到下一级,且被逐级放大,致使放大电路在输出端产生较大的漂移电压,严重时漂移电压会把放大的有用信号淹没,使放大电路无法正常工作,由于第一级零漂对放大电路影响最严重,故必须控制第一级的零点漂移。为解决零点漂移问题,人们采用了多种措施,其中最有效的方法是在放大器的第一级采用差动放大电路,差动放大电路将在5.3节讨论。

5.2 集成运算放大器中的电流源电路

在模拟集成电路中,广泛使用电流源电路,它为放大电路提供稳定的偏置电流,或作为放大电路的有源负载代替高阻值的电阻,从而提高放大电路的电压放大倍数。

对于集成运算放大器(运放)的不同的放大级,其偏置电流的要求不同,例如对于输入级,通常要求偏置电流不但要十分稳定,而且还要很小(一般为微安级),以便提高集成运放的输入电阻,降低输入失调电流及其温漂。下面介绍集成电路中常用的几种电流源。

5.2.1 镜像电流源

电路如图 5.2.1 所示,T_1、T_2 的参数相同,如偏置电路保证两三极管工作在放大区,由于 T_1、T_2 管的发射结并联在一起,U_{BE} 相同,I_{C1} 和 I_{C2} 相同,T_2 的 I_{C2} 为

$$I_{C2} \approx I_{C1} = I_R - 2I_B = I_R - \frac{2I_C}{\beta}$$

式中,I_R 为基准电流,当三极管的 β 较大时,基极电流可以忽略,所以 T_2 的集电极电流 I_C 近似等于基准电流 I_R,即

$$I_o = I_{C2} \approx I_R = \frac{U_{CC} - U_{BE} - (-U_{EE})}{R} \approx \frac{U_{CC} + U_{EE}}{R} \qquad (5.2.1)$$

由式(5.2.1)可以看出,当 R 确定后,I_R 就确定了,I_{C2} 也随之而定,常将 I_{C2} 看作是 I_R 的镜像,所以称图 5.2.1(a)所示电路为镜像电流源。在电路中可用图 5.2.1(b)的电路符号表示,图 5.2.1(b)中 $I_o = I_{C2}$,r_o 为电流源的动态输出电阻,$r_o = r_{ce2}$,阻值很大,但 I_R 受电源变化的影响大,故要求电源十分稳定。

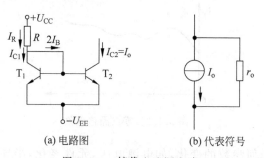

(a) 电路图   (b) 代表符号

图 5.2.1 镜像电流源电路

图 5.2.1 的电路也有缺点,当 β 值较小时,I_{C2} 与 I_R 的差别较大,为克服这一缺点,在 T_1 的集电极与基极间加一个由三极管 T_3 组成的射级输出器,如图 5.2.2 所示。利用 T_3 的电流放大作用减小了 I_{B1} 和 I_{B2} 对 I_R 的分流。因此有

$$I_{C2} \approx I_{C1} = I_R - I_{B3} = I_R - \frac{I_{E3}}{1+\beta_3} = I_R - \frac{I_{B1}+I_{B2}+I_{R_{c3}}}{1+\beta_3}$$

其中电阻 R_{e3} 上的电压为 U_{BE},因此 $I_{R_{c3}}$ 很小,从而 I_{E3} 也较小,且又缩小$(1+\beta_3)$倍,所以

$$I_o = I_{C2} \approx I_R \tag{5.2.2}$$

与图 5.2.1 的电路相比较使 I_{C2} 更接近 I_R。

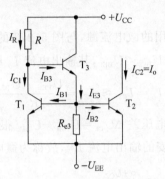

图 5.2.2 加射级输出器的电流源

镜像电流源电路适用于大工作电流(毫安数量级)的场合,若要减少 I_{C2} 的值(例如微安级),必要求 R 的值很大,这在集成电路中很难实现。因此,需要研究改进型的电流源。

5.2.2 比例电流源

镜像电流源中的输出电流与参考电流镜像。如果希望电流源电流与参考电流成比例关系,可以采用图 5.2.3 所示的比例电流源电路。

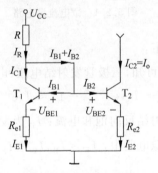

图 5.2.3 比例电流源

先计算参考电流 I_R。由图 5.2.3 可得

$$I_R R + U_{BE1} + I_{E1} R_{e1} = U_{CC} \tag{5.2.3}$$

当 β 足够大时,I_{E1} 近似等于 I_R,因此得

$$I_R = \frac{U_{CC} - U_{BE1}}{R + R_{e1}} \tag{5.2.4}$$

另一方面,由图 5.2.3 电路还可以得到

$$U_{BE1} + I_{E1} R_{e1} = U_{BE2} + I_{E2} R_{e2} \tag{5.2.5}$$

由于 $I_{E1} \approx I_R$，$U_{BE1} \approx U_{BE2}$，$I_{C2} \approx I_{E2}$，因此可得

$$I_o = I_{C2} \approx I_{E2} \approx \frac{R_{e1}}{R_{e2}} I_{E1} \qquad (5.2.6)$$

可见，电流源电流 I_{C2} 与参考电流 I_R 近似为比例关系。

5.2.3 微电流源

图 5.2.4 是集成电路中常用的微电流源，与图 5.2.3 的比例电流源电路相比，在 T_1 的射级电路少接入电阻 R_{e1}，则有 $U_{BE2} < U_{BE1}$，其输出电流 I_o 即 I_{C2} 为

$$I_o = I_{C2} \approx I_{E2} = \frac{U_{BE1} - U_{BE2}}{R_{e2}} \qquad (5.2.7)$$

式(5.2.7)中，由于两管发射结电压差 $\Delta U_{BE} = U_{BE1} - U_{BE2}$ 很小(约为几十毫伏)，因此不需要很大的 R_{e2} 就可以得到几十微安的输出电流 I_{C2}，故称为微电流源。

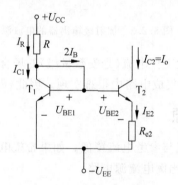

图 5.2.4 微电流源电路

对微电流源的定量分析如下：

由 PN 结电压、电流关系式可知，三极管发射结电压、电流关系式为

$$I_E = I_S(e^{u_{BE}/U_T} - 1) \approx I_s e^{u_{BE}/U_T}$$

其中，U_T 是温度当量；I_S 为发射结反向饱和电流；I_E 为发射极电流。

在图 5.2.4 所示的微电流源电路中，$I_{E1} \approx I_R$，$I_{C2} \approx I_{E2}$，则对 T_1 和 T_2 管分别有

$$U_{BE1} \approx U_T \ln \frac{I_R}{I_{S1}} \qquad (5.2.8)$$

$$U_{BE2} \approx U_T \ln \frac{I_{C2}}{I_{S2}} \qquad (5.2.9)$$

式中，I_{s1} 和 I_{s2} 分别是 T_1 和 T_2 管的发射极反向饱和电流，由于 T_1、T_2 特性几乎完全相同，则有 $I_{s1} = I_{s2} = I_s$，将式(5.2.8)与式(5.2.9)代入式(5.2.7)有

$$I_o = I_{C2} \approx I_{E2} = \frac{U_{BE1} - U_{BE2}}{R_{e2}} \approx \frac{U_T \ln \dfrac{I_R}{I_{S1}} - U_T \ln \dfrac{I_{C2}}{I_{S2}}}{R_{e2}}$$

即

$$I_o = I_{C2} \approx \frac{U_T}{R_{e2}} \ln \frac{I_R}{I_{C2}} \tag{5.2.10}$$

由式(5.2.10)知输出电流 I_{C2} 由基准电流 I_R 和电阻 R_{e2} 确定,而基准电流 I_R 为

$$I_R = \frac{U_{CC} + U_{EE} - U_{BE}}{R} \approx \frac{U_{CC} + U_{EE}}{R} \tag{5.2.11}$$

实际上,在设计电路时,首先确定基准电流 I_R 和输出电流 I_{C2} 的数值,然后求出 R 和 R_{e2} 的值。例如,在图 5.2.4 所示电路中,若 $U_{CC}=15V$, $U_{EE}=15V$, $I_R=1mA$, $U_{BE}=0.7V$, $U_T=26mV$, $I_o = I_{C2}=20\mu A$,则根据式(5.2.11)可得 $R=29.3k\Omega$;根据式(5.2.10)可得 $R_{e2}=5.09k\Omega$。可见求解过程并不复杂。

5.2.4　电流源电路作为有源负载

在实际集成运放中常用电流源电路作为有源负载,如图 5.2.5 所示。图中三极管 T_1 组成共射极电路中,T_2 与 T_3 构成镜像电流源,T_3 是 T_1 的有源负载,取代原共射极电路中的 R_c。其电路分析如下:

电流源基准电流为

$$I_R = \frac{U_{CC} - U_{BE3}}{R}$$

T_1 管的静态电流为

$$I_{C1} = I_{C2} \approx I_{C3} \approx I_R$$

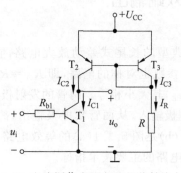

图 5.2.5　电流源作有源负载的共射放大电路

因此对于直流偏置电路,T_2 与 T_3 构成镜像电流源,给 T_1 合适静态电流 I_{C3};对于交流信号,利用电流源作 T_1 的集电极电阻 R_c,可以有效提高电路的电压放大倍数。在第 2 章的讨论中可知,电压放大倍数正比于 R_L',其中 $R_L' = R_c // R_L$。由于 R_L 是负载电阻,其大小是确定的,但通过改变 R_c 的大小,就可以改变 R_L' 的大小,当 R_L 较大时,增大 R_c 则 R_L' 增大的效果更明显。由于电流源的动态电阻趋于无穷大,所以 $R_c // R_L \approx R_L$。

图 5.2.6 所示电路是带有源负载的差动放大电路,其中 T_1、T_2 对管是差动放大管,T_3、T_4 对管组成镜像电流源作为 T_1、T_2 的有源负载,其作用与图 5.2.5 中有源负载类似。T_5、T_6 对管及 R、R_{e6} 和 R_{e5} 组成的电流源电路,静态时为差动电路提供稳定的静态电流,由于 I_{C5} 电流恒定,动态时相当于在差动电路 T_1、T_2 的射极上接入充分大的电阻 R_e,该电阻对差模信号无影响,对共模信号产生很强的负反馈作用,起到抑制共模信号的作用。

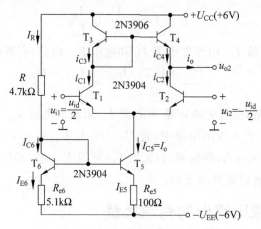

图 5.2.6　带有源负载的差动放大电路

5.3　差动放大电路

差动放大电路就其电路功能来说，是将放大电路两个输入端信号之差作为放大电路的输入信号，由于它在性能方面有许多优点，因而成为集成运放的主要组成单元。

5.3.1　双端输入-双端输出

1. 电路组成

图 5.3.1(a)所示是一个典型的长尾式差动放大电路，它是由两个特性相同的三极管 T_1、T_2 组成的结构对称，电路参数也对称的电路，即 $R_{c1} = R_{c2} = R_c$，$R_{b1} = R_{b2} = R_b$ 等。电路中有两个电源 $+U_{CC}$ 和 $-U_{EE}$，其大小相等。两管的发射极连接在一起并接一个阻值很大的电阻 R_e，由于信号从两管基极输入，从两管集电极输出，故称该电路为双端输入、双端输出的差动放大电路。图 5.3.1(b)是图 5.3.1(a)的等效电路，下面以图 5.3.1(b)为例分析该电路的工作原理，然后计算电路的主要技术指标。

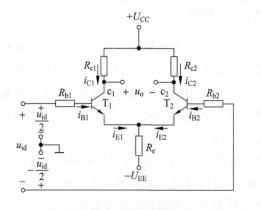

(a) 两管输入端加差模信号u_{id}

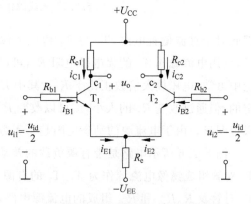

(b) 每管得到输入信号的一半且相位相反

图 5.3.1　基本差动放大电路

2．工作原理

1）静态分析

当没有输入信号电压，即 $u_{i1}=u_{i2}=0$ 时，电路的直流通路如图 5.3.2 所示，R_e 上的电流为 I_{E1} 和 I_{E2} 之和。

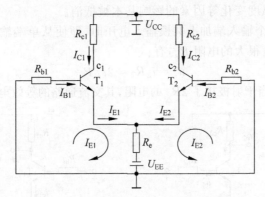

图 5.3.2　基本差动放大电路的直流通路

由于电路完全对称，有 $I_{B1}=I_{B2}=I_B$，$I_{E1}=I_{E2}=I_E$，$I_{C1}=I_{C2}=I_C$，因此只需讨论 T_1 管对应的电路，对 T_1 的输入回路列 KVL 方程，有

$$U_{EE}-U_{BE1}=I_{B1}R_{b1}+2I_{E1}R_e=\frac{I_{E1}}{1+\beta}R_{b1}+2I_{E1}R_e$$

考虑两管基极电流 I_B 远小于发射极电流 I_{E1}，且 R_e 的阻值也很大，上式中 R_{b1} 上的压降可忽略则有

$$I_{E1}=I_{E2}=\frac{U_{EE}-U_{BE1}}{2R_e+\dfrac{R_{b1}}{1+\beta}}\approx\frac{U_{EE}-U_{BE}}{2R_e}$$

如果忽略 U_{BE}，则有

$$I_{E1}=I_{E2}\approx\frac{U_{EE}}{2R_e} \tag{5.3.1a}$$

所以得到

$$I_{C1}=I_{C2}=I_C\approx I_{E1}=I_E \tag{5.3.1b}$$

对 T_1 的输出回路列 KVL 方程，有

$$U_{CE1}=U_{CC}+U_{EE}-I_{C1}R_c-2I_{E1}R_e\approx U_{CC}+U_{EE}-(R_c+2R_e)I_{C1}$$

即

$$U_{CE1}=U_{CE2}\approx U_{CC}+U_{EE}-(R_c+2R_e)I_C \tag{5.3.1c}$$

由式(5.3.1a)、式(5.3.1b)和式(5.3.1c)可以看出，由于 R_e 的阻值很大，T_1、T_2 的发射极与集电极的静态电流与 T_1、T_2 的参数几乎无关，所以当 T_1、T_2 的参数随温度变化时，T_1、T_2 的静态工作点基本稳定。

2）动态分析

(1) 对共模信号的抑制作用。当在图 5.3.1(b)所示差动放大电路两输入端加上大小相等，极性相同的输入信号(称为共模信号)时，有 $u_{i1}=u_{i2}=u_{ic}$，u_{ic} 称为共模输入信号。由于电路参数对称，T_1 管和 T_2 管中的对应电流相等，即两管的电流或电压是同时增加，或同时减小的,电路可等效为图 5.3.3(a),有 $i_{b1}=i_{b2}$,$i_{c1}=i_{c2}$,因此两管集电极电位也相等,即 $u_{o1}=u_{o2}$,这样输出电压 $u_o=u_{o1}-u_{o2}=0$。所以,在双端输出方式下,利用电路对称性可以抵消共模信号的影响,使共模放大倍数为零。在差动放大电路中,温度变化或电源电压的波动引起的变化对两管的影响是相同的,其效果相当于在两个输入端加入了共模信号 u_{ic},因此,只要是双端输出,温度变化等因素的影响基本被抵消。

另外,当电路的两个输入端加上共模输入电压时,即使从单端输出(从其中一个管的集电极输出),因为有阻值很大的电阻 R_e,有

$$u_e=i_3R_e=2i_{e1}R_e$$

即对每管而言,相当于射极接了 $2R_e$ 的电阻,其交流通路的等效电路如图 5.3.3(b)所示。

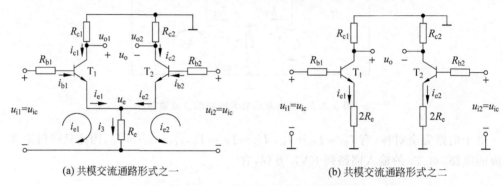

(a) 共模交流通路形式之一　　　(b) 共模交流通路形式之二

图 5.3.3　基本差动放大电路共模交流通路

由图 5.3.3(b)不难理解,对于共模信号 R_e 的接入,实质是引入了电流串联负反馈,它将抑制集电极电流的变化。当共模信号 u_{ic} 上升时,电路中电流、电压的变化过程如下:

可见,R_e 对共模输入信号起负反馈作用,对每个管子而言其反馈电阻为 $2R_e$,R_e 阻值越大,负反馈作用越强,抑制共模信号的能力也越强。

(2) 对差模信号的放大作用。在图 5.3.1(a)所示的差动放大电路两输入端间加入了差模信号电压 u_{id},则三极管 T_1 得到的信号为 $u_{i1}=\dfrac{u_{id}}{2}$、三极管 T_2 得到的信号 $u_{i2}=-\dfrac{u_{id}}{2}$,如图 5.3.1(b)所示。在差模信号电压作用下,一管电流增加,另一管电流减小。即电流变化大小相等,方向相反,两输出端的电压关系为:$u_{o1}=-u_{o2}$。所以在差模输入方式下,输出电压信号为 $u_{od}=u_{o1}-u_{o2}=2u_{o1}\neq0$,即差动放大电路能够放大差模输入信号。

(3) 若输入端分别加入任意信号,可将输入信号看成是差模信号与共模信号的叠加。若在差动放大电路两输入端分别加入不相等的输入信号 u_{i1} 和 u_{i2},则两输入端的输入信号 u_{i1} 和 u_{i2} 可用差模信号和共模信号表示,其差模信号为

$$u_{id}=u_{i1}-u_{i2} \tag{5.3.2}$$

共模信号为

$$u_{ic}=\dfrac{u_{i1}+u_{i2}}{2} \tag{5.3.3}$$

则两输入信号用差模和共模信号表示为

$$u_{i1} = u_{ic} + \frac{u_{id}}{2} \tag{5.3.4a}$$

$$u_{i2} = u_{ic} + \left(-\frac{u_{id}}{2}\right) \tag{5.3.4b}$$

上面分析说明,差动放大电路的任意输入信号都可按式(5.3.2)和式(5.3.3)分解为差模信号和共模信号,按式(5.3.4a)和式(5.3.4b)将输入信号表示为差模信号和共模信号的叠加。因此在后面只需要重点讨论差模信号输入和共模信号输入两种情况,然后根据叠加定理可求出任意输入信号下的输出电压

$$u_{o1} = u_{oc} + \frac{u_{od}}{2} \tag{5.3.5a}$$

$$u_{o2} = u_{oc} - \frac{u_{od}}{2} \tag{5.3.5b}$$

在双端输出时

$$u_o = u_{o1} - u_{o2} = u_{od} \tag{5.3.6}$$

式(5.3.6)说明双端输出差动放大电路只放大差模信号,而抑制共模信号。

3. 主要性能指标的计算

1) 差模电压放大倍数

在图 5.3.1(b)所示电路中,输入为差模方式,即 $u_{i1} = -u_{i2} = \frac{u_{id}}{2}$,则因一管的电流增加,另一管的电流减小,在电路完全对称的条件下,i_{e1} 的增加量等于 i_{e2} 的减小量,即 $i_{e1} = -i_{e2}$,则流过电阻 R_e 的交流电流为

$$i_e = i_{e1} + i_{e2} = 0$$

则电阻 R_e 的交流电压 $u_e = 0$,相当于 e 点接地,故交流通路如图 5.3.4(a)所示。

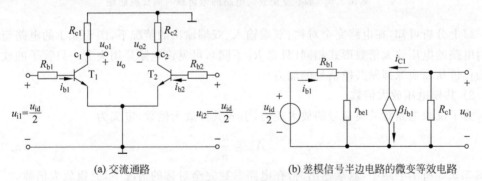

(a) 交流通路   (b) 差模信号半边电路的微变等效电路

图 5.3.4 长尾差动放大电路的空载等效电路

输入差模信号时的电压放大倍数称为差模电压放大倍数,记为 A_{ud},定义为

$$A_{ud} = \frac{u_o}{u_{id}} \tag{5.3.7}$$

式中的 u_o 是在差动放大电路两输入端加差模信号 u_{id} 作用下的输出电压。

由图 5.3.4(a)可知 T_1、T_2 构成对称的共射电路,为便于分析可画出对差模信号的半边电路的等效电路如图 5.3.4(b)所示。由该等效电路可知

$$u_{i1} = \frac{u_{id}}{2} = i_{b1}(R_{b1} + r_{be1})$$

$$u_{o1} = -i_{c1}R_{c1} = -\beta i_{b1}R_{c1}$$

双端输出时,其差模电压放大倍数为

$$A_{ud} = \frac{u_o}{u_{id}} = \frac{u_{o1} - u_{o2}}{u_{i1} - u_{i2}} = \frac{2u_{o1}}{2u_{i1}} = \frac{-\beta i_{b1}R_{c1}}{i_{b1}(R_{b1} + r_{be1})} = -\frac{\beta R_c}{R_b + r_{be}} \tag{5.3.8}$$

由式(5.3.8)可看出：双端输出差模电压放大倍数与将 u_{id} 加在单管共射放大电路的电压放大倍数相同。

当集电极 c_1、c_2 两点间接入负载电阻 R_L 时,电路如图 5.3.5 所示。当电路输入的是差模信号时,c_1 和 c_2 点的电位向相反的方向变化,一边增量为正,另一边增量为负,且大小相等,即负载电阻 R_L 的中点电位不变,可视为地电位,其负载电阻是 $R_L/2$,有

$$A'_{ud} = -\frac{\beta R'_L}{r_{be} + R_b} \tag{5.3.9}$$

其中,$R'_L = R_c /\!/ \dfrac{R_L}{2}$ 。

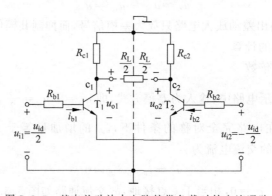

图 5.3.5　基本差动放大电路的带负载时的交流通路

综上分析可知,在电路完全对称、双端输入、双端输出的情况下,图 5.3.1 的电路与单级共射电路的电压放大倍数形式相同(只是 R'_L 不同),可见该电路是用失去一只管子的放大倍数为代价从而换取抑制共模信号的能力。

2) 共模电压放大倍数

为了反映电路对共模信号的放大能力,引入共模放大倍数,定义为

$$A_{uc} = \frac{u_{oc}}{u_{ic}} \tag{5.3.10}$$

在图 5.3.3 所示电路中,双端输出时,在电路参数完全对称的情况下,共模放大倍数

$$A_{uc} = \frac{u_{oc}}{u_{ic}} = \frac{u_{oc1} - u_{oc2}}{u_{ic}} = 0 \tag{5.3.11}$$

实际上,要达到电路完全对称是不可能的,但即使这样,由于 R_e 对共模信号形成负反馈,只要 R_e 足够大,仍有 $A_{uc} \to 0$,因此这种电路抑制共模信号的能力是很强的。

3) 共模抑制比 K_{CMRR}

为了说明差动放大电路抑制共模信号的能力,常用共模抑制比来衡量,其定义为放大电路差模信号的电压放大倍数 A_{ud} 与共模信号的电压放大倍数 A_{uc} 之比的绝对值,即

$$K_{CMRR} = \left| \frac{A_{ud}}{A_{uc}} \right| \tag{5.3.12}$$

由此可见,差模电压放大倍数越大,共模电压放大倍数越小,则抑制共模信号的能力越强,放大电路的性能越优良,共模抑制比是衡量差动放大电路的一项重要的技术指标,因此希望共模抑制比 K_{CMRR} 的值越大越好。共模抑制比有时也用分贝(dB)来表示,即

$$K_{CMRR} = 20\lg \left| \frac{A_{ud}}{A_{uc}} \right| \, dB \tag{5.3.13}$$

差动放大电路中若电路完全对称,如由双端输出,则共模电压放大倍数 $A_{uc} = 0$,其共模抑制比在理想情况下为无穷大。

4) 差模输入电阻

差模输入电阻 r_{id} 是差动放大器对差模信号源呈现的输入等效电阻,其值为

$$r_{id} = \frac{u_{id}}{i_b} \tag{5.3.14}$$

对图 5.3.4(a)所示电路,差模输入电阻为

$$r_{id} = 2(R_b + r_{be})$$

5) 输出电阻

输出电阻 r_o 是差动放大电路对于负载 R_L 而言的等效戴维南电路的内电阻。对于图 5.3.5 所示电路,差动放大器输出电阻为

$$r_o = 2R_c \tag{5.3.15}$$

5.3.2 差动放大电路的四种接法

在图 5.3.1(a)所示电路中,输入端和输出端均没有接地点,称为双端输入-双端输出电路,在实际应用中,常需要将信号源一端接地,称为单端输入。或从差放电路的一个输出端接负载或电阻,称为单端输出。因此,根据输入端和输出端接地情况不同,除了双端输入-双端输出外,还有双端输入-单端输出,单端输入-双端输出和单端输入-单端输出共四种接法。下面介绍其他三种接法的电路特点和性能指标的计算。

1. 双端输入-单端输出

如图 5.3.6 所示电路,其输出电压取自其中一管的集电极(u_{o1} 或 u_{o2}),则称单端输出,由于负载电阻 R_L 的一端接 T_1 管的集电极,所以负载电压只反映 T_1 管的集电极电压的变化量。

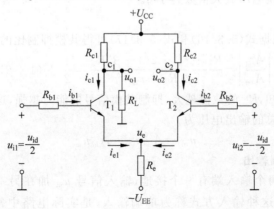

图 5.3.6 双端输入-单端输出差动放大电路

1）差模电压放大倍数、输入电阻、输出电阻

当信号从 T_1 的集电极输出，这时的电压放大倍数只有双端输出的一半，即

$$A_{\mathrm{ud}} = \frac{u_{\mathrm{o1}}}{u_{\mathrm{id}}} = \frac{u_{\mathrm{o1}}}{2u_{\mathrm{i1}}} = -\frac{1}{2} \times \frac{\beta R'_{\mathrm{L}}}{r_{\mathrm{be}} + R_{\mathrm{b}}} \tag{5.3.16}$$

当信号从 T_2 的集电极输出时，电压放大倍数的计算只需将式（5.3.16）中的负号去掉即可。需要指出的是，要注意式（5.3.16）中 R'_{L} 的含义：当空载（不接 R_{L}）时，$R'_{\mathrm{L}} = R_{\mathrm{c}}$；当电路接有负载 R_{L} 时，$R'_{\mathrm{L}} = R_{\mathrm{c}} /\!/ R_{\mathrm{L}}$，而双端输出中，$R'_{\mathrm{L}} = R_{\mathrm{c}} /\!/ \dfrac{R_{\mathrm{L}}}{2}$。

因电路的输入回路没有变，所以输入电阻

$$r_{\mathrm{i}} = 2(R_{\mathrm{b}} + r_{\mathrm{be}})$$

电路的输出电阻

$$r_{\mathrm{o}} = R_{\mathrm{c}}$$

2）共模电压放大倍数

当接入共模信号 $u_{\mathrm{i1}} = u_{\mathrm{i2}} = u_{\mathrm{ic}}$ 时，流过电阻 R_{e} 的电流为 $2i_{\mathrm{e1}}$，对每管而言，相当发射极接入 $2R_{\mathrm{e}}$ 的电阻，其交流通路如图 5.3.7 所示。

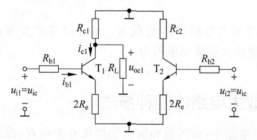

图 5.3.7 双端输入-单端输出在共模输入时的交流通路

单端输出的共模电压放大倍数表示两个集电极任一端对地的共模输出电压与共模输入信号之比，由图 5.3.7 可知

$$A_{\mathrm{uc}} = A_{\mathrm{uc1}} = A_{\mathrm{uc2}} = \frac{u_{\mathrm{oc1}}}{u_{\mathrm{ic}}} = \frac{u_{\mathrm{oc2}}}{u_{\mathrm{ic}}} = \frac{-\beta(R_{\mathrm{c}} /\!/ R_{\mathrm{L}})}{R_{\mathrm{b}} + r_{\mathrm{be}} + (1+\beta)2R_{\mathrm{e}}} \tag{5.3.17}$$

由式（5.3.17）可见，只要 R_{e} 充分大，即使从单端输出（即不通过两管对共模电压的抵消作用），仍可以使共模电压放大倍数趋于 0。

3）共模抑制比

从单端输出时，根据式（5.3.16）和式（5.3.17）可得共模抑制比的表达式为

$$K_{\mathrm{CMRR}} = \left| \frac{A_{\mathrm{ud}}}{A_{\mathrm{uc}}} \right| = \frac{R_{\mathrm{b}} + r_{\mathrm{be}} + 2(1+\beta)R_{\mathrm{e}}}{2(R_{\mathrm{b}} + r_{\mathrm{be}})} = \frac{1}{2} + (1+\beta)\frac{R_{\mathrm{e}}}{R_{\mathrm{b}} + r_{\mathrm{be}}} \tag{5.3.18}$$

由式（5.3.18）可知，R_{e} 的数值越大，抑制共模信号的能力越强，这与前面分析的结论是一致的。单端输出时总的输出电压为

$$u_{\mathrm{o1}} = A_{\mathrm{ud}} u_{\mathrm{id}} + A_{\mathrm{uc}} u_{\mathrm{ic}} \tag{5.3.19}$$

2. 单端输入-双端输出

图 5.3.1（b）中，两个输入端有一个接地，输入信号 u_{id} 加在另一输入端，令 $u_{\mathrm{i1}} = u_{\mathrm{id}}$，$u_{\mathrm{i2}} = 0$，就可以实现。这种输入方式称为单端输入，是实际电路中常用的一种输入方式。图 5.3.8 是单端输入时的交流通路。

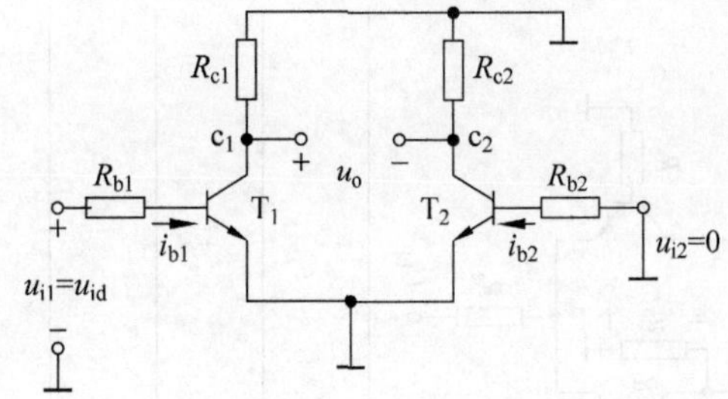

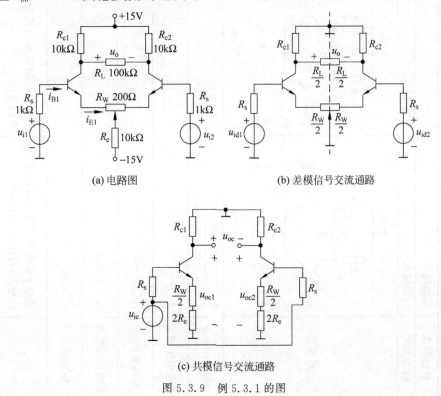

图 5.3.8 单端输入差动放大电路的交流通路

由图 5.3.8 可见,电路差模信号 $u_{id} = u_{i1} - 0 = u_{i1}$,即每管得到的信号为 u_{i1} 的一半,且相位相反与双端输入效果相同。

因此单端输入-双端输出的分析方法与双端输入-双端输出类同。对于差模输入信号而言,单端输入就可以等效为双端输入的情况,所以,双端输入-双端输出电路的结论均适用于单端输入-双端输出的电路,这里不再赘述。

3. 单端输入-单端输出

从上面讨论可见,采用单端输入时,各三极管得到的信号与采用双端输入时效果是相同的。因此,双端输入-单端输出的分析方法对单端输入-单端输出完全适用。

现将四种典型电路的性能指标和用途归纳为表 5.3.1,以便比较和应用。

例 5.3.1 在图 5.3.9(a)所示的差动放大电路中,为了克服两管参数的差异,使两管输入电压为零时,输出电压也为零,加入了调零电位器 R_W。已知 $\beta_1 = \beta_2 = 150$,$U_{BE1} = U_{BE2} = 0.7V$,且 $r_{bb'} = 200\Omega$,其他参数如图所示。

(a) 电路图

(b) 差模信号交流通路

(c) 共模信号交流通路

图 5.3.9 例 5.3.1 的图

表 5.3.1　四种典型的差分放大电路的性能指标

	双端输出		单端输出	
	双端输入	单端输入	双端输入	单端输入
电路模型	（电路图）	（电路图）	（电路图）	（电路图）
差模电压增益	$A_{ud} = \dfrac{-\beta(R_c/\!/R_L/2)}{R_b + r_{be}}$		$A_{ud} = \dfrac{\beta(R_c/\!/R_L)}{2(R_b + r_{be})}$	
共模电压增益	$A_{uc} \to 0$		$A_{uc} = \dfrac{-\beta(R_c/\!/R_L)}{R_b + r_{be} + (1+\beta)2R_e}$	
共模抑制比	$K_{CMRR} \to \infty$		$K_{CMRR} \approx \dfrac{1}{2} + (1+\beta)\dfrac{R_e}{R_b + r_{be}}$	
差模输入电阻	$r_{id} = 2(R_b + r_{be})$			
输出电阻	$r_o = 2R_c$		$r_o = R_c$	
用途	适应于输出不需要一端接地，对称输入、对称输出的场合	适应于单端输入转换为双端输出的场合	适应于双端输入转换为单端输出的场合	适应于双端输入、输出电路均需要有一端接地的电路中

（1）求差模输入电阻 r_{id}、输出电阻 r_o 及差模电压增益 A_{ud}；

（2）求共模电压增益 A_{uc} 以及共模抑制比 K_{CMRR}。

解 计算时，为方便起见，假定调零电位器 R_W 的动端在中点位置时，电路对称，对直流偏置电路 $u_{i1} = u_{i2} = 0$，则

$$U_{EE} - U_{BE} = I_{B1}R_S + I_{E1} \times \frac{R_W}{2} + 2I_{E1}R_e \approx I_{E1} \times \frac{R_W}{2} + 2I_{E1}R_e$$

$$I_{E1} \approx \frac{U_{EE} - U_{BE}}{\dfrac{R_W}{2} + 2R_e} = \frac{14.3}{0.1 + 20}(\text{mA}) = 0.71(\text{mA})$$

$$r_{be1} = r_{bb'} + (1 + \beta)\frac{26(\text{mV})}{I_{E1}(\text{mA})}$$

$$= \left[200 + 151 \times \frac{26}{0.71}\right]\Omega \approx 5730\Omega = 5.73\text{k}\Omega$$

（1）求差模微变等效电路及性能指标：由于电路完全对称，在差模信号作用下，T_1、T_2 两管集电极电位一个上升，另一个下降，且变化量值相等，则负载 R_L 的中点为交流"地"电位，电阻 R_e 中电流为零，R_e 两端可以看成短接，差模信号下的交流通路如图 5.3.9(b)所示，有

$$r_{id} = 2\left[R_s + r_{be} + (1 + \beta)\frac{R_W}{2}\right]$$

$$= 2\left[1 + 5.73 + 151 \times \frac{0.2}{2}\right]\text{k}\Omega = 43.66\text{k}\Omega$$

双端输出时的差模输出电阻

$$r_o = 2R_c = 2 \times 10\text{k}\Omega = 20\text{k}\Omega$$

双端输出时的差模电压增益

$$A_{ud} = \frac{-\beta\left(R_c \parallel \dfrac{R_L}{2}\right)}{R_s + r_{be} + (1 + \beta)\dfrac{R_W}{2}}$$

$$= \frac{-150 \times (10 \parallel 50)\text{k}\Omega}{[1 + 5.73 + 151 \times 0.1]\text{k}\Omega} = -57$$

（2）求共模等效电路及性能指标：R_L 断开，在共模输入信号作用下，电路对称，两管集电极电位变化量相等、极性相同，射极电阻 R_e 折合到每管射极回路上的电阻值为 $2R_e$，便可得出共模信号交流通路如图 5.3.9(c)所示。

双端输出时的共模电压增益

$$A_{uc} = \frac{u_{oc}}{u_{ic}} = \frac{u_{oc1} - u_{oc2}}{u_{ic}} = 0$$

双端输出时的共模抑制比

$$K_{CMRR} = \frac{A_{ud}}{A_{uc}} \to \infty$$

例 5.3.2 在上例图 5.3.9(a)中，当负载 R_L 接在 T_2 的集电极和地之间如图 5.3.10 所示，求：

（1）差模输入电阻 r_{id}，输出电阻 r_o 及差模电压增益 A_{ud}；

（2）共模电压增益 A_{uc} 以及共模抑制比 K_{CMRR}。

解 （1）图 5.3.10 所示电路是双端输入，单端输出方式，因此差模输入电阻的值与上例相同。单端输出，其输出电阻与双端输出不同，其值为

$$r_{o(单)} = R_c = 10k\Omega$$

单端输出差模电压增益为

$$A_{ud} = A_{ud2} = \frac{1}{2} \frac{\beta(R_c /\!/ R_L)}{R_s + r_{be} + (1+\beta)\dfrac{R_w}{2}}$$

$$= \frac{1}{2} \frac{150 \times (10 /\!/ 100)k\Omega}{[1 + 5.73 + 151 \times 0.1]k\Omega} = 31.23$$

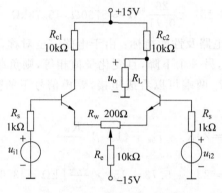

图 5.3.10　例 5.3.2 的图

计算表明，当电路接有相同负载时，双端输出的电压增益不是单端输出的两倍，因为双端输出时，半边等效电路的负载为 $R_L/2$；调零电阻 R_w 数值虽小，但对差模输入电阻和差模电压增益影响很大。

（2）共模电压增益为

$$A_{uc2} = \frac{u_{oc2}}{u_{ic}} = \frac{-\beta(R_c /\!/ R_L)}{R_s + r_{be} + (1+\beta)\left(\dfrac{R_w}{2} + 2R_e\right)}$$

因为

$$2R_e \gg \frac{R_w}{2}, \quad (1+\beta)2R_e \gg R_s + r_{be}$$

所以

$$A_{uc2} \approx -\frac{R_c /\!/ R_L}{2R_e} = -\frac{(10 /\!/ 100)k\Omega}{2 \times 10k\Omega} = -0.45$$

共模抑制比为

$$K_{CMRR} = \left| \frac{A_{ud2}}{A_{uc2}} \right| = \frac{31.23}{0.45} = 69.4$$

5.3.3　恒流源差动放大电路

在差动放大电路中，增大发射极电阻 R_e 的阻值，能有效地抑制电路的温漂，提高电路的共模抑制比。这一点对单端输出电路更为重要，然而，要使 R_e 做得足够大是不现实的，

由于半导体工艺条件的限制,在集成电路中电阻不可能做得很大,而且,即使R_e做得很大,若电源电压不加大,则三极管T_1和T_2的动态范围会减小,为使T_1和T_2得到一定的工作电流和较大的动态范围,只有加大电源电压,但电源电压太高也不安全。因此,可以考虑用由三极管放大电路组成的恒流源电路代替电阻R_e,具有恒流源的差动放大电路如图5.3.11(a)所示。当三极管T_3工作在放大区时,具有恒流源特性,即当u_{CE}在较大的范围内变化时,集电极电流i_C基本不变,如图5.3.11(b)所示。

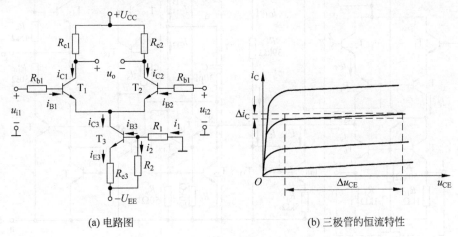

(a) 电路图   (b) 三极管的恒流特性

图5.3.11 具有恒流源差动式放大电路

在图5.3.11(a)中,R_1、R_2、R_{e3}和T_3组成工作点稳定电路。静态时,只要让T_3工作在放大区,i_{C3}就是恒定的。当温度变化时,T_3的发射极电位和发射极电流也基本保持稳定,而T_1、T_2的集电极电流i_{C1}和i_{C2}之和近似等于i_{C3},所以i_{C1}和i_{C2}将不会因温度的变化而同时增大或减小。可见,接入T_3后,共模信号得到了抑制。

由于T_3表现出很大的动态电阻,相当于阻值很大的电阻R_e,对共模信号起负反馈作用,从而抑制共模信号的放大。但对差模信号,该电阻不起作用,对差模电压放大倍数没有影响,所以恒流源式差动放大电路的交流通路与带R_e电阻的差动放大电路完全相同,因而两者的差模放大倍数A_{ud}、差模输入电阻r_{id}、输出电阻r_o也相同。

5.4 集成运算放大器介绍

5.4.1 通用型集成运算放大器

集成运算放大器(运算放大器常简称为运放)是一种高放大倍数、高输入电阻、低输出电阻的直接耦合放大电路。集成运算放大器的种类很多,为了方便将其分为集成运算放大器和特殊用途集成运算放大器两种类型,前者能满足一般应用要求;后者则在前者的基础上在电路上加以改进,使其某些特性比较突出,以适应某些特殊需求。

本节以通用741型集成运算放大器作为模拟集成电路的典型例子介绍集成运算放大器的基本组成及其基本工作原理。

741型集成运算放大器的原理电路如图5.4.1所示,它由偏置电路、输入级、中间级和输出级四个基本组成部分。图中各引出端所标的数字为集成电路741的管脚编号。它有八

个管脚,其中②端为反相端,③端为同相端,⑥端为输出端,⑦端和④端分别接正、负电源,
①端和⑤端之间接调零电位器。

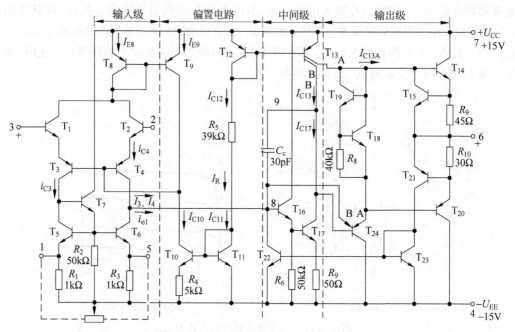

图 5.4.1 741 型集成运算放大器原理电路

1. 偏置电路

741 集成电路的偏置电路由图 5.4.1 中的 $T_8 \sim T_{13}$ 和电阻 R_4、R_5 等元件组成。其中基准电流 I_R 是由 $+U_{CC} \rightarrow T_{12} \rightarrow R_5 \rightarrow T_{11} \rightarrow -U_{EE}$ 构成的主偏置电路决定的。图中 T_{11} 和 T_{10} 组成微电流源 ($I_R \gg I_{C10}$),由 I_{C10} 提供 T_9 的集电极电流和 T_3、T_4 的基极电流之和 I_{34};T_8、T_9 为镜像电流源,为第一级提供工作点电流。

T_{12}、T_{13} 构成双端输出的镜像电流源,T_{13} 是一个双集电极的可控电流横向三极管,可视为两个三极管,它们的两个集电极并联。一路输出为 I_{C13B} 供给中间级 T_{16}、T_{17} 的偏置电流;另一路输出为 I_{C13A} 供给输出级偏置电流。

2. 输入级

输入级由 $T_1 \sim T_6$ 组成的差动放大电路构成,T_1、T_3 和 T_2、T_4 组成的共集-共基复合差分电路,电路两边参数对称很好。纵向 NPN 管 T_1、T_2 接成共集电极电路有利于提高输入电阻,而横向 PNP 管 T_3、T_4 组成的共基电路和 T_5、T_6、T_7 组成差动放大电路的有源负载,有源负载的动态电阻高可提高输入级的电压放大能力。输入信号从 T_1 和 T_2 的基极输入,从 T_4 的集电极输出。因此,该集成运算放大电路的输入级是一个输入电阻大、对温漂和共模信号抑制能力强,而且有较强的电压放大能力。

3. 中间级

中间级由 T_{16} 和 T_{17} 组成复合管共射极放大电路,集电极电阻由 T_{13B} 组成的有源负载构成,其交流电阻 r_{ce13} 很大,故可获得很高的电压增益,同时也具有较高的输入电阻。

4. 输出级

输出级由 T_{14}、T_{20} 和 T_{18}、T_{19} 组成的互补推挽放大电路(其具体的电路工作原理将在

功率放大器中介绍),它具有输入电阻大、输出电阻小,非线性失真小、动态范围大、能输出较大的功率等特点。T_{24}接成共集电极电路,它具有高输入电阻和低输出电阻,可减少输出级对中间级输出电压的影响。另外,在图 5.4.1 中输出级还有过流保护电路,一旦输出电流超出额定值,保护电路会起作用限制电流,以免运放因过流而损坏。

5.4.2　集成运算放大器的电路符号和电路模型

在集成运算放大器的实际应用中,集成运放被作为一个独立的器件看待,在保证集成运放能正常工作的前提下,人们更关心的不是其内部工作原理,而是它各端钮与外电路的关系及其外特性。在电路中常忽略集成运放的内部结构将其抽象为一个方框(国家标准规定的符号)或三角形符号(国内外常用的符号),图 5.4.2 中所示的是集成运放 741 的电路符号,用此电路符号表示集成运放的外部接线很方便。

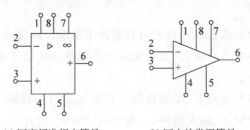

(a) 国家标准规定符号　　　(b) 国内外常用符号

图 5.4.2　集成运放 741 的电路符号

在集成运放 μA741 的运放输入级加一调零电位器,即在调零端第 1 引脚与第 5 引脚之间外加调零电位器,调零电位器可使输入电压为零时,输出电压也为零,电路如图 5.4.3 所示。

在实际对运放应用电路的功能分析中,通常省略直流电源和调零电路部分,将运放简化为一个 3 端元件,如图 5.4.4 所示。图中运放有两个输入端和一个输出端,三端的电位分别用 U_+、U_-、U_o 表示。P 端称为同相输入端,在图中标有"+"号,意为在同相输入端加信号时,在输出端得到的输出信号 U_o 与它同相;N 端称为反相输入端,在图中标有"−"号,意为在反相输入端加信号时,在输出端得到的输出信号 U_o 与它反相。图 5.4.4(a)是国家标准规定的符号,图 5.4.4(b)是国内外常用的符号。两种符号中的 ▷ 表示信号从左(输入端)向右(输出端)传输的方向。本书采用图 5.4.4(a)的符号。

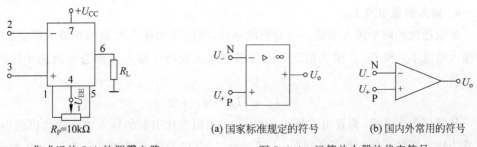

图 5.4.3　集成运放 741 的调零电路　　　　　(a) 国家标准规定的符号　　　(b) 国内外常用的符号

图 5.4.4　运算放大器的代表符号

5.4.3　集成运放的主要性能指标

为了能正确地选择和使用集成运算放大器，就必须正确的理解集成运算放大器的各种参数的含义，这些参数反映在运算放大器性能指标上，评价集成运放的指标很多，现将主要指标的含义介绍如下。

1．开环差模电压放大倍数 A_{od}

它是指集成运放工作在线性区，且无外加负反馈回路的情况下的差模电压放大倍数，即

$$A_{od} = \frac{U_o}{U_{id}} \tag{5.4.1}$$

对于集成运放而言，希望开环差模电压放大倍数 A_{od} 大且稳定，目前高增益集成运放的 A_{od} 可以高达 10^7 甚至更高，理想集成运放认为 A_{od} 为无穷大。

2．最大输出电压 U_{opp}

最大输出电压是指集成运放在特定负载条件下能输出的最大不失真电压的幅值。该值通常与供电电源电压的大小有关，一般其幅值比电源电压的幅值小 $1\sim2V$。

3．差模输入电阻 r_{id}

集成运放的差模输入电阻 r_{id} 是运放的反相输入端与同相输入端对差模信号源呈现的输入等效电阻。通常希望 r_{id} 越大越好，一般集成运放 r_{id} 为几百千欧至几兆欧，为获得大的输入电阻常常采用场效应管做输入级。对于理想运放 r_{id} 被视为无穷大。

4．共模抑制比 K_{CMRR}

共模抑制比 K_{CMRR} 反映了集成运放对共模输入信号的抑制能力，其定义同差动放大电路。该指标是越大越好。一般通用型运放的共模抑制比 K_{CMRR} 为 $80\sim120dB$，高精度运放的共模抑制比 K_{CMRR} 可达为 $140dB$，理想的集成运放的 K_{CMRR} 被视为无穷大。

5．输入失调电压 U_{IO}

一个理想的集成运放，当输入电压为零时，输出电压也应为零（不加调零装置）。但实际上它的差动输入级很难做到完全对称，所以通常在输入电压为零时，存在一定的输出电压。在室温（25℃）及标准电源电压下，输入电压为零时，为了使集成运放的输出电压为零，在输入端加的补偿电压叫作失调电压 U_{IO}。实际上指输入电压 $U_i=0$ 时，输出电压 U_o 折合到输入端的电压的负值，即 $U_{IO} = -(U_o|_{U_i=0})/A_{od}$。$U_{IO}$ 越小，说明电路的对称程度越好，集成运放的性能越好，一般约为 $1\sim10mV$。

6．输入偏置电流 I_{IB}

集成运放的两个输入端是差动对管的基极，因此反相输入端和同相输入端总需要一定的输入电流 I_{B-} 和 I_{B+}。输入偏置电流是指集成运放两个输入端静态电流的平均值，偏置电流为

$$I_{IB} = (I_{B-} + I_{B+})/2 \tag{5.4.2}$$

从使用角度来看，偏置电流越小，因信号源内阻变化引起的输入电压变化也越小。以三极管为输入级的运放一般为 $10nA\sim1\mu A$；采用 MOS 管输入级的运放 I_{IB} 在 pA 数量级。

7．输入失调电流 I_{IO}

在三极管集成运放中，输入失调电流 I_{IO} 是指当输入信号源电压为零时流入输入级同

相端与反相输入端的静态基极电流之差,即

$$I_{\mathrm{IO}} = | I_{\mathrm{B+}} - I_{\mathrm{B-}} |_{U_{\mathrm{i}} = 0} \tag{5.4.3}$$

当信号电压为零时,由于信号源内阻的存在,I_{IO} 流过信号源内阻就会在两输入端上产生电压降,该电压降相当于在两输入端上加上了差模电压信号,从而使放大器输出电压不为零。所以,在集成运放的选择时希望 I_{IO} 越小越好,它反映了输入级差分对管的不对称程度,一般约为 $1\mathrm{nA} \sim 0.1\mu A$。

8. 温度漂移

温度漂移是指输入失调电压 U_{IO} 和输入失调电流 I_{IO} 随温度的漂移所引起输入失调电压温漂和输入失调电流温漂。故常用输入失调电压温漂 $\Delta U_{\mathrm{IO}}/\Delta T$ 和输入失调电流温漂 $\Delta I_{\mathrm{IO}}/\Delta T$ 来表示。它们分别是 U_{IO} 和 I_{IO} 的温度系数,是衡量运放温漂的重要指标。其值越小,表明运放的温漂越小。它不能用外接调零装置的办法来补偿。

除了上述参数外,还有输出电阻 r_o、电源参数(电源电压 U_{CC}、$-U_{\mathrm{EE}}$ 的范围等)和功耗 P_{CO} 等,这些参数的含义在前面各节已经介绍过,至于其他参数,可查有关文献,这里不再赘述。

5.4.4 集成运放的电路模型和电压传输特性

1. 集成运放的电路模型

集成运放作为一个独立的电子器件出现在电子线路中,在进行电路分析时需要建立合理的电路模型。低频情况下,如果只讨论对信号的线性放大作用,而不考虑偏置电流 I_{IB}、失调电流 I_{IO}、失调电压 U_{IO}、温漂和共模放大倍数 $A_{\mathrm{uc}}(A_{\mathrm{uc}} \ll A_{\mathrm{ud}})$ 的影响,即只考虑差模信号的线性放大,根据电路理论的知识易知,其输入端口对差模信号源而言可等效为输入电阻 r_i;其输出端口对连接在输出端口的负载而言可等效为由差模输出电压 $A_{\mathrm{od}}u_{\mathrm{id}}$ 构成的受控电压源和输出电阻 r_o 串联的戴维南等效电路,如图 5.4.5 所示。

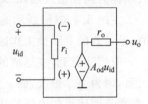

电路模型中的开环电压放大倍数 A_{od} 的值较高,通常可高达 10^6,甚至更高。输入电阻 r_i 为 10^6 或更高,而输出电阻 r_o 值较小,通常为 100Ω 或更低,A_{od}、r_i 和 r_o 由运放内部电路所确定。

图 5.4.5 集成运放简化低频等效电路

2. 集成运放的电压传输特性

集成运放的输入电压 u_+、u_- 和 u_o 的规定如图 5.4.6(a)所示,输出电压 u_o 与差模输入电压 $u_{\mathrm{id}} = (u_+ - u_-)$ 之间的关系曲线称为电压传输特性,即

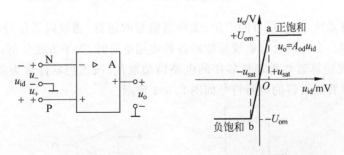

(a) 集成运放输入输出电压　　　(b) 集成运放的电压传输特性

图 5.4.6 集成运放的电压传输特性说明

$$u_o = f(u_{id}) \tag{5.4.4}$$

集成运放的电压传输特性如图 5.4.6(b)所示。从图 5.4.6(b)所示集成运放的电压传输特性曲线中可以看出输出电压 u_o 不能超越正、负电压 $+U_{om}$、$-U_{om}$，该正、负电压称为集成运放的正、负饱和电压值，其值不会超越正、负电源($+U_{CC}$、$-U_{EE}$)值。实际运放的输出电压 u_o 的变化范围，往往低于 $+U_{om}$ 而又高于 $-U_{om}$，由集成运放的电压传输曲线，可将运放的工作区分为如下三个：

当 $-u_{sat} < u_{id} < +u_{sat}$ 时，运放工作在线性区

$$u_{od} = A_{od} u_{id} \tag{5.4.5}$$

即

$$u_{od} = A_{od}(u_+ - u_-) \tag{5.4.6}$$

当 $u_{id} < -u_{sat}$ 时，运放工作在负饱和区

$$u_{od} = -U_{om} \tag{5.4.7}$$

当 $u_{id} > +u_{sat}$ 时，运放工作在正饱和区

$$u_{od} = +U_{om} \tag{5.4.8}$$

图 5.4.6(b)所示特性曲线上 ab 段为运放的线性工作区，A_{od} 为 ab 直线段的斜率，因 A_{od} 很大，所以 ab 直线段几乎是一条垂直线，所跨越的范围为线性区。如图 5.4.6(a)中运放的反向输入端接地，即 $u_- = 0$，信号从同相输入端输入，由式(5.4.6)知，则有 $u_{od} = A_{od} u_+$，输出电压与同相输入端输入电压 u_+ 同相，当运放的同向输入端接地，即 $u_+ = 0$，信号从反相输入端输入，则有 $u_{od} = -A_{od} u_-$，输出电压与反相输入电压 u_- 反相，这就是 u_+ 对应的运放输入端称为同相输入端，u_- 对应的运放输入端称为反相输入端的原因。

在图 5.4.6(b)所示的电压传输特性中，上、下两条水平线分别表示输出电压正、负饱和值，是运放的非线性工作区，又称限幅区。

应当注意到，在运放的线性工作区中，式(5.4.5)表示输出电压与差模输入电压之间的关系，因为 A_{od} 很大，而 u_{od} 的幅值不会超过正、负饱和电压值。因此输入电压 u_{id} 必须很小（常常是微伏级的电压），才能保证运放要工作在线性区，否则就会进入正、负饱和区。后面将要讨论到，为使由集成运放所组成的各种应用电路能稳定的工作在线性区，必须引入负反馈。

5.5 理想运算放大器

在电子信息系统中，从信号的产生、变换到信号的运算、滤波以及信号的提取都离不开集成运放的应用。在分析含有集成运放的各种实用电路时，为了方便分析，在误差允许的情况下常常将集成运算近似用理想器件的电路模型取代，该理想器件称为理想运算放大器。在电路中理想运算放大器的电路符号如图 5.5.1 所示。

图 5.5.1　理想运算放大器电路符号

5.5.1 理想运算放大器的技术指标

由 5.4.4 节中图 5.4.6(b)所示的集成运放的电压传输特性可知,线性区 ab 段斜度很大,几乎是一条垂直线,同时考虑到运放的输入电阻值很高,而它的输出电阻值又很小,因此集成运放理想化指标如下:

开环放大倍数 $A_{od} \to \infty$

差模输入电阻 $r_{id} \to \infty$

输出电阻 $r_o \approx 0$

共模抑制比 $K_{CMRR} \to \infty$

输入失调电流 I_{IO}、输入偏置电流 I_{IB}、输入失调电压 U_{IO} 均为零,等等。

5.5.2 理想运算放大器工作在线性区的特点

1. 在线性区存在"虚短"

理想运放的开环放大倍数 $A_{od} \to \infty$,$r_o \approx 0$。因为输出电压 u_o 为有限值,由式(5.4.5)有

$$u_{id} = (u_+ - u_-) = \frac{u_{od}}{A_{od}} \approx 0$$

可推出

$$u_+ \approx u_- \tag{5.5.1}$$

式(5.5.1)表明理想运放两输入端的电位相等即 $u_+ \approx u_-$,但又不是真正的短路,故称为"虚短"。理想运放两输入端"虚短"是理想运放工作在线性的重要性质,也是分析和计算理想运放线性应用的重要依据。

2. 在线性区存在"虚断"

理想运放的差模输入电阻 $r_{id} \to \infty$。所以

$$i_+ = i_- = \frac{u_+ - u_-}{r_{id}} = \frac{u_{id}}{r_{id}} \to 0$$

即

$$i_+ = i_- \approx 0 \tag{5.5.2}$$

式(5.5.2)表明,运放两输入端电流近似为零,相当于断路,但又不是真正的断开,故称为"虚断"。

应当指出,应用"虚短"和"虚断"两个重要概念,对于分析运放工作在线性区的应用电路将十分简便,很容易求出输出信号与输入信号的关系。值得注意的是,由于运放的 $A_{od} \to \infty$,而容易导致电路性能不稳定,为使集成运放所组成的各种应用电路能稳定地工作在线性区,必须引入深度负反馈,以减小加在运放输入端的净输入电压。运放的线性运用将在 5.6 节和 5.7 节中重点讨论。

5.5.3 理想运算放大器工作在非线性区的特点

当运放电路处于开环状态(未引入负反馈或引入正反馈)时,则运放工作在非线性区。

电路有如下重要特性：

（1）在开环或运放接有正反馈时，式(5.4.5)不再成立，运放的两输入端不再有"虚短"的关系（即 u_+ 和 u_- 不再近似相等），只要 $u_+ - u_-$ 有很小的差值电压，u_o 的变化范围就扩展到正、负饱和值，即

$$u_o = \begin{cases} +U_{om} & (u_+ > u_-) \\ -U_{om} & (u_+ < u_-) \end{cases} \qquad (5.5.3)$$

（2）$r_{id} = \infty$，故净输入电流为零，即 $i_+ = i_- \approx 0$，运放输入端"虚断"关系仍然成立。

以上两个特点就是分析运放工作非线性应用电路的主要依据。电压比较器中的运放属于非线性运用。

本章小结

本章主要讲述组成集成运放的基本单元电路、主要性能指标、理想运放的特点以及集成运放的基本应用电路——基本运算电路、有源滤波电路和电压比较器。

（1）集成运放是一种高性能的直接耦合放大电路。通常由输入级、中间级、输出级和偏置电路组成。集成运放的输入级多用差动放大电路，中间级为共射放大电路，输出级多用互补对称输出电路，偏置电路多用电流源电路。

（2）直接耦合放大电路的零点漂移主要由半导体管参数随温度的变化引起的。

（3）差动式放大电路是模拟集成电路的重要组成单元，特别作为运放的输入级时，对差模信号有很强的放大能力，即差模放大倍数 A_{ud} 很大，而对共模信号却有很强的抑制能力，即共模放大倍数 A_{uc} 很小，所以共模抑制比 K_{CMRR} 很大。由于电路输入、输出方式的不同，共有四种典型电路。其电路具体指标的计算与共射的单元电路基本一致。它的主要指标 A_{ud}、A_{uc}、K_{CMRR} 和 r_o 的计算与输出方式有关，即输出方式相同，指标相同。而 r_{id} 则与输入、输出连接方式均无关。

（4）电流源电路是集成运放的基本单元电路，其特点是直流电阻小，动态电阻很大，常用来作放大电路的有源负载和放大电路的偏置电路。

（5）集成运放的主要性能指标有 A_{od}、r_{id}、K_{CMRR}（理想运放趋于无穷）；r_o、I_{IO}、$\dfrac{dI_{IO}}{dT}$、U_{IO}、$\dfrac{dU_{IO}}{dT}$（理想运放都为零）等。

（6）集成运放引入深度负反馈，则工作在线性区。在线性区时净输入电压 $u_{id} = u_+ - u_- \approx 0$，称为"虚短"；输入电流 $i_+ \approx i_- \approx 0$，称为"虚断"。"虚短"和"虚断"是分析运算电路和有源滤波电路的两个重要概念。

（7）集成运放开环，或引入正反馈，则运放工作在非线性区。运放工作在非线性区时，输出电压为饱和值 $\pm U_{om}$，"虚短"不成立。但输入电流仍为零，即"虚断"仍成立。

习题

5.1 集成运放电路由哪几部分组成？各部分的作用如何？

5.2 直接耦合放大电路的主要特点是什么？该电路产生零点漂移的原因是什么？

5.3 A、B 两个直接耦合放大电路，A 放大电路的电压放大倍数为 100，当温度由 20℃ 变到 30℃ 时，输出电压漂移了 2V；B 放大电路的电压放大倍数为 1000，当温度从 20℃ 到 30℃ 时，输出电压漂移了 10V，试问哪一个放大器的零漂小？为什么？

5.4 差动放大电路能有效地克服温漂，这主要是通过_____实现的。

5.5 电流源电路如图 5.1 所示。设两管参数相同，$U_{CC} = 10V$，$R = 15k\Omega$，且 $\beta \gg 1$。

(1) 求 $R_1 = R_2 = 1k\Omega$ 时的 I_{C2}；

(2) 求 $R_1 = 1k\Omega$，$R_2 = 5k\Omega$ 时的 I_{C2}。

5.6 具有集电极调零电位器 R_p 的差分放大电路如图 5.2 所示。设电路参数完全对称，$r_{be} = 2.8k\Omega$，$\beta = 50$，当 R_p 置中点位置时，画出差模和共模信号的半边等效电路。试计算：

(1) 差模电压增益 A_{ud}；

(2) 差模输入电阻 r_{id} 和输出电阻 r_o；

(3) 当 u_o 从 T_1 的集电极单端输出时，求差模电压增益 A_{ud1}，共模电压增益 A_{uc1} 及共模抑制比 K_{CMRR}。

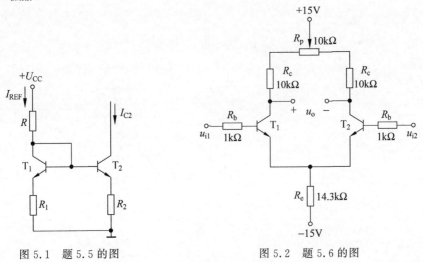

图 5.1 题 5.5 的图   图 5.2 题 5.6 的图

5.7 差分放大电路如图 5.3 所示。设两管参数对称，$\beta = 80$，$r_{be} = 5.4k\Omega$。若 $U_{i1} = 75mV$，问 U_{i2} 应为多大时，才有 $U_o = 570mV$？

5.8 具有射极调零电位器 $R_p = 200\Omega$ 的差分放大电路如图 5.4 所示。设两管参数对称，$\beta = 150$，$r_{bb'} = 200\Omega$，R_p 置中点位置。

(1) 当 $R_e = 10k\Omega$ 时，分别计算双端输出和 T_2 集电极输出接 R_L 时的差模输入电阻 r_{id}、输出电阻 r_o、差模电压增益 A_{ud}、共模电压增益 A_{uc} 及共模抑制比 K_{CMRR}。

(2) 当 $R_e = 100k\Omega$ 时，重复(1)的计算，并与之比较。

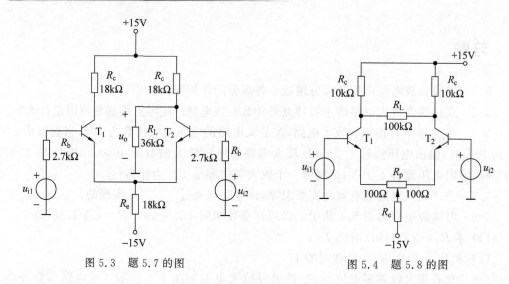

图 5.3　题 5.7 的图　　　　　　　　　图 5.4　题 5.8 的图

5.9　理想集成运放工作在线性区和非线性区时各有什么特点？各得出什么重要关系式？

第6章
CHAPTER 6

集成运算放大器应用

本章讨论运算放大电路的两种应用,即线性应用与非线性应用。首先介绍由集成运放组成的基本运算电路,包括比例运算、加减法运算、积分运算、微分运算、对数运算、指数运算等运算电路。然后,讨论有源滤波电路;介绍单门限电压比较器、滞回比较器等电路。最后,介绍一种新型线性集成电路——集成跨导放大器及其应用电路。

6.1 基本运算电路

集成运放最早的应用就是构成各种运算电路。在运算电路中,主要关心的是输出电压与输入电压的函数关系,即输出电压反映输入电压的某种运算结果。本节将介绍比例、加减、积分、微分、对数、指数等基本运算电路。

6.1.1 比例运算电路

1. 反相比例运算电路

电路如图 6.1.1 所示,输入电压 u_i 通过电阻 R_1 作用于运放的反相端,R_f 跨接在输出端与反相端之间,引入了电压并联负反馈,由于集成运放的开环差模增益很高,因此容易满足深度负反馈的条件,故可认为运放处于线性放大区。

图 6.1.1 中 R' 为平衡电阻,为保证对称应满足 $R' = R_1 /\!/ R_f$。

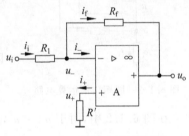

图 6.1.1 反相比例运算电路

由理想运放"虚断"、"虚短"可知

$$i_+ = i_- \approx 0$$

$$u_- \approx u_+ = 0$$

在反相输入端理想运放"虚断",由 KCL 方程可知

$$i_i = i_- + i_f \approx i_f$$

即

$$\frac{u_i - u_-}{R_1} = \frac{u_- - u_o}{R_f}$$

因同相端接地,利用"虚短"的概念可知反相输入端的电位接近地电位,故称"虚地"。由上式

可得

$$u_o = -\frac{R_f}{R_1} u_i \tag{6.1.1}$$

$$A_{uf} = \frac{u_o}{u_i} = -\frac{R_f}{R_1} \tag{6.1.2}$$

式(6.1.2)表明该电路输出电压 u_o 与输入电压 u_i 成比例关系,其电压放大倍数是电阻 R_f 和 R_1 的比值,负号表明 u_o 与 u_i 的相位相反。当 $R_f = R_1$ 时为反相电路,$A_{uf} = -1$。

反相比例运算电路有如下特点:

(1) 电路构成电压并联负反馈,深度负反馈条件下,放大电路输入电阻

$$r_i = \frac{u_i}{i_i} = \frac{u_i}{u_i/R_1} = R_1 \tag{6.1.3}$$

由式(6.1.3)可知,虽然理想运放的输入电阻为无穷大,但电路引入了并联反馈,所以该反相比例运算电路的输入电阻并不大,取决于电阻 R_1。

由于运放本身的输出电阻很小,该电路又是电压并联负反馈,因此电路的输出电阻 $r_o \approx 0$。

(2) 由于电路存在"虚地",因此集成运放的输入端的共模电压趋于零,所以对运放的共模抑制比要求很低,这就是反相输入被广泛采用的重要原因。

2. 同相比例运算电路

如果将输入信号从同相端输入电路,反向输入端接地,即构成同相比例运算电路,如图 6.1.2 所示。由图可以看出电路引入了电压串联负反馈。

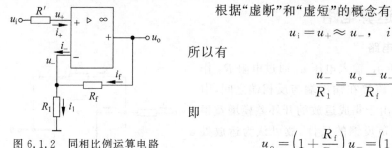

图 6.1.2 同相比例运算电路

根据"虚断"和"虚短"的概念有

$$u_i = u_+ \approx u_-, \quad i_1 = i_f$$

所以有

$$\frac{u_-}{R_1} = \frac{u_o - u_-}{R_f}$$

即

$$u_o = \left(1 + \frac{R_f}{R_1}\right) u_- = \left(1 + \frac{R_f}{R_1}\right) u_+ \tag{6.1.4}$$

在图 6.1.2 中,由于 $u_+ = u_i$,所以有

$$u_o = \left(1 + \frac{R_f}{R_1}\right) u_i \tag{6.1.5}$$

$$A_{uf} = \frac{u_o}{u_i} = 1 + \frac{R_f}{R_1} \tag{6.1.6}$$

由式(6.1.5)知,电压放大倍数 A_{uf} 为正值,表明 u_o 与 u_i 同相。

同相比例运算放大电路(又简称为同相放大电路)有如下特点:

(1) 该电路构成电压串联负反馈。输入电阻 $r_i = \frac{u_i}{i_+} \to \infty$,输出电阻 $r_o = 0$。

(2) 因 $u_- = u_+ = u_i$,该电路的集成运放有共模输入信号,所以为提高运算精度,应当选择共模抑制比高的运放。由于运放输入端有共模信号,同相输入方式远没有反相输入方式使用广泛。

若图 6.1.2 中,$R_f=0$,$R_1\to\infty$ 就构成图 6.1.3 所示电路。由于输出电压就是反馈电压,利用"虚短"的概念,得到

$$u_o=u_i \tag{6.1.7}$$

该电路称为电压跟随器。虽然它的电压放大倍数等于 1,但它的输入电阻 $r_i\to\infty$,输出电阻 $r_o=0$,输出端相当于理想电压源,有极强的带负载能力,故在工程中常将一个带负载能力差的标准电压,通过电压跟随器传递给负载。

例 6.1.1　用磁电式电流表表头组成直流电压表的电路如图 6.1.4 所示,其磁电式电流表内阻为 R_m,指针偏移满刻度时,流过表头的电流 $I_m=100\mu A$,当 $R_1=2M\Omega$ 时,求可测的最大电压量程 U_S 的值。

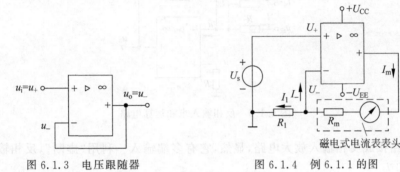

图 6.1.3　电压跟随器　　　　图 6.1.4　例 6.1.1 的图

解　利用"虚短"和"虚断"的概念有

$$U_S=U_+\approx U_-$$

则

$$I_m\approx I_1=\frac{U_-}{R_1}\approx\frac{U_S}{R_1}$$

$$U_S\approx I_m R_1=100\times10^{-6}\times2\times10^{6}=200V$$

由分析可知,电压表的读数与仪表动圈内阻 R_m 无关且正比于 U_S,而此电压表的内阻很大,可以认为无穷大。这是该仪表的重要优点。

例 6.1.2　电路及有关元件的参数如图 6.1.5 所示,求输出电压 u_o 和输入电压 u_i 的运算关系。

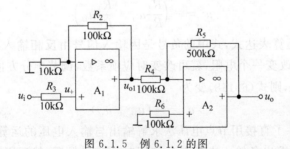

图 6.1.5　例 6.1.2 的图

解　图 6.1.5 所示电路中,A_1 构成同相比例运算电路,A_2 构成反相比例运算电路。可直接引用式(6.1.6)和式(6.1.2)得

$$u_{o1} = \left(1 + \frac{R_2}{R_1}\right)u_i = \left(1 + \frac{100\text{k}\Omega}{10\text{k}\Omega}\right)u_i = 11u_i$$

$$u_o = -\frac{R_5}{R_4}u_{o1} = -\frac{500\text{k}\Omega}{100\text{k}\Omega} \times 11u_i = -55u_i$$

6.1.2 加减法运算电路

1. 加法（求和）运算电路

如果要实现将两个电压 u_{i1}、u_{i2} 相加的运算，可以利用图 6.1.6 所示的求和电路来实现。

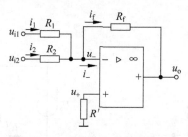

图 6.1.6 反相输入求和运算电路

这个电路接成反相输入放大电路，显然，它有多端输入。利用"虚断"，反相输入端节点的 KCL 方程为

$$i_1 + i_2 \approx i_f$$

则节点电压方程为

$$\frac{u_{i1} - u_-}{R_1} + \frac{u_{i2} - u_-}{R_2} \approx \frac{u_- - u_o}{R_f}$$

利用运放输入端"虚短"的性质，有

$$u_- \approx u_+ = 0$$

即

$$\frac{u_{i1}}{R_1} + \frac{u_{i2}}{R_2} = -\frac{u_o}{R_f}$$

有

$$u_o = -\left(\frac{R_f}{R_1}u_{i1} + \frac{R_f}{R_2}u_{i2}\right) \tag{6.1.8}$$

这就是加法（求和）运算表达式，式中的负号是因输入信号由反相输入所引起的。反相求和的最大优点是，只需改变一个电阻，就可改变对应项系数，调节十分方便。

若 $R_1 = R_2 = R_f$，则式（6.1.8）变为

$$u_o = -(u_{i1} + u_{i2})$$

对于多输入的电路除了直接用节点电压法求解输出与输入电压的运算关系外，还可以利用叠加定理，首先分别求出各输入电压单独作用时的输出电压，然后再将它们的输出电压相加，便得到所有信号共同作用时的输出电压与输入电压的运算关系。

若图 6.1.6 所示反相加法运算电路的输出端再接一级反相电路，则可消去负号。

求和电路也可利用同相放大电路组成同相求和运算电路，电路如图 6.1.7 所示。根据

输入端"虚断"概念,同相输入端的节点电压方程为

$$\frac{u_{i1}-u_+}{R_1}+\frac{u_{i2}-u_+}{R_2}\approx\frac{u_+}{R_4} \tag{6.1.9}$$

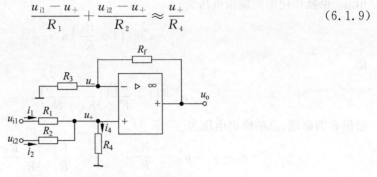

图 6.1.7　同向输入加法运算电路

由式(6.1.9)得

$$u_+=R_P\left(\frac{u_{i1}}{R_1}+\frac{u_{i2}}{R_2}\right) \tag{6.1.10}$$

式中

$$R_P=\frac{R_1R_2R_4}{R_1R_2+R_2R_4+R_1R_4}$$

由式(6.1.4)得

$$u_o=\left(1+\frac{R_f}{R_3}\right)u_+$$

将式(6.1.10)代入上式有

$$u_o=\left(1+\frac{R_f}{R_3}\right)R_P\left(\frac{u_{i1}}{R_1}+\frac{u_{i2}}{R_2}\right) \tag{6.1.11}$$

由式(6.1.11)可见,同相求和运算电路运算式中虽然没有负号,但其求和系数的调整比反相求和运算电路要复杂,工程上很少采用。若需要同相求和,通常采用两级运放实现,即前级进行反相求和,后级进行反相比例运算,反相比例运算电路的放大倍数为"-1"即可。

2. 减法(求差)运算电路

图 6.1.8 所示电路用来实现 u_{i1}、u_{i2} 相减的运算电路,又称差动放大电路。从电路结构上看,它是反相输入和同相输入相结合的放大电路,利用叠加原理求输出电压 u_o。首先令 $u_{i2}=0$,则图 6.1.8 成为反相比例运算电路。由 u_{i1} 单独作用时的输出电压为

$$u'_o=-\frac{R_4}{R_1}u_{i1} \tag{6.1.12}$$

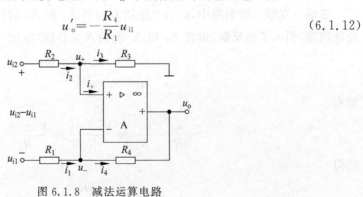

图 6.1.8　减法运算电路

然后令 $u_{i1}=0$，图 6.1.8 就成为同相比例运算电路，根据同相比例放大电路公式(6.1.4)，由 u_{i2} 单独作用时的输出电压为

$$u''_o = \left(1 + \frac{R_4}{R_1}\right) u_+$$

即

$$u''_o = \left(1 + \frac{R_4}{R_1}\right) \left(\frac{R_3}{R_2 + R_3}\right) u_{i2} \qquad (6.1.13)$$

根据叠加原理，总的输出电压为

$$u_o = u'_o + u''_o = -\frac{R_4}{R_1} u_{i1} + \left(1 + \frac{R_4}{R_1}\right) \left(\frac{R_3}{R_2 + R_3}\right) u_{i2} \qquad (6.1.14)$$

如果选取阻值满足 $R_1 = R_2$，$R_3 = R_4$ 的关系，输出电压可简化为

$$u_o = \frac{R_4}{R_1}(u_{i2} - u_{i1}) \qquad (6.1.15)$$

式(6.1.15)表明输出电压 u_o 与两输入电压之差 $(u_{i2} - u_{i1})$ 成比例，即实现了减法运算功能。若 $R_1 = R_2 = R_3 = R_4$，则 $u_o = u_{i2} - u_{i1}$。

例 6.1.3 一个输入电阻高，抗干扰性好的高精度放大器如图 6.1.9 所示，其电压放大倍数可通过改变 R_1 的阻值进行调节，试证明：$u_o = -\dfrac{R_4}{R_3}\left(1 + \dfrac{2R_2}{R_1}\right)(u_1 - u_2)$。

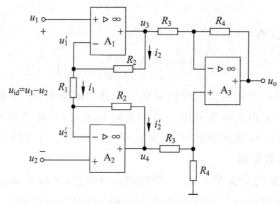

图 6.1.9 例 6.1.3 的图

证明 在第一级电路中，u_1、u_2 分别为加到 A_1 和 A_2 的同相端，R_1 和两个 R_2 组成的反馈网络，引入了负反馈，运放 A_1 和 A_2 的输入端分别"虚短"和"虚断"，因而有

$$u_1 = u'_1, \quad u_2 = u'_2$$
$$i_2 \approx i_1 \approx i'_2$$

即有

$$\frac{u_3 - u_4}{2R_2 + R_1} \approx \frac{u'_1 - u'_2}{R_1} \approx \frac{u_1 - u_2}{R_1}$$

故得

$$u_3 - u_4 = \left(1 + \frac{2R_2}{R_1}\right)(u_1 - u_2)$$

运放 A_3 为差动放大电路,根据式(6.1.15)的关系,可得

$$u_o = \frac{R_4}{R_3}(u_4 - u_3) = -\frac{R_4}{R_3}\left(1 + \frac{2R_2}{R_1}\right)(u_1 - u_2)$$

本例获证。

本例题的电路常用来作为放大器,其电压放大倍数为

$$A_u = \frac{u_o}{u_1 - u_2} = -\frac{R_4}{R_3}\left(1 + \frac{2R_2}{R_1}\right)$$

通常电路中 R_2、R_3 和 R_4 为给定值,R_1 为可变电阻,通过调节 R_1 的值,即可改变电压放大倍数 A_u。

由于输入信号 u_1 和 u_2 是从 A_1、A_2 的同相端输入,所以输入电阻 $r_i \rightarrow \infty$,对于被测电压没有影响。目前,这种放大器已经有多种型号的单片集成电路产品,在测量系统中应用很广。

6.1.3 积分和微分运算电路

积分运算和微分运算互为逆运算,在自动控制调制环节常应用积分运算和微分运算;此外积分运算和微分运算电路还广泛应用于波形的产生和变换电路中。利用集成运放电路作为放大电路,用电阻和电容构成反馈网络,可以实现这两种运算。

1. 积分运算电路

一种简单的反相积分运算电路如图 6.1.10 所示,由于同相输入端接地,根据输入端"虚短",反向输入端 $u_- \approx u_+ = 0$,为虚地。

根据运放输入端"虚断",电容 C 的电流等于电阻 R 电流,因此有

$$i_c = -i_R = -\frac{u_i}{R}$$

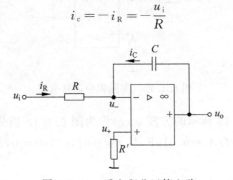

图 6.1.10 反向积分运算电路

而输出电压与电容电压关系为

$$u_o = u_c$$

$$u_o = u_c(t_0) + \frac{1}{C}\int_{t_0}^{t} i_c(\tau)d\tau$$

即

$$u_o = u_c(t_0) - \frac{1}{C}\int_{t_0}^{t} \frac{u_i(\tau)}{R}d\tau \tag{6.1.16}$$

假设电容器 C 初始电压 $u_c(0) = 0$,则

$$u_o(t) = -\frac{1}{RC}\int_0^t u_i(\tau)\,\mathrm{d}\tau \qquad\qquad (6.1.17)$$

式(6.1.17)表明,输出电压 u_o 为输入电压 u_i 对时间的积分,负号表示它们在相位上是反相的。当输入信号 u_i 为图 6.1.11(a)所示的单位阶跃信号时,在它的作用下,电容器将以近似恒流方式进行充电,输出电压 u_o 与时间 t 近似呈线性关系,如图 6.1.11(b)所示。但是当积分电路的输出电压的幅值继续增大到 $u_o = -U_{om}$ 时,运放输出电压受到直流电源电压的限制,运放进入负饱和状态,运放的工作进入非线性区,u_o 保持不变,积分过程停止。

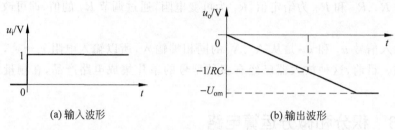

(a) 输入波形　　　　　　　　　(b) 输出波形

图 6.1.11　积分运算电路的阶跃激励与响应

图 6.1.10 所示积分电路,可用来作为显示器的扫描电路,数学模拟运算器等。

在实用的积分电路中,为防止低频信号增益过大,常在电容 C 两端并联一个电阻 R_f,如图 6.1.12 所示,利用 R_f 引入直流负反馈来抑制输出电压增长过快。

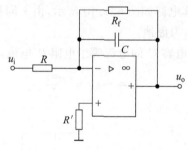

图 6.1.12　实际积分运算电路

例 6.1.4　如图 6.1.13 所示的方波 $u_i(t)$ 作为图 6.1.10 积分电路的输入信号,电路中电阻,电容分别为 $R = 50\mathrm{k}\Omega$,$C = 0.01\mu\mathrm{F}$,且 $t = 0$ 时,$u_o(0) = 0$,试画出理想情况下输出电压的波形,并标出其幅值。

解　当 $0 \leqslant t \leqslant 0.25\mathrm{mS}$ 时,因 $u_c(0) = u_o(0) = 0$,依式(6.1.17),输出电压为

$$u_o(t) = -\frac{1}{RC}\int_0^t u_i(\tau)\,\mathrm{d}\tau$$

则

$$u_o(0.25\mathrm{mS}) = -\frac{1}{0.01\times10^{-6}\times50\times10^3}\int_0^{0.25\times10^{-3}}10\,\mathrm{d}t = -5\mathrm{V}$$

当 $0.25 \leqslant t \leqslant 0.75\mathrm{mS}$ 时,因 $u_c(0.25\mathrm{mS}) = u_o(0.25\mathrm{mS}) = -5\mathrm{V}$,依式(6.1.16),输出电压为

$$u_o(t) = u_c(0.25\mathrm{mS}) - \frac{1}{RC}\int_{0.25\times10^{-3}}^t u_i(\tau)\,\mathrm{d}\tau$$

$$u_o(0.75\text{mS}) = -5 - \frac{1}{0.01 \times 10^{-6} \times 50 \times 10^3} \int_{0.25 \times 10^{-3}}^{0.75 \times 10^{-3}} (-10) \mathrm{d}t = 5\text{V}$$

综上所述,输出电压 $u_o(t)$ 的波形为三角波,它的正向峰值为 $+5\text{V}$,负向峰值为 -5V,如图 6.1.13 所示。

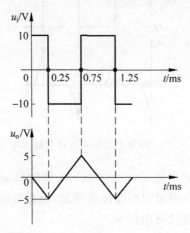

图 6.1.13 例 6.1.4 输入电压 u_i 和输出电压 u_o 的波形

2. 微分运算电路

将图 6.1.10 积分电路中的电阻和电容对换位置,并选取较小的时间常数 RC,便得到图 6.1.14 所示的微分电路。

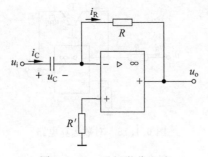

图 6.1.14 反相微分电路

根据运放输入端"虚短"、"虚断"概念,有

$$u_- \approx u_+ = 0, \quad i_c \approx i_R = -\frac{u_o}{R}$$

当信号电压 u_i 接入后,便有

$$i_c = C \frac{\mathrm{d}u_i}{\mathrm{d}t}$$

从而得

$$u_o = -RC \frac{\mathrm{d}u_i}{\mathrm{d}t} \tag{6.1.18}$$

式(6.1.18)表明,输出电压 u_o 正比于输入电压 u_i 对时间的微分,即输出电压与输入电压的变化率成正比,负号表示它们的相位相反。

当输入电压 u_i 为方波，考虑信号源内阻的存在，则输出电压 u_o 可得一正，负相间的尖顶波，如图 6.1.15 所示。

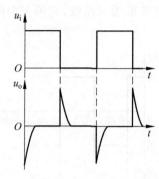

图 6.1.15 微分电路输入电压与输出电压波形

如果输入信号电压是正弦函数 $u_i(t) = \sin\omega t \, \mathrm{V}$，则输出 $u_o(t) = -RC\omega\cos\omega t \, \mathrm{V}$，此式表明，$u_o(t)$ 的输出幅度将随频率的增加而线性的增加，因此微分电路对高频噪声特别敏感，高频噪声的输出甚至可能完全淹没有用信号。

6.1.4 对数和指数运算电路

1. 对数运算电路

在反相放大电路中，R_f 用三极管代替，便得图 6.1.16 所示的对数运算电路。

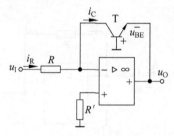

图 6.1.16 对数运算电路

由于集成运放反相输入端虚地且虚断，则反相输入端节点方程为

$$i_C = i_R = \frac{u_i}{R}$$

图 6.1.16 中三极管集电极电流 i_C 与基—射电压间存在着指数关系，即 i_C 与 u_{BE} 之间符合以下 PN 结特性方程

$$i_C = \alpha i_E \approx I_{ES} e^{u_{BE}/U_T}$$

$$u_{BE} \approx U_T \ln \frac{i_C}{I_{ES}}$$

则有

$$u_O = -u_{BE}$$

$$u_O = -U_T \ln \frac{i_C}{I_{ES}} = -U_T \ln \frac{u_I}{R I_{ES}} \tag{6.1.19}$$

由式(6.1.19)可知,输出电压 u_O 与输入电压 u_I 的对数成正比例关系。但输出电压幅值不会超过 u_{BE},对于硅管 $u_{BE} \approx 0.7V$,故其变化范围很小。

2. 指数运算电路

若将图 6.1.16 所示电路中的 R 与三极管的位置互换,便得到图 6.1.17 所示指数运算电路。

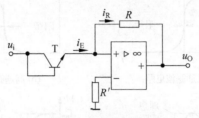

图 6.1.17 指数运算电路

考虑到集成运放反相输入端"虚地",所以有

$$u_{BE} \approx u_i$$

同样利用三极管的 i_E 与 u_{BE} 的关系,可得

$$i_E \approx I_{ES}e^{u_I/U_T}$$

又因为集成运放输入端"虚断",则有

$$i_R = i_E = I_{ES}e^{u_I/U_T}$$

$$u_o = -i_R R = -I_{ES}R \cdot e^{u_I/U_T} \tag{6.1.20}$$

由式(6.1.20)看出,输出电压 u_O 与输入电压 u_I 成指数关系。应当指出的是,由式(6.1.19)和式(6.1.20)可见,输出电压 u_O 都包含对温度敏感的因子 U_T 和 I_{ES},故输出电压温漂是严重的,因此实际的对数和指数运算电路都必须接入温度补偿电路。

6.2 有源滤波电路

6.2.1 滤波的概念与无源滤波电路

1. 滤波的概念

滤波电路是允许有用信号通过,同时抑制无用信号的电子装置,它实质是只让特定频率范围的信号通过的电路,而使其他频率的信号不能通过或有很大衰减。因此也常称为选频电路。滤波电路在无线电通信,自动控制和电子设备中有广泛的应用。

通常把能够通过滤波电路的信号频率范围称为通频带(简称"通带"),通带内的增益应尽量大,并保持为常数;滤波电路加以抑制或削弱的信号频率范围称为阻带,阻带内电路的增益很小,理想情况下为零。

对滤波器电路的分析,就是分析其频率特性。在本节中主要讨论有源滤波电路的幅频特性。按照通带和阻带所处的频率范围不同,根据幅频特性,滤波器一般可分为四类,各滤波器的幅频特性如图 6.2.1 所示。图中矩形是理想的幅频特性,曲线是实际的幅频特性。A_{up} 为通带增益,$|A|$ 为增益的幅值。四类滤波器分别是:

（1）低通滤波器（LPF）。它的功能是能让从零到某一截止频率 f_H 的低频信号通过，而衰减大于 f_H 的所有频率的信号，因此其通带宽 $BW = f_H$。其输出信号的幅频响应如图 6.2.1(a)所示，由图可知，输入信号频率为 $0 < f < f_H$ 的信号能通过。

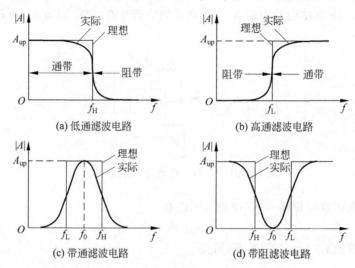

图 6.2.1　各种滤波电路传递函数的幅频响应

（2）高通滤波器（HPF）。其幅频响应如图 6.2.1(b)所示。由图可以看到，在 $0 < f < f_L$ 范围内的频率为阻带，高于 f_L 的频率为通带。从理论上来说，高于 f_L 的频率的信号能通过，但实际上，由于受有源器件和外接元件以及杂散参数的影响，高通滤波电路的上限也是有限的。

（3）带通滤波器（BPF）。其幅频响应如图 6.2.1(c)所示。图中 f_L 为低边截止频率，f_H 为高边截止频率，f_0 为中心频率。由图可知，其通频带带宽为 $BW = f_H - f_L$。

（4）带阻滤波器（BEF）。其幅频响应如图 6.2.1(d)所示。由图可知，它有两个通带：$0 < f < f_H$ 及 $f > f_L$，和一个阻带：$f_H < f < f_L$。因此它的功能是衰减 f_L 到 f_H 间的信号。带阻滤波电路抑制频带中心所在频率 f_0 也叫中心频率。

2. 无源滤波电路

利用电阻、电容等无源器件可以构成简单的滤波电路，这种由无源器件构成的滤波电路称为无源滤波器。图 6.2.2(a)、图 6.2.2(b)所示分别为无源低通滤波电路和无源高通滤波电路。图 6.2.2(c)、图 6.2.2(d)分别为它们的幅频特性。由电路可求得它们的电压传递函数，也称为滤波器的电压放大倍数。

用正弦稳态的相量法分析滤波器的电压增益，对图 6.2.2(a)所示的 RC 低通滤波器，有

$$A_u = \frac{\dot{U}_o}{\dot{U}_i} = \frac{\frac{1}{j\omega C}}{R + \frac{1}{j\omega C}} = \frac{1}{1 + j\omega RC}$$

令 $\omega_0 = \dfrac{1}{RC}$，ω_0 为电路的特征角频率。则上式变换为

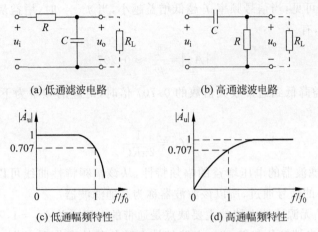

(a) 低通滤波电路　　　　　　　(b) 高通滤波电路

(c) 低通幅频特性　　　　　　　(d) 高通幅频特性

图 6.2.2　无源滤波器及其幅频特性

$$A_u = \cfrac{1}{1 + j\cfrac{\omega}{\omega_0}} \tag{6.2.1}$$

据式(6.2.1)知,该低通滤波器的电压增益的幅频特性为

$$|A_u| = \cfrac{1}{\sqrt{1 + \left(\cfrac{\omega}{\omega_0}\right)^2}} = \cfrac{1}{\sqrt{1 + \left(\cfrac{f}{f_0}\right)^2}} \tag{6.2.2}$$

由式(6.2.2)可见,当信号频率 f 越高,增益越小;当 $f \to 0$ 时,增益最大, $|A_u| = 1$。

当 $f = f_0$ 时,由式(6.2.2)有

$$|A_u| = \frac{1}{\sqrt{2}} \approx 0.707$$

当低通滤波器增益降低到通频带增益的 0.707 倍时,对应的频率为上限截止频率,用 f_H 表示,即

$$f_H = \frac{1}{2\pi RC}$$

图 6.2.2(c)为该滤波器的电压增益的幅频特性,从该幅频特性曲线可以看出,该滤波器是让低于 f_H 的频率的信号通过,所以该滤波器称低通滤波器。

图 6.2.2(b)所示为高通滤波器,同理可得电压增益为

$$A_u = \cfrac{\dot{U}_o}{\dot{U}_i} = \cfrac{R}{R + \cfrac{1}{j\omega C}} = \cfrac{1}{1 + \cfrac{1}{j\omega RC}} = \cfrac{1}{1 - j\cfrac{\omega_0}{\omega}} = \cfrac{1}{1 - j\cfrac{f_0}{f}}$$

$$|A_u| = \cfrac{1}{\sqrt{1 + \left(\cfrac{f_0}{f}\right)^2}} \tag{6.2.3}$$

其中: $\omega_0 = \dfrac{1}{RC}$, $f_0 = \dfrac{1}{2\pi RC}$ 。

由式(6.2.3)可见,当信号频率 f 越低增益越小,当 $f \to \infty$ 时,增益最大,$|A_u| = 1$。当 $f = f_0$ 时,有

$$|A_u| = \frac{1}{\sqrt{2}} \approx 0.707$$

当高通滤波器增益降低到通带放大倍数的 0.707 倍时,对应的频率为下限截止频率,用 f_L 表示,即

$$f_L = \frac{1}{2\pi RC}$$

图 6.2.2(d)为该滤波器的电压增益的幅频特性,从该幅频特性曲线可以看出,该滤波器是让高于 f_L 的频率的信号通过,所以该滤波器称为高通滤波器。

上述两种 RC 无源滤波电路的主要缺点是通带的电压增益 $A_{up} = 1$,不能放大信号,带负载能力差,当其输出端接负载 R_L 时,电路特性会随负载的变化而变化,这一缺点一般不符合信号处理要求,为了克服上述缺点,将 RC 无源网络接至集成运放的输入端,组成有源滤波电路。由于运放的输入电阻大、输出电阻很小,不仅可以减小负载对 RC 网络的影响,而且增强了电路的带负载能力,同时还能对信号放大。在有源滤波电路中,集成运放起放大作用,所以工作在运放的线性区。

6.2.2 有源低通滤波电路

1. 一阶有源低通滤波电路

一阶有源低通滤波电路如图 6.2.3 所示,它由 RC 低通滤波器和运算放大器组成。图 6.2.3(a)、图 6.2.3(b)分别是将 RC 低通滤波器接在运算放大器同相端和反相的情况。下面以图 6.2.3(a)为例讨论。

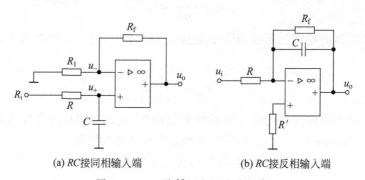

(a) RC接同相输入端   (b) RC接反相输入端

图 6.2.3　一阶低通有源滤波电路

根据本章同相比例运算电路中式(6.1.4),有

$$\dot{U}_o = \left(1 + \frac{R_f}{R_1}\right)\dot{U}_+$$

则

$$\dot{U}_+ = \frac{\frac{1}{j\omega C}}{R + \frac{1}{j\omega C}}\dot{U}_i = \frac{1}{1 + j\omega RC}\dot{U}_i$$

即

$$\dot{U}_{o} = \left(1 + \frac{R_{f}}{R_{1}}\right) \cdot \frac{1}{1 + j\omega RC}\dot{U}_{i}$$

所以传递函数—电压增益为

$$A_{u} = \frac{\dot{U}_{o}}{\dot{U}_{i}} = \frac{1 + \dfrac{R_{f}}{R_{1}}}{1 + j\omega RC} = \frac{A_{up}}{1 + j\dfrac{\omega}{\omega_{0}}} \tag{6.2.4}$$

式中，$\omega_{0} = \dfrac{1}{RC}$ 为上限截止角频率；A_{up} 为通带增益，即

$$A_{up} = 1 + \frac{R_{f}}{R_{1}} \tag{6.2.5}$$

当 $\omega = \omega_{0}$ 时，$A = A_{up}/\sqrt{2}$，故通带上限截止频率 f_{H} 为

$$f_{H} = f_{0} = \frac{\omega_{0}}{2\pi} = \frac{1}{2\pi RC} \tag{6.2.6}$$

将 $\omega = 2\pi f$，$\omega_{0} = 2\pi f_{0} = 1/(RC)$ 代入式(6.2.4)可得

$$A_{u} = \frac{A_{up}}{1 + j\dfrac{f}{f_{0}}} \tag{6.2.7}$$

由式(6.2.7)可以画出一阶有源低通滤波电路的对数幅频特性，如图 6.2.4 所示。由于图 6.2.4 画的是对数幅频特性，当 $\left|\dfrac{A_{u}}{A_{up}}\right| = \dfrac{1}{\sqrt{2}}$ 时，幅值下降了 3 分贝。即 $20\lg\left|\dfrac{A_{u}}{A_{up}}\right|\text{dB} = 20\lg\dfrac{1}{\sqrt{2}}\text{dB} = -3\text{dB}$。不难看出，当 $f > f_{0}$ 时，随着信号频率的上升，增益幅频特性曲线下降，增益幅频特性下降曲线部分的斜率为 $-20\text{dB}/$十倍频程。

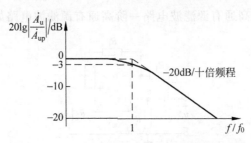

图 6.2.4 一阶有源低通滤波电路的幅频特性

因为式(6.2.4)表示的电路电压增益的分母上 jω 的方次为 1，所以这种滤波电路为一阶电路。

由图 6.2.4 所示的一阶有源低通滤波电路的幅频特性曲线可以看出，其特性曲线与理想曲线的情况相差很远，因而只能用于对滤波性能要求不高的场合。如果要求幅频特性曲线下降得更快(以 $-40\text{dB}/$十倍频程或 $-60\text{dB}/$十倍频程的斜率下降)，则需采用二阶或三阶的滤波电路。

2．二阶有源低通滤波电路

简单二阶有源低通滤波电路如图 6.2.5 所示，它是在一阶有源低通滤波电路的基础上，再加一节无源低通滤波环节构成的，称为二阶有源低通滤波电路。该电路的通带放大倍数的分析方法与一阶电路类似，幅频特性如图 6.2.6 所示。由图可见，幅频特性下降部分曲线的斜率为 -40dB/十倍频程，更接近理想情况。

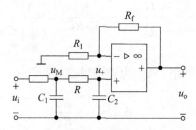

图 6.2.5　简单的二阶有源低通滤波电路

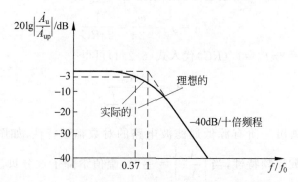

图 6.2.6　简单的二阶有源低通滤波电路幅频特性

6.2.3　有源高通滤波电路

同相端输入的一阶高通有源滤波电路一阶高通有源滤波电路如图 6.2.7 所示。

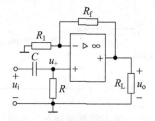

图 6.2.7　一阶高通有源滤波电路

其输出电压

$$\dot{U}_{\mathrm{o}} = \left(1 + \frac{R_{\mathrm{f}}}{R_1}\right)\dot{U}_{+}$$

其中

$$\dot{U}_{+} = \frac{R}{R + \dfrac{1}{\mathrm{j}\omega C}}\dot{U}_{\mathrm{i}} = \frac{1}{1 + \dfrac{1}{\mathrm{j}\omega RC}}\dot{U}_{\mathrm{i}}$$

所以传递函数—电压增益为

$$A_u = \frac{\dot{U}_o}{\dot{U}_i} = \frac{A_{up}}{1 - j\dfrac{\omega_0}{\omega}} \tag{6.2.8}$$

或

$$A_u = \frac{A_{up}}{1 - j\dfrac{f_0}{f}} \tag{6.2.9}$$

式中,$\omega_0 = \dfrac{1}{RC}$ 为下限截止角频率;A_{up} 仍为式(6.2.5)表示的通带电压增益。

当 $\omega = \omega_0$ 时,$A = A_{up}/\sqrt{2}$,故通带下限截止频率 f_L 为

$$f_L = f_0 = \frac{\omega_0}{2\pi} = \frac{1}{2\pi RC} \tag{6.2.10}$$

由式(6.2.9)可画一阶有源高通滤波电路的对数幅频特性,如图 6.2.8 所示。

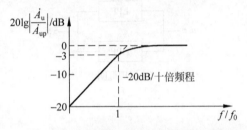

图 6.2.8 一阶有源高通滤波电路的幅频特性

由图 6.2.8 所示的一阶有源高通滤波电路的幅频特性曲线可以看出,其特性曲线与理想曲线的情况相差很远,因而只能用于对滤波性能要求不高的场合。如果要求幅频特性曲线下降得更快(以 -40dB/十倍频程或 -60dB/十倍频程的斜率下降),则需采用二阶或三阶的滤波电路。

6.2.4 有源带通滤波电路

1. 带通滤波电路

将低通滤波器和高通滤波器串联,如图 6.2.9(a)所示,就可得到带通滤波器。但低通滤波器的上限截止频率 f_{H1} 应大于高通滤波器的下限截止频率 f_{L2},即 $f_{L2} < f_{H1}$,$f > f_{H1}$ 的信号被低通滤波电路滤掉,$f < f_{L2}$ 的信号被高通滤波电路滤掉,则通频带为 $f_{H1} - f_{L2}$,它的理想幅频特性如图 6.2.9(b)所示,如将无源的低通滤波器和高通滤波器串联后再接在同相比例放大器的输入端得到典型带通滤波器电路如图 6.2.9(c)所示。

2. 带阻滤波电路

将低通滤波电路和高通滤波电路并联组成带阻滤波电路,如图 6.2.10(a)所示。要求低通滤波电路的上限截止频率 f_{H1} 小于高通滤波器下限截止频率 f_{L2},即 $f_{H1} < f_{L2}$,即 $f_{L2} - f_{H1}$ 为阻带,$f < f_{H1}$ 和 $f > f_{L2}$ 为通带。理想的幅频特性如图 6.2.10(b)所示。其典型电路是由无源低通滤波电路和高通滤波电路并联,再接同相比例运算电路,如图 6.2.10(c)所示。由于无源滤波电路由双 T 网络组成,又称为双 T 带阻滤波电路。

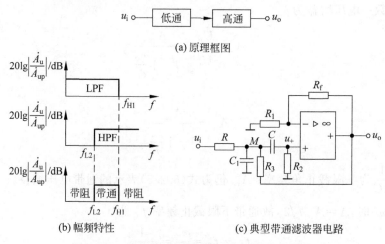

(a) 原理框图

(b) 幅频特性　　　　　　(c) 典型带通滤波器电路

图 6.2.9　带通滤波器理想的幅频特性和电路图

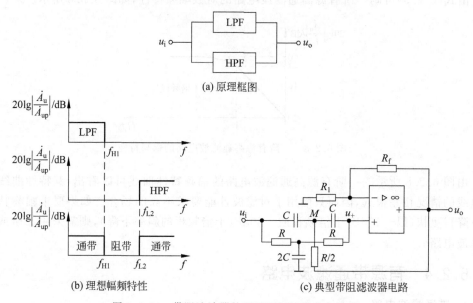

(a) 原理框图

(b) 理想幅频特性　　　　　(c) 典型带阻滤波器电路

图 6.2.10　带阻滤波器的理想幅频特性和电路图

6.3　电压比较器

　　电压比较器（简称比较器）是用来比较两输入电压大小的电路。通过输出电压的高电平或低电平，表示两输入电压的大小关系。比较器具有两个输入端和一个输出端。一般情况下，一个输入电压是固定不变的称为参考电压，另一个是变化的信号电压，而输出信号用高电平或低电平两种状态来描述，因此比较器的输出量属于数字性质的信号，通常将高电平记为数字信号"1"，将低电平记为数字信号"0"。由于它的输入信号可以是连续变化的模拟量，输出为数字信号，因此电压比较器广泛用于模拟信号与数字信号变换、自动检测和自动控制等领域。另外，它还是波形产生和变换的基本单元电路。在实际应用中一个好的比较器通常需要它对输入信号的判断迅速准确,抗干扰能力强,同时还应有必要的保护电路。目前比较器可以由通用型集成运放组成,也可直接用集成电压比较器产品。后者性能优于前者,前者的工作原理易于理解,本节以前者为例讨论各种比较器的原理及特性。

电压比较器中的集成运放要么工作在开环状态(即没有引入负反馈),要么引入了正反馈,因此电压比较器中的集成运放工作在非线性区,其特点为

$$
\begin{cases}
当\ u_+ > u_-\ 时,\ u_O = U_{OH} & (u_O\ 为正饱和值\ +U_{om}) \\
当\ u_+ < u_-\ 时,\ u_O = U_{OL} & (u_O\ 为负饱和值\ -U_{om})
\end{cases}
\tag{6.3.1}
$$

使输出电压 u_O 从 U_{OH} 跳变到 U_{OL},或者从 U_{OL} 跳变到 U_{OH} 的输入电压值被称为阈值,或叫门限电压,简称门限,记作 U_{TH}。根据阈值的定义及式(6.3.1)知阈值就是使 $u_+ = u_-$ 等式成立的输入电压值。比较器的传输特性,即比较器输出电压 u_O 和输入电压之间的对应关系是比较器分析的关键。需特别指出,由于电压比较器工作在运放的非线性区,所以"虚短"不成立,但是由于理想运放的输入电阻为无穷大,因此运放的"虚断"仍然是成立的。

6.3.1　单门限电压比较器

单门限电压比较器只有一个阈值电压 U_{TH},如图 6.3.1(a)所示,参考电压 U_R 加在运放的同相端,输入信号 u_I 接于反相端,称反相单门限电压比较器(简称反相比较器)。参考电压 U_R 可以是正值,也可以是负值,或者为零。假设为正值,由于运放是工作在开环状态,且有

$$u_I = u_- \qquad U_R = u_+$$

则阈值为

$$U_{TH} = u_I = U_R$$

当 $u_- > u_+$,即 $u_I > U_R$ 时,$u_O = U_{OL} = -U_{om}$;当 $u_- < u_+$,即 $u_I < U_R$ 时,$u_O = U_{OH} = +U_{om}$。

此时电压传输特性 $u_o = f(u_I)$ 如图 6.3.1(b)所示。

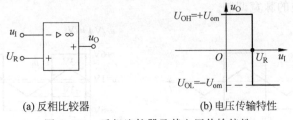

(a) 反相比较器　　　　　(b) 电压传输特性

图 6.3.1　反相比较器及其电压传输特性

若将运放的反相端接 U_R,而同相端接 u_I,即得同相比较器,如图 6.3.2(a)所示。其电压传输特性曲线如图 6.3.2(b)所示。

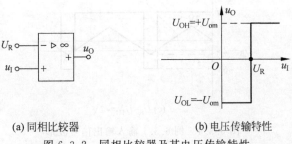

(a) 同相比较器　　　　　(b) 电压传输特性

图 6.3.2　同相比较器及其电压传输特性

图 6.3.3 是带有输入保护和输入限幅功能的单限电压比较器。D_1、D_2 可防止因输入电压过高或过低而损坏运算放大器；图中 R_1 和 R_P 为信号源和参考电源的内阻，以及为满足平衡而加的补偿电阻，它们还具有限流保护作用。图中 R_Z、D_Z 组成的稳压电路，可以限制比较器输出电压的幅度，从而获得合适的 U_{OL} 和 U_{OH}。图中 R_Z 是限流电阻，D_Z 为双向稳压管，其输出电压高电平 U_{OH} 和低电平 U_{OL} 分别等于稳压管正、负稳压值 $\pm U_Z$。即

$$u_I > U_R \text{ 时}, \quad u_O = +U_Z$$
$$u_I < U_R \text{ 时}, \quad u_O = -U_Z$$

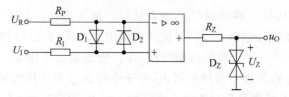

图 6.3.3　比较器输入级的保护电路和输出的限幅电路

例 6.3.1　同相电压比较器电路如图 6.3.3 所示，输入电压 u_I 为图 6.3.4 所示的三角波，稳压管 D_Z 的稳定电压 $U_Z = \pm 6V$，试分别画出 $U_R = 0$，$U_R = +1V$ 和 $U_R = -2V$ 时比较器输出电压的波形。

解　由于信号源电压 u_I 加到同相端，比较器为同相电压比较器，比较器阈值为 $U_{TH} = U_R$，输入电压 $u_I = U_{TH} = U_R$ 是输出电压对应的跳变点，因此有

$$u_I > U_R \text{ 时}, \quad u_O = U_{OH} = 6V$$
$$u_I < U_R \text{ 时}, \quad u_O = U_{OL} = -6V$$

据此可画出 $U_R = 0$，$U_R = +1V$ 和 $U_R = -2V$ 时的 u_O 波形，如图 6.3.4(a)、图 6.3.4(b)、图 6.3.4(c) 所示。由图 6.3.4 看出，这个电路能将三角波变成方波，而且通过调节参考电压 U_R 可以实现方波的脉宽调制。

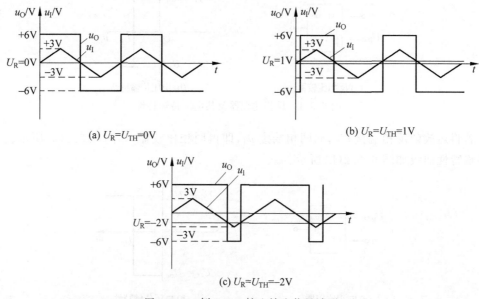

图 6.3.4　例 6.3.1 输入输出信号波形

例 6.3.2　图 6.3.5(a)是另一种单门限电压比较器，U_R 为参考电压，U_{OH}、U_{OL} 为运放的正、负饱和电压。试求出阈值电压 U_{TH}，并画出其传输特性曲线。

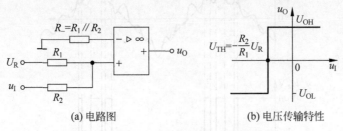

(a) 电路图　　　　　　　　　　(b) 电压传输特性

图 6.3.5　例 6.3.2 电路和电压传输特性

解　根据运放同相输入端"虚断"，节点电压方程为

$$\frac{U_R - u_+}{R_1} + \frac{u_I - u_+}{R_2} = 0$$

则运放同相端的电位为

$$u_+ = \frac{R_2}{R_1 + R_2} U_R + \frac{R_1}{R_1 + R_2} u_I$$

输出电压发生跳变时，$u_+ = u_- = 0$，即

$$\frac{R_2}{R_1 + R_2} U_R + \frac{R_1}{R_1 + R_2} u_I = 0$$

则该比较器阈值电压为

$$u_I = U_{TH} = -\frac{R_2}{R_1} U_R$$

当 $u_I > U_{TH}$（即 $u_+ > u_-$）时，$u_O = U_{OH}$；当 $u_I < U_{TH}$（即 $u_+ < u_-$）时，$u_O = U_{OL}$。

因此可画出电压传输特性曲线如图 6.3.5(b)所示。

6.3.2　滞回比较器

在单限比较器中，输入电压在阈值电压附近的任何微小变化，都将引起输出电压的跃变，不管这种微小变化是来源于输入信号还是外部干扰。因此，虽然单限比较器很灵敏，但是抗干扰能力差。对于图 6.3.2 所示的同相单门限比较器，信号电压 u_I 加在同相输入端，当输入电压 u_I 含有噪声或干扰电压时，如图 6.3.6 所示的（图中虚线表示三角波未受干扰的输入电压 u_I 波形，实线表示干扰后和实际的输入电压 u_I 波形）。由于在 $u_I = U_R$ 附近出现干扰电压时，u_O 将时而为 U_{OH}，时而为 U_{OL}，导致比较器的输出不稳定，出现误动作。因此，实际工程中多采用滞回比较器。

1. 电路组成

滞回比较器能克服单限比较器抗干扰能力差的缺点，在反相输入单门限比较器的基础上引入了正反馈，电路如图 6.3.7 所示。由于正反馈的作用，滞回比较器的阈值电压是随输出电压 u_O 的变化而变化，故有两个阈值电压。它的灵敏度虽低一些，但它的抗干扰能力大大提高了。

2. 阈值电压

由阈值电压的定义，有

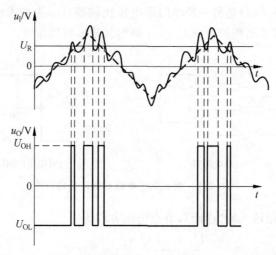

图 6.3.6　同相单限比较器在 u_I 有干扰电压时 u_O 的波形

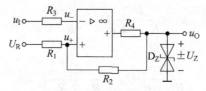

图 6.3.7　反相滞回比较器

$$U_{TH} = u_I = u_- = u_+ \tag{6.3.2}$$

而 u_+ 由 U_R、u_O 共同决定,根据运放输入端"虚断",有

$$\frac{U_R - u_+}{R_1} + \frac{u_+ - u_O}{R_2} = 0$$

则

$$u_+ = \frac{R_2}{R_1 + R_2} U_R + \frac{R_1}{R_1 + R_2} u_O \tag{6.3.3}$$

由式(6.3.2)和式(6.3.3)得

$$U_{TH} = \frac{R_2}{R_1 + R_2} U_R + \frac{R_1}{R_1 + R_2} u_O$$

在图 6.3.7 所示的电路中,u_O 有 $\pm U_Z$ 两种取值,所以滞回比较器有两个阈值:

当 $u_O = +U_Z$ 时

$$U_{TH1} = \frac{R_2 U_R}{R_1 + R_2} + \frac{R_1 U_Z}{R_1 + R_2} \tag{6.3.4a}$$

当 $u_O = -U_Z$ 时

$$U_{TH2} = \frac{R_2 U_R}{R_1 + R_2} - \frac{R_1 U_Z}{R_1 + R_2} \tag{6.3.4b}$$

由于 $U_{TH1} > U_{TH2}$,分别称它们为上阈值和下阈值,有时也用 U_{T+}、U_{T-} 表示。

3. 传输特性

当 $u_O = -U_Z$ 时,比较器工作在负饱和状态,阈值为 $U_{TH1} = \frac{R_2 U_R}{R_1 + R_2} - \frac{R_1 U_Z}{R_1 + R_2}$,此时只

要保持 $u_I > U_{TH1}$（即 $u_- > u_+$），则输出仍为 $u_O = -U_Z$；若输入 u_I 下降使 $u_I < U_{TH1}$（即 $u_- < u_+$），则输出电压 u_O 由 $U_{OL} = -U_Z$ 上跳到 $U_{OH} = +U_Z$，即 $u_O = +U_Z$。

当 $u_O = +U_Z$ 时，比较器工作在正饱和状态，阈值为 $U_{TH2} = \dfrac{R_2 U_R}{R_1 + R_2} + \dfrac{R_1 U_Z}{R_1 + R_2}$，此时只要保持 $u_I < U_{TH2}$（即 $u_- < u_+$），则输出仍为 $u_O = +U_Z$；若输入 u_I 上升使 $u_I > U_{TH2}$（即 $u_- > u_+$），输出电压 u_O 则由 $U_{OH} = +U_Z$ 下跳到 $U_{OL} = -U_Z$，即 $u_O = -U_Z$。

综上所述，反相滞回比较器的传输特性曲线如图 6.3.8 所示。根据 U_R 的大小，U_{TH1} 和 U_{TH2} 可正，可负，且门限宽度或回差电压为

$$\Delta U_{TH} = U_{TH1} - U_{TH2} = \frac{2R_1 U_Z}{R_1 + R_2} \tag{6.3.5}$$

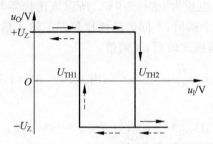

图 6.3.8　反相滞回比较器的传输特性

例 6.3.3　电路如图 6.3.9(a)所示，$R_1 = 20\text{k}\Omega$，$R_2 = 60\text{k}\Omega$，$R_3 = 10\text{k}\Omega$，$R_4 = 1\text{k}\Omega$，$U_Z = \pm 9\text{V}$，输入信号 u_I 如图 6.3.9(b)所示(虚线表示三角波未受干扰的波形，实线表示干扰后和实际的 u_I 波形)。(1)试求出比较器的阈值；(2)试画出电压传输特性曲线和输出电压 u_O 的波形图。

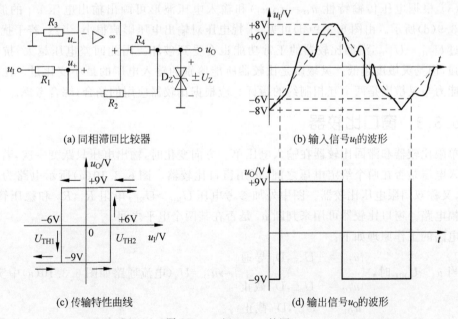

(a) 同相滞回比较器　　　　　　　(b) 输入信号 u_I 的波形

(c) 传输特性曲线　　　　　　　(d) 输出信号 u_O 的波形

图 6.3.9　例 6.3.3 的图

解 （1）求阈值电压，由运放输入端"虚断"，有

$$u_- \approx 0$$

$$\frac{u_I - u_+}{R_1} \approx \frac{u_+ - u_O}{R_2}$$

即有

$$u_+ \approx \frac{R_2 u_I + R_1 u_O}{R_1 + R_2}$$

当 $u_+ \approx u_- = 0$，可求比较器的阈值为

$$U_{TH} = u_I = -\frac{R_1}{R_2} u_O$$

在图 6.3.9（a）电路中，输出电压为 $u_O = \pm 9$V。所以该比较器与图 6.3.7 所示电路类似是属于滞回比较器，它也有两个阈值，不同的是该比较器的输入信号是从同相输入端加入端，因此该比较器也称为同相滞回比较器，其阈值：

当 $u_O = +9$V 时，$U_{TH1} = -\frac{R_1}{R_2} u_O = -6$V；当 $u_O = -9$V 时，$U_{TH2} = -\frac{R_1}{R_2} u_O = +6$V。

（2）画出电压传输特性：

当 $u_O = U_{OH} = +9$V 时，$U_{TH1} = -6$V，只要 $u_I > -6$V（即 $u_+ > u_-$），比较器输出电压会维持高电平 +9V 不变。当输入信号下降使 $u_I < -6$V（即 $u_+ < u_-$），输出电压 u_O 则由 $U_{OH} = +9$V 下跳到 $U_{OL} = -9$V。

当 $u_O = U_{OL} = -9$V 时，$U_{TH2} = +6$V，只要 $u_I < +6$V（即 $u_+ < u_-$），比较器输出电压会维持低电平 -9V 不变。当输入信号上升使 $u_I > +6$V（即 $u_+ > u_-$），输出电压 u_O 则由 $U_{OL} = -9$V 上跳到 $U_{OH} = +9$V。

综合上述分析可画出滞回比较器的电压传输特性曲线如图 6.3.9（c）所示。

（3）根据电压传输特性 $u_O = f(u_I)$ 和输入电压波形可画出输出电压 u_O 的波形，如图 6.3.9（d）所示。由图 6.3.9（d）可见，干扰电压对输出电压影响很小，当然，若干扰电压幅度超过 $U_{TH1} - U_{TH2}$，滞回比较器的正常功能也会受到破坏。因此回差电压越大，抗干扰能力越强，但是灵敏度越低。灵敏度是比较器所能鉴别的输入电压的最小变化量。比较器抗干扰能力与灵敏度是两个互相制约的指标。应根据比较器应用的场合，综合考虑。

6.3.3　窗口比较器

单限比较器和滞回比较器在输入电压单一方向变化时，输出电压只跃变一次，若要检测出输入电压是否在两个给定电压之间，可用窗口比较器。图 6.3.10（a）所示电路为窗口比较器，又称双门限电压比较器。图中外加参考电压 $U_{RH} > U_{RL}$，电阻 R_1，R_2 和稳压管 D_Z 构成限幅电路。窗口比较器可用来判断 u_I 是否在某两个电平之间。

电路的工作原理如下：

当 $u_I > U_{RH}$ 时，$\left\{ \begin{array}{l} u_{O1} = +U_{om}, D_1 \ 导通 \\ u_{O2} = -U_{om}, D_2 \ 截止 \end{array} \right\} \rightarrow u_O = U_Z$（电流通路如图 6.3.10（a）中实线）。

当 $u_I < U_{RL}$ 时，$\left\{ \begin{array}{l} u_{O1} = -U_{om}, D_1 \ 截止 \\ u_{O2} = +U_{om}, D_2 \ 导通 \end{array} \right\} \rightarrow u_O = U_Z$（电流通路如图 6.3.10（a）的虚线）。

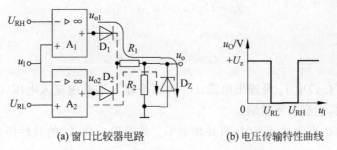

(a) 窗口比较器电路   (b) 电压传输特性曲线

图 6.3.10 窗口比较器及其电压传输特性

当 $U_{RL} < u_1 < U_{RH}$ 时，$u_{o1} = -U_{om}$，$u_{o2} = -U_{om}$，D_1、D_2 均截止，稳压管截止 $u_O = 0$。

U_{RH} 和 U_{RL} 分别为比较器的两个阈值电压，设 U_{RH} 和 U_{RL} 均大于 0，则图 6.3.10(b) 为该电路的传输特性。

6.4 集成跨导放大器与应用

跨导运算放大器（Operational Transimpedance Amplifier，OTA）也称为跨导放大器。跨导放大器输入信号是电压，输出信号是电流，增益（放大倍数）是跨导。跨导放大器是将电压输入信号放大并以电流形式输出。跨导放大器的增益是输出电流与输入电压的比值，量纲为电导，单位为西门子（S）。由于输出电流和输入电压不是在同一对端钮上，而是分别在输出端和输入端的量，因此称其比值为跨导，而称这种放大器为跨导型放大器。跨导放大器应用越来越多，所以本节介绍跨导放大器的外部特性与应用，但不介绍其内部电路。

6.4.1 跨导放大器基本概念

1. 电路符号与传输关系

跨导运算放大器是一种通用标准部件，在电路中，往往作为一个整体看待。在电路中的符号如图 6.4.1 所示。与运放一样，它有两个输入端，一个输出端，同时多了一个控制端。

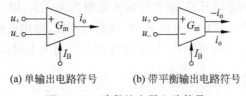

(a) 单输出电路符号   (b) 带平衡输出电路符号

图 6.4.1 跨导放大器电路符号

图 6.4.1 中，带有"＋"号的输入端与输出同相，是同向输入端，带有"－"的输入端为反相输入端。i_o 为输出电流，对应的端子为输出端，I_B 是控制电流，对应端子为控制端。

图 6.4.1(b) 给出的是有平衡输出的跨导放大器，与图 6.4.1(a) 比较，多了一个输出端，其他完全一样。图 6.4.1(b) 中的两个输出端子上的电流大小相等，方向相反。因此仅仅是平衡输出了电流，放大倍数与图 6.4.1(a) 没有区别。后面主要介绍单输出跨导放大器应用。

跨导放大器的传输特性可以用式(6.4.1)给出的关系来描述

$$i_\mathrm{o} = G_\mathrm{m}(u_+ - u_-) = G_\mathrm{m} u_\mathrm{id} \tag{6.4.1}$$

或写成

$$G = \frac{i_\mathrm{o}}{u_\mathrm{id}} = \frac{i_\mathrm{o}}{u_+ - u_-} \tag{6.4.2}$$

显然，式(6.4.1)中 I_o 是输出电流，U_id 为两个输入端差模输入电压，G_m 即为跨导放大倍数或跨导增益，它有电导量纲。

当电路工作在小信号状态时，跨导增益 G_m 是偏置电流 I_B 的线性函数，其关系可以表示为式(6.4.3)。

$$G_\mathrm{m} = h I_\mathrm{B} \tag{6.4.3}$$

式(6.4.3)中，h 称为跨导增益引子，且有

$$h = \frac{q}{2kT} = \frac{1}{2V_\mathrm{T}} \tag{6.4.4}$$

式(6.4.4)中，V_T 是温度电压当量，在室温条件($T = 300\mathrm{K}$)下，$V_\mathrm{T} = 26\mathrm{mV}$。由式(6.4.4)可以计算出 $h = 19.23(1/\mathrm{V})$，因此可得到

$$G_\mathrm{m} = 19.23 I_\mathrm{B} \tag{6.4.5}$$

式(6.4.5)中，偏置电流 I_B 的量纲为安培(A)，跨导增益 G_m 的量纲为西门子(S)。由式(6.4.5)可以看到，跨导放大器的增益 G_m 与控制电流 I_B 成正比，只要改变控制电流 I_B，就可以线性改变跨导增益 G_m。

2. 跨导放大器小信号等效电路与理想参数

根据式(6.4.1)的传输特性关系，可以画出跨导放大器的小信号理想模型的等效电路，如图 6.4.2 所示。

从图 6.4.2 可以看到，小信号理想情况下，跨导放大器可以等效为电压控制电流源(VCCS)，而且其中的 G_m 是可控参数，收到偏置电流 I_B 的控制。因此，也可以将跨导运算放大器看成可变增益电压控制电流源。

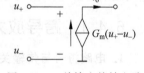

图 6.4.2　单输出等效电路小信号等效电路

从图 6.4.2 还可以得到理想情况下，主要参数可以理解为：

(1) 两个电压输入端之间开路，即差模输入电阻为无穷大，即 $r_\mathrm{id} = \infty$；

(2) 输出端是一个受差模输入电压 u_id 控制的电流源，输出电阻为无穷大，即 $r_\mathrm{o} = \infty$。

此外，共模输入电阻、共模抑制比、频带宽度等参数均为无穷大。

6.4.2　跨导放大器应用电路

集成跨导放大器和电压型运算放大器相似，都是通用性很强的标准部件，接少数外部元件后，即可呈现形形色色的信号处理功能。而且由于跨导放大器自身的性能特点，它还可以提供电压型运放不易获得的电路功能。由于跨导放大器的输出量是电流，这一基本特性，使它特别适合于构成加法器、积分器、滤波器等电路。因为在这些方面应用中，用电流量进行必要的信号处理比用电压量更加简便。同时，由于跨导放大器的跨导增益 G_m 与偏置电流 I_B 呈线性关系，只要控制电压变换为偏置电流，就可以构成各种压控电路，如增益可控放大器、压控振荡器、压控滤波器等等。这里介绍几种由跨导放大器构成的应用电路。

1. 可控比例运算电路

用跨导放大器构成的同向与反相比例运算电路分别如图 6.4.3(a)和图 6.4.3(b)所示，图中 R_L 是负载电阻，也是将电流转换成电压的元件。

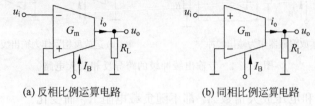

(a) 反相比例运算电路   (b) 同相比例运算电路

图 6.4.3 可调系数比例运算电压

因为跨导放大器的输出电流为 $i_o = G_m(u_+ - u_-)$，所以，图 6.4.3 所示电压放大器的输出电压为

$$u_o = i_o R_L = G_m(u_+ - u_-)R_L \tag{6.4.6}$$

对于图 6.4.3(a)所示的反向输入放大电路，有 $u_i = u_- - u_+$，所以输出电压为

$$u_o = -G_m u_i R_L \tag{6.4.7}$$

电压放大倍数为

$$A_u = \frac{u_o}{u_i} = -G_m R_L \tag{6.4.8}$$

对于图 6.4.3(b)所示的同相输入放大器，$u_i = u_{i+} - u_{i-}$，电路输出电压和电压放大倍数分别为

$$u_o = G_m u_i R_L \tag{6.4.9}$$

$$A_u = \frac{u_o}{u_i} = G_m R_L \tag{6.4.10}$$

式(6.4.8)与式(6.4.10)表明，电压放大倍数与 G_m 值成正比，调节放大器的偏置电流 I_B，可以改变跨导 G_m 的值，从而实现调节电压放大倍数 A_u 的目的。显然，图 6.4.3 所示的电路既可以看成比例可变的运算电路，也可以看成放大倍数可调的放大电路。

此外，同向放大器与反相放大器的增益绝对值相等，仅差一个符号不同，因此若在跨导放大器的两个输入端输入两个电压信号，可以方便地实现差动电压放大。

需要说明的是，图 6.4.3 所示由跨导放大器构成的电压放大电路有以下缺点：由于放大电路有很高的输出电阻，所以输出电压 u_o 和电压放大倍数 A_u 都随负载电阻 R_L 的变化而改变。如果在跨导放大器构成的电压放大级的后面级联一个由电压型运算放大器构成的输出缓冲级，就能克服输出电压 u_o 和电压放大倍数 A_u 随负载而变的缺点。

图 6.4.4 为带缓冲级的跨导放大电路构成的反相放大器。这里输出缓冲级都用常规电压集成运放构成。

在图 6.4.4(a)中，运算放大器 A 组成电压跟随器，而在图 6.4.4(b)电路中，运算放大器与电阻 R 组成电流-电压变换器，两种电路的输出电压和电压放大倍数分别为

$$u_o = -G_m u_i R \tag{6.4.11}$$

$$A_u = \frac{u_o}{u_i} = -G_m R \tag{6.4.12}$$

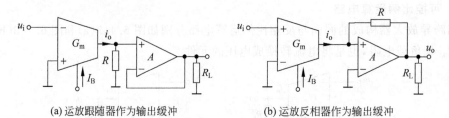

(a) 运放跟随器作为输出缓冲　　　　(b) 运放反相器作为输出缓冲

图 6.4.4　带输出缓冲级的跨导反相放大电路

而且，输出电压 u_o 和电压放大倍数 A_u 都不随负载电阻 R_L 而变化。

2. 求和电路

用跨导放大器也可以构成各种运算电路。图 6.4.5 所示为跨导放大器构成的电压模式同相加法电路。

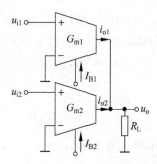

图 6.4.5　跨导放大器构成的同相加法电路

由图 6.4.5 可知

$$u_o = (i_{o1} + i_{o2})R_L = R_L(G_{m1}u_{i1} + G_{m2}u_{i2}) \tag{6.4.13}$$

显然，该电路输出电压等于输入电压的加权求和，即实现了加法运算。由图 6.4.5 可知，电路是将两个跨导放大器的输出端并联连接，使它们输出电流相加之后，在负载电阻 R_L 上形成输出电压，从而实现对两个输入电压信号做加法运算。

如果满足 $G_{m1} = G_{m2} = 1/R_L$，则输出电压为

$$u_o = u_{i1} + u_{i2} \tag{6.4.14}$$

在图 6.4.5 的加法器中，输入信号都加在跨导放大器的同相输入端，输出电压与输入电压同相。如果输入信号在加到同相输入端的同时，也加到跨导放大器的反相输入端，即信号从同相和反向输入端同时加入，则可构成加减法电路，如图 6.4.6 所示，该电路输出电压为

$$u_o = (i_{o1} + i_{o2})R_L = R_L(G_{m1}u_{i1} + G_{m2}u_{i2} - G_{m2}u_{i3}) \tag{6.4.15}$$

若满足 $G_{m1} = G_{m2} = 1/R_L$，则输出电压为

$$u_o = u_{i1} + u_{i2} - u_{i3} \tag{6.4.16}$$

在上述求和电路中，对每个信号的前面的权系数，都可通过调节对应跨导值而改变。

3. 积分电路

在跨导放大器的输出端并联一个电容 C 作负载，就可实现输出电压是输入电压的积分值，从而构成理想积分电路。如果选用不同的输入方式，可使积分电路的输出与输入之间成

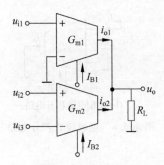

图 6.4.6 跨导放大器构成的加减法电路

同相、反相和差动等积分关系,电路分别如图 6.4.7(a)、(b)、(c)所示。

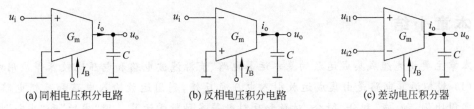

(a) 同相电压积分电路   (b) 反相电压积分电路   (c) 差动电压积分器

图 6.4.7 跨导放大器构成的积分电路

对图 6.4.7(a)所示电路,其输出电压为

$$u_o = \frac{1}{C}\int i_o \mathrm{d}t = \frac{G_m}{C}\int u_i \mathrm{d}t \tag{6.4.17}$$

同理,对图 6.4.7(b)、(c)所示的两个电路,输出电压与输入电压关系分别为

$$u_o = \frac{1}{C}\int i_o \mathrm{d}t = -\frac{G_m}{C}\int u_i \mathrm{d}t \tag{6.4.18}$$

$$u_o = \frac{1}{C}\int i_o \mathrm{d}t = \frac{G_m}{C}\int (u_{i1} - u_{i2})\mathrm{d}t \tag{6.4.19}$$

以上各式中,积分时间常数为 C/G_m,通过调节偏置电流 I_B 来改变跨导 G_m,可以方便地调节积分时间常数。

此外,上面电路可得到输出电压与输入电压之间的积分关系,也称为电压模式积分电路。下面电路可得到输出电流与输入电流之间的积分关系,称为电流模式积分电路。

对图 6.4.8(a)所示电路,其输入电压和输出电流分别为

$$i_o = G_m u_i = \frac{G_m}{C}\int i_i \mathrm{d}t \tag{6.4.20}$$

同理,对图 6.4.8(b)、(c)所示的两个电路,输出电压与输入电压关系分别为

$$i_o = -G_m u_i = -\frac{G_m}{C}\int i_i \mathrm{d}t \tag{6.4.21}$$

$$i_o = G_m (u_{i1} - u_{i2}) = \frac{G_m}{C}\int (i_{i1} - i_{i2})\mathrm{d}t \tag{6.4.22}$$

跨导放大器构成的积分电路结构简单,外接元件只需电容,积分时间常数调节方便,频率特性好,因此,在组成有源滤波电路、正弦波振荡电路中得到了非常广泛的应用。在外,前面讨论的跨导放大器构成的积分电路中,没有电阻,因此没有能量消耗,故被称为无损耗积

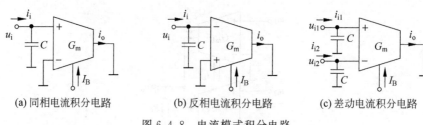

(a) 同相电流积分电路　　(b) 反相电流积分电路　　(c) 差动电流积分电路

图 6.4.8　电流模式积分电路

分器，也称为理想积分器。

实际中，跨导放大器芯片已经很多，如 CA3080 和 LM13600、AD884 等，读者需要时，可以选用。

本章小结

本章主要讲述组成集成运放的基本运算电路、有源滤波电路和电压比较器等应用电路。

（1）模拟运算电路是由集成运放引入电压负反馈，利用运放输入电路和反馈电路的不同可实现比例、加、减、积分、微分、对数和反对数等多种数学运算。用"虚短"和"虚断"概念，可方便求出输出与输入电量之间的函数关系。

（2）有源滤波电路是由集成运放和 RC 网络组成，主要用于信号处理。按其幅频特性可分为低通、高通、带通和带阻滤波电路。其分析方法与运算电路基本相同。常用传递函数表示输出与输入的关系。

（3）电压比较器是集成运放的非线性应用。集成运放工作在开环或正反馈状态下，其输入信号为模拟量，而输出电压是高电平或低电平，即数字信号"1"或"0"的两种状态。电压比较器的输出输入电压关系 $u_O = f(u_I)$ 常用传输特性曲线表示。传输特性曲线的确定：

① 求出输出电压的高、低电平 U_{OH} 和 U_{OL}；

② 利用 $u_+ = u_-$ 关系求阈值电压 U_{TH}；当 u_I 变化且 $u_I = U_{TH}$ 时，u_O 跳变；

③ u_O 跃变方向取决于运放同相输入端和反相输入端电位的高低。通常我们更关注 u_I 是作用于集成运放的反相端还是同相端。

（4）最后介绍了一种应用广泛的线性集成电路——跨导放大器，并讨论了跨导放大器的常见应用电路。

习题

6.1　集成运放应用于信号运算时工作在什么区域？

6.2　电路如图 6.1 所示，运放是理想的，若 $u_I = 6$V 求输出电压 u_o 和各支路的电流。

6.3　电路如图 6.2 所示，图中集成运放均为理想运放，试分别求出它们的输出电压和输入电压的函数关系。

6.4　电路如图 6.3 所示，集成运放均为理想集成运放，试列出它们的输出电压 u_O 及 u_{O1}、u_{O2} 与 u_i 或 u_{i1}，u_{i2} 关系的表达式。

6.5　按下列要求电路设计，且允许使用的最大电阻值为 280kΩ。

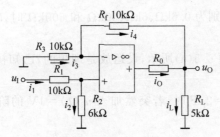

图 6.1 题 6.2 的图

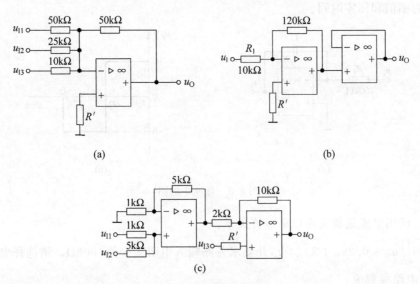

(a)

(b)

(c)

图 6.2 题 6.3 的图

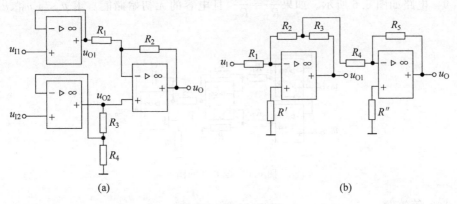

(a)

(b)

图 6.3 题 6.4 的图

（1）用反相加法器设计电路，使其输出电压 $u_o = -(7u_{i1}+14u_{i2}+3.5u_{i3}+10u_{i4})$。

（2）设计出实现输出电压为 $u_o = 1.5u_{i1} - 5u_{i2} + 0.1u_{i3}$ 的电路。

6.6 已知电阻-电压变换电路如图 6.4 所示，它是测量电阻的基本回路，R_x 是被测电阻，试求：

（1）U_o 与 R_x 的关系。

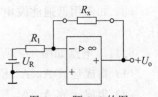

图 6.4 题 6.6 的图

（2）若 $U_R = 6\text{V}$，R_1 分别为 $0.6\text{k}\Omega$、$6\text{k}\Omega$、$60\text{k}\Omega$ 和 $600\text{k}\Omega$ 时，U_o 都为 5V，则各相应的被测电阻 R_x 是多少？

6.7　积分电路如图题 6.5(a)所示，设运放是理想的，已知初时状态时 $u_C(0) = 0$，试回答下列问题：

（1）当 $R = 100\text{k}\Omega$，$C = 2\mu\text{F}$ 时，若突然加入 $u_i(t) = 1\text{V}$ 的阶跃电压，求 1s 后输出电压 u_o 的值；

（2）当 $R = 100\text{k}\Omega$，$C = 0.47\mu\text{F}$，输入电压波形如图 6.5(b)所示，试画出 u_o 的波形，并标出 u_o 的幅值和回零时间。

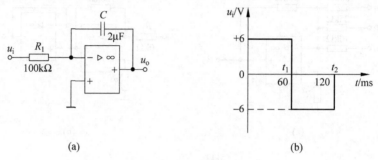

图 6.5　题 6.7 的图

6.8　试用集成运放实现以下运算关系：

$u_o = 5\int(u_{I1} - 0.2u_{I2} + 3u_{I3})\mathrm{d}t$，并要求各路输入电阻至少为 $100\text{k}\Omega$。请选择电路结构形式并确定电路参数值。

6.9　电路如图 6.6 所示。如果 $\dfrac{R_3}{R_1} = \dfrac{R_4}{R_2}$，且电容的无初始储能。求 u_o 与 u_{I1}、u_{I2} 的关系式。

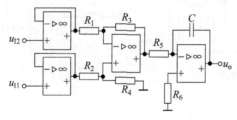

图 6.6　题 6.9 的图

6.10　简答题：

（1）无源和有源滤波电路相比各有什么优缺点？

（2）滤波电路按其工作频带分为哪几种滤波电路？并画出它们各自的理想幅频特性。

（3）如何用低通滤波电路和高通滤波电路组成带通和带阻滤波电路？组成的条件是什么？

6.11　电路如图 6.7 所示，A_1、A_2、A_3 均为理想集成运放，其最大电压输出为 $\pm12\text{V}$。

（1）集成运放 A_1、A_2 和 A_3 各组成何种基本应用电路？

（2）集成运放 A_1、A_2 和 A_3 各工作在线性区还是非线性区？

（3）若输入信号 $u_1 = 10\sin\omega t$（V），对应 u_1 波形画出相应的 u_{o1}、u_{o2} 和 u_{o3} 的波形，并在图上标出电压幅值。

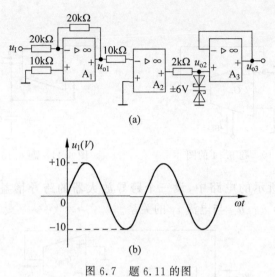

(a)

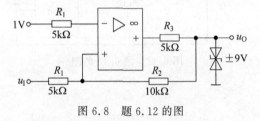

(b)

图 6.7 题 6.11 的图

6.12 求图 6.8 所示电压比较器的阈值，并画出它的传输特性。

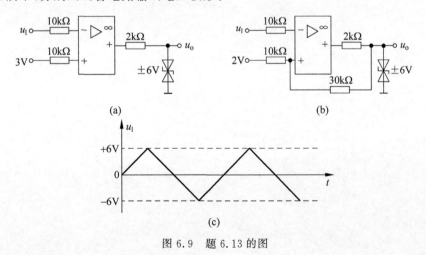

图 6.8 题 6.12 的图

6.13 求图 6.9 中各电压比较器的阈值，并分别画出它们的传输特性。如 u_1 波形如图 6.9(c)所示，分别画出各电路输出电压波形。

6.14　跨导放大器构成电路如图6.10所示，求 u_i 与 i_i 的关系。

6.15　图6.11所示跨导放大器构成的电路，试写出输出电压 u_o 与输入电压 u_i 的关系。

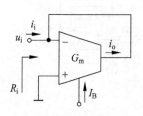

图6.10　题6.14的图

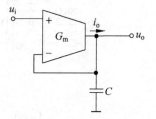

图6.11　题6.15的图

6.16　图6.12所示的电路中，设三个跨导放大器的跨导增益相等，即 $G_{m1}=G_{m2}=G_{m3}=G_m$，试写出电压 u_{i1}、u_{i2} 与电流 i_1 的关系。

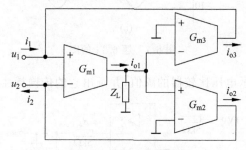

图6.12　题6.16的图

第7章

CHAPTER 7

信号产生电路

信号产生电路用于产生一定频率和幅度的信号,包含正弦波振荡电路和非正弦波产生电路。本章首先介绍正弦振荡的基本原理,然后按选频网络的不同分别介绍 RC 正弦波振荡电路、LC 正弦波振荡电路和石英晶体振荡电路。最后介绍非正弦波振荡电路,包括方波产生电路、矩形波产生电路以及三角波产生电路、锯齿波产生电路。

7.1 正弦波振荡电路概述

正弦波振荡电路不需要输入信号便能产生一定频率和幅值的正弦波输出,它在通信、无线电技术、自动控制和热加工等技术领域都有着广泛的应用。

在负反馈放大器中,由于附加相移的影响,有可能转变为正反馈,当满足一定的相位和幅值条件时,将产生自激振荡。对于放大电路来说,它是有害的,应当消除。但对于正弦波振荡电路,就是在放大电路的基础上加上正反馈,并创造条件,使之产生自激振荡。为了获得特定频率的正弦波,正弦波振荡电路必须包含选频网络。选频网络可以设置在放大环节之中,也可以设置在反馈环节之中,它能从一系列谐波分量中选出满足振荡条件的某一分量 f_0,从而使输出信号为正弦波。振荡频率 f_0 的大小取决于选频网络的参数。选频网络可以由 RC 电路组成,也可以由 LC 电路组成。为了获得稳定的等幅振荡信号,正弦波振荡电路还必须包含一个稳幅环节,它可以由非线性元件的非线性作用来实现。因此,正弦波振荡电路由放大电路、正反馈网络、选频网络、稳幅环节组成。

按组成选频网络的类型不同,正弦波振荡电路可分为 RC、LC 和石英晶体正弦波振荡电路。

RC 振荡电路用来产生几 Hz 至 1MHz 声频和超声频信号,LC 振荡电路用来产生几十 kHz 至几百 MHz 高频和超高频信号,石英晶体振荡电路,就是由石英晶体的固有频率决定振荡电路的振荡频率,它具有极高的频率稳定度。

7.1.1 正弦波振荡电路的振荡条件

如图 7.1.1(a)所示为正反馈放大电路的方框图。正弦波振荡电路就是一个无输入信号的正反馈放大器,其方框图如图 7.1.1(b)所示。

由图 7.1.1(b)有:$\dot{X}_f = \dot{X}_i'$,又因

$$\dot{X}_f = \dot{X}_o \dot{F} = \dot{X}_i' \dot{A} \dot{F}$$

所以正弦波振荡电路维持自激振荡的条件为

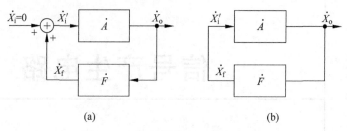

图 7.1.1　正反馈放大电路的方框图

$$\dot{A}\dot{F} = 1 \tag{7.1.1}$$

式(7.1.1)中 $\dot{A} = A\angle\varphi_{\mathrm{A}}$，$\dot{F} = F\angle\varphi_{\mathrm{F}}$，则式(7.1.1)可改写为

$$\dot{A}\dot{F} = AF\angle\varphi_{\mathrm{A}} + \varphi_{\mathrm{F}} = 1$$

于是自激振荡条件可分别表示为幅值平衡条件和相位平衡条件

幅值平衡条件

$$AF = 1 \tag{7.1.2}$$

相位平衡条件

$$\varphi_{\mathrm{A}} + \varphi_{\mathrm{F}} = 2n\pi \quad (n \text{ 为整数}) \tag{7.1.3}$$

　　正弦波振荡电路中的放大电路和反馈网络相配合，共同满足振荡所需的条件。选频网络确定电路的振荡频率，因为它保证电路只对特定频率的信号满足振荡条件，对其他频率的信号都不满足振荡条件，因而产生单一频率的正弦波信号。

　　实际电路中通常将选频网络与正反馈网络合二为一，即用一个电路实现这两种功能；有时将选频网络与放大电路相结合，构成选频放大电路。

　　幅值平衡条件 $AF = 1$ 是指电路已进入稳态，维持等幅振荡的条件。若 $AF > 1$，则振荡电路的输出越来越大，称为增幅振荡；若 $AF < 1$，则振荡电路的输出越来越小，称为减幅振荡。实际的振荡电路一般无激励信号，而是利用放大电路中存在噪声和干扰，由于它们的频谱分布很广，其中必然包含振荡频率 f_0 的分量，经过选频网络的选频作用，只有 f_0 这一频率的分量满足相位平衡条件；若此时 $AF > 1$，则可形成增幅振荡，使输出电压不断增大，振荡建立起来。因此正弦波振荡电路的起振条件是

$$AF > 1$$
$$\varphi_{\mathrm{A}} + \varphi_{\mathrm{F}} = 2n\pi \quad (n \text{ 为整数})$$

7.1.2　正弦波振荡电路的稳幅方法

　　振荡电路起振后，需由稳幅环节使 $AF > 1$ 过渡到 $AF = 1$，维持等幅振荡。稳幅环节有内稳幅和外稳幅两种实现方法，内稳幅是利用放大电路大信号工作时的非线性特性来实现稳幅；外稳幅是通过外接非线性元件实现稳幅，使放大电路的增益自动随输出电压的增大（或减小）而下降（或增大），这样容易起振，输出波形好且幅度稳定。图 7.1.2 所示为利用晶体管非线性特性实现稳幅的示意图。

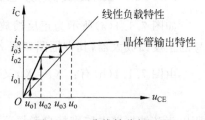

图 7.1.2　非线性稳幅过程

7.2 *RC* 正弦波振荡电路

1. *RC* 串并联网络的选频特性

RC 串并联选频网络如图 7.2.1 所示。

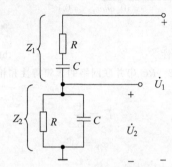

图 7.2.1 *RC* 串并联选频网络

设 *RC* 串联部分的阻抗为 Z_1,*RC* 并联部分的阻抗为 Z_2,则

$$Z_1 = R + \frac{1}{j\omega C}$$

$$Z_2 = R \mathop{/\!/} \frac{1}{j\omega C} = \frac{R\,\dfrac{1}{j\omega C}}{R + \dfrac{1}{j\omega C}} = \frac{R}{j\omega RC + 1}$$

$$\dot{F} = \frac{\dot{U}_2}{\dot{U}_1} = \frac{Z_2}{Z_1 + Z_2} = \frac{j\omega RC}{(1 - \omega^2 R^2 C^2) + j3\omega RC} = \frac{1}{3 + j\left(\omega RC - \dfrac{1}{\omega RC}\right)}$$

令 $\omega_0 = \dfrac{1}{RC}$,则

$$\dot{F} = \frac{1}{3 + j\left(\dfrac{\omega}{\omega_0} - \dfrac{\omega_0}{\omega}\right)}$$

RC 串并联选频网络的幅频特性为

$$|\dot{F}| = \frac{1}{\sqrt{3^2 + \left(\dfrac{\omega}{\omega_0} - \dfrac{\omega_0}{\omega}\right)^2}} \tag{7.2.1}$$

相频特性为

$$\varphi_{\mathrm{F}} = -\arctan\frac{1}{3}\left(\frac{\omega}{\omega_0} - \frac{\omega_0}{\omega}\right) \tag{7.2.2}$$

RC 串并联网络的幅频特性和相频特性如图 7.2.2 所示。

由式(7.2.1)和式(7.2.2)可见,在 $\omega = \omega_0$ 处,即

$$f = f_0 = \frac{1}{2\pi RC} \tag{7.2.3}$$

有

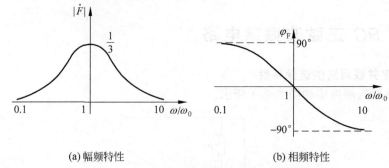

(a) 幅频特性　　　　　　　　　　　(b) 相频特性

图 7.2.2　RC 串并联网络的幅频特性和相频特性

$$F = \frac{1}{3} \tag{7.2.4}$$

$$\varphi_F = 0° \tag{7.2.5}$$

可见，当 $f = f_0 = \dfrac{1}{2\pi RC}$ 时，$\left| \dfrac{\dot{U}_2}{\dot{U}_1} \right| = \dfrac{1}{3}$，达最大值，$\dot{U}_2$ 与 $\dot{U}_1$ 同相位。利用 RC 串并联网络的这一特性，可构成 RC 正弦波振荡电路。

2. RC 正弦波振荡电路

如图 7.2.3 所示为文氏电桥 RC 正弦波振荡电路。RC 串并联网络构成振荡电路的选频网络，R_1、R_f 及运放组成同相比例放大器，放大倍数为 $A = 1 + \dfrac{R_f}{R_1}$。由 RC 串并联网络的选频特性知，当 $f = f_0 = \dfrac{1}{2\pi RC}$ 时，其相移 $\varphi_F = 0°$ 为满足振荡电路的相位条件，即 $\varphi_\Lambda + \varphi_F = 2n\pi$，要求放大器的相移 φ_Λ 也为 $0°$。所以放大器采用了同相比例放大。

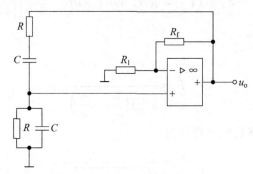

图 7.2.3　RC 正弦波振荡电路

为满足振荡电路的幅值平衡条件，即 $AF \geqslant 1$ 电路可以起振，只要运放的放大倍数 $A = 1 + \dfrac{R_f}{R_1} \geqslant 3$ 即可。

通常利用二极管或稳压管的非线性特性以及热敏电阻等元件的非线性特性，来自动地稳定振荡器输出的幅度。

在图 7.2.4(a) 中在 R_f 的两端并联两只二极管 D_1、D_2 用来稳定振荡器输出 u_o 的幅度。当振荡幅度较小时，流过二极管的电流较小，二极管的等效电阻增大，如图 7.2.4(b) 中 A、B 点，放大倍数增大，同理，当振荡幅度较大时，流过二极管的电流较大，二极管的等效电阻减小,如图 7.2.4(b)中 C、D 点,放大倍数减小,从而达到稳幅的目的。

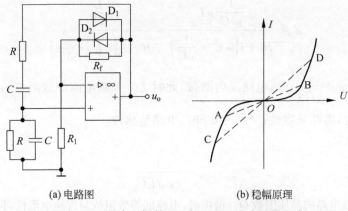

(a) 电路图　　　　　　　　　(b) 稳幅原理

图 7.2.4　具有二极管稳幅的 RC 正弦波振荡电路

当选用热敏电阻稳幅时,方法之一是选择负温度系数的热敏电阻 R_t 作为反馈电阻。当输出电压 u_o 的幅值增加,R_t 的功耗增加,温度上升,阻值下降,使放大倍数下降,输出电压 u_o 的幅值随之下降。合理选择参数,可使输出电压的幅值基本稳定,且波形失真较小。

在上述 RC 正弦波振荡电路中,利用双联电位器或双联电容,可以很方便地改变振荡频率,很多频率可调的音频振荡电路采用这种形式。

RC 正弦波振荡电路的振荡频率一般不超过 1MHz。这主要是由于 RC 正弦波振荡电路的振荡频率与 RC 的乘积成反比,振荡频率越高,要求 R、C 的值越小,R 的减小将加重放大器的负担,电容 C 太小将使振荡频率受寄生电容的影响而不稳定。此外普通集成运放的带宽也限制了振荡频率的提高。

7.3　LC 正弦波振荡电路

LC 正弦波振荡电路主要用来产生高频正弦信号,一般在 1MHz 以上。由于普通集成运算放大器的频带较窄,而高频集成运算放大器的价格高,所以 LC 正弦波振荡电路一般用分立元件组成。

常见的 LC 正弦波振荡电路有变压器反馈式、电感三点式和电容三点式。它们都是用 LC 并联谐振回路作为选频网络。

7.3.1　变压器反馈式 LC 振荡电路

1. LC 并联电路的选频特性

如图 7.3.1 所示电路为 LC 并联选频电路,R 为线圈的等效损耗电阻。

回路的等效阻抗为

$$Z = \frac{\dfrac{1}{j\omega C}(R + j\omega L)}{\dfrac{1}{j\omega C} + R + j\omega L} \qquad (7.3.1)$$

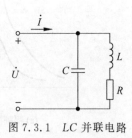

图 7.3.1　LC 并联电路

通常 $R \ll \omega L$

$$Z \approx \frac{\frac{1}{j\omega C} j\omega L}{R + j\left(\omega L - \frac{1}{\omega C}\right)} = \frac{\frac{L}{C}}{R + j\left(\omega L - \frac{1}{\omega C}\right)} \tag{7.3.2}$$

（1）当 $\omega = \omega_0 = \frac{1}{\sqrt{LC}}$ 时，电路发生谐振，此时 LC 并联电路等效阻抗为纯电阻，阻抗最大；当 $\omega > \omega_0$ 时，电路呈容性；当 $\omega < \omega_0$ 时，电路呈感性。

（2）谐振频率：

$$f_0 = \frac{1}{2\pi\sqrt{LC}} \tag{7.3.3}$$

（3）LC 并联电路的品质因数 Q。谐振时，电路的等效阻抗呈现纯电阻性，且达到最大值 Z_0。

$$Z_0 = \frac{L}{RC} = Q\omega_0 L = \frac{Q}{\omega_0 C} = Q\sqrt{\frac{L}{C}} \tag{7.3.4}$$

其中

$$Q = \frac{\omega_0 L}{R} = \frac{1}{R\omega_0 C} = \frac{1}{R}\sqrt{\frac{L}{C}} \tag{7.3.5}$$

Q 值称为品质因数，它是 LC 并联谐振电路的重要指标。损耗电阻 R 越小，Q 值越大，谐振时电路的等效阻抗就越大。

LC 并联谐振电路的端口电流为

$$I = \frac{U}{Z_0} = \frac{U}{Q\omega_0 L}$$

流过电感的电流

$$|\dot{I}_L| \approx \frac{U}{\omega_0 L}$$

所以

$$|\dot{I}_L| = Q|\dot{I}| \tag{7.3.6}$$

当 $Q \gg 1$，$|\dot{I}_C| \approx |\dot{I}_L| \gg |\dot{I}|$，谐振时 LC 并联谐振电路的回路电流比端口电流大得多。

综上所述，可画出 LC 并联电路的频率特性，如图 7.3.2 所示。

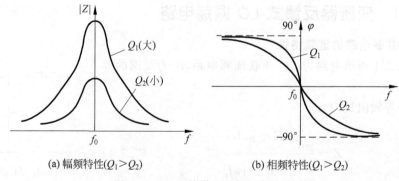

(a) 幅频特性($Q_1 > Q_2$)　　　　(b) 相频特性($Q_1 > Q_2$)

图 7.3.2　LC 并联电路的频率特性

由图 7.3.2 可看出，回路的品质因数越高，则幅频特性曲线越尖锐，在谐振频率附近相频特性曲线变化越快，选频性越好。

2. 变压器反馈式 *LC* 振荡电路

变压器反馈式 *LC* 振荡电路如图 7.3.3 所示，由直流通路可看出其静态工作点能合理设置，它的动态放大电路具有选频放大作用，集电极负载为 *LC* 并联谐振回路，当 $\omega = \omega_0$ 时阻抗最大，电压放大倍数最大。反馈线圈 L_2 将反馈信号反馈到三极管的输入回路，反馈信号的极性可通过改变信号的引出端而改变，反馈深度可通过改变线圈 L_2 的匝数而改变。

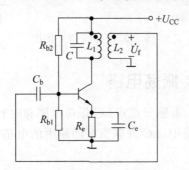

图 7.3.3 变压器反馈式 *LC* 振荡电路

对反馈极性的判别，采用瞬时极性法。在反馈信号的引入端假设一个输入信号的瞬时极性，然后根据放大电路的原理，依次判断出电路中各点电压的极性。如反馈电压的极性与输入信号的极性相同，则为正反馈，相位条件满足。如相位条件不满足，则需改变反馈信号的极性。

一般只要变压器的匝数比适当，且相位条件满足，均可起振，如果不能起振，则需调节反馈深度。

LC 正弦波振荡电路中三极管的非线性特性使电路具有自动稳幅的能力。当振幅增大到一定程度时，三极管的集电极电流增大，导致放大倍数下降，达到动态平衡，维持等幅振荡。

由图 7.3.3 可以判断该电路满足静态和动态振荡条件，对于 $f = f_0$ 的信号，在电路中能形成正反馈，因而电路能振荡，当 Q 值较高时，振荡频率为

$$f_0 = \frac{1}{2\pi\sqrt{L_1 C}} \tag{7.3.7}$$

例 7.3.1 变压器反馈式 *LC* 正弦波振荡电路，如图 7.3.4(a)所示。

(1) 标出变压器的同名端。

(2) 若 $L_2 = 4\text{mH}$，$C_1 = 200\text{pF}$，$C_2 = 10 \sim 30\text{pF}$，试求电路的可调频率范围。

解 (1) 该振荡电路的放大电路是共基极放大电路，输出与输入同相。根据瞬时极性法判断，要使反馈为正反馈，L_1 上端与 L_2 下端应为同名端，如图 7.3.4(b)所示。

(2) $f_0 = \dfrac{1}{2\pi\sqrt{L_2 C}}$，$\dfrac{1}{C} = \dfrac{1}{C_1} + \dfrac{1}{C_2}$

计算得振荡频率 f_0：$492.7 \sim 815.6\text{kHz}$。

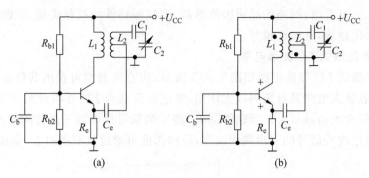

图 7.3.4　例 7.3.1 的图

7.3.2　三点式 *LC* 振荡电路

三点式 *LC* 振荡电路分为电感三点式 *LC* 振荡电路和电容三点式 *LC* 振荡电路。

在如图 7.3.5 所示的电路中，*LC* 并联谐振回路中的电感带有中间抽头，故称为电感三点式 *LC* 振荡电路。

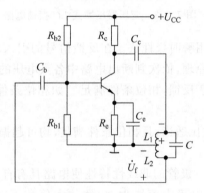

图 7.3.5　电感三点式 *LC* 振荡电路

采用瞬时极性法，当 $f=f_0$ 时可以判断电路中的反馈为正反馈，满足振荡的相位条件，至于幅值条件，由于电路的电压放大倍数较大，适当调整 L_2/L_1 的比值，就可以起振，并且可以方便地改变电感线圈抽头位置来改善波形失真程度。振荡频率近似等于 *LC* 并联电路的谐振频率，即

$$f_0 \approx \frac{1}{2\pi\sqrt{(L_1+L_2+2M)C}} \tag{7.3.8}$$

式(7.3.8)中 M 为线圈 L_1 与 L_2 之间的互感。

电感三点式 *LC* 振荡电路的优点：起振容易、调节方便，当采用可变电容时可得到较宽的频率调节范围。其缺点是：由于电感三点式 *LC* 振荡电路的反馈量取自于电感，而电感对高次谐波的阻抗较大，因而引起振荡回路输出谐波分量增大，输出波形较差，常用于要求不高的设备中。

如图 7.3.6 所示的电路为电容三点式 *LC* 振荡电路。

电容三点式 *LC* 振荡电路的形式很多，结构与电感三点式 *LC* 振荡电路基本相同。它是在 *LC* 选频网络中，从两个电容器中间抽头，故称为电容三点式 *LC* 振荡电路。

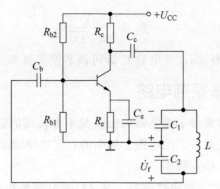

图 7.3.6 电容三点式 LC 振荡电路

采用瞬时极性法,可以判断当 $f=f_0$ 时电路中的反馈为正反馈,相位条件满足,至于幅值条件,只要将三极管的 β 值选大一些,适当调整 C_2/C_1 的比值,就可以起振。电容三点式 LC 振荡电路的振荡频率近似等于 LC 并联电路的谐振频率,即

$$f_0 \approx \frac{1}{2\pi\sqrt{L\dfrac{C_1 C_2}{C_1+C_2}}} \tag{7.3.9}$$

由于电容三点式 LC 振荡电路的反馈电压从电容 C_2 两端取得,所以对高次谐波的阻抗小,其主要优点是输出波形好。振荡频率很高,可达 100MHz 以上。缺点是当通过改变电容调节振荡频率时,要求 C_1 和 C_2 同时可变,否则在改变振荡频率时也改变了反馈量的大小,即改变了起振条件,容易引起停振。此外当 C_1、C_2 取值过小时,电路中的寄生电容则不可忽略,这时电路的振荡频率还与寄生电容有关,难以控制,所以电路还需作一些改进。改进的方法之一是将一小的可调电容 C 串联在选频回路中,C_1、C_2 可取大一些,满足 $C\ll C_1$、$C\ll C_2$。电容三点式改进型 LC 振荡电路如图 7.3.7 所示。

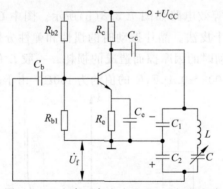

图 7.3.7 电容三点式改进型 LC 振荡电路

电容三点式改进型 LC 振荡电路的振荡频率为

$$f_0 \approx \frac{1}{2\pi\sqrt{L\dfrac{1}{\dfrac{1}{C_1}+\dfrac{1}{C_2}+\dfrac{1}{C}}}} \tag{7.3.10}$$

由于 $C\ll C_1$,$C\ll C_2$,则

$$f_0 \approx \frac{1}{2\pi\sqrt{LC}} \qquad\qquad (7.3.11)$$

可见，振荡频率只与 L、C 有关，改变电容 C 即可调节振荡频率。

7.3.3　石英晶体振荡电路

在工程实际运用中，常常要求振荡器的振荡频率有较高的稳定度。如通信系统中的射频振荡电路，数字系统中的时钟产生电路。频率的稳定度用频率的相对变化量 $\Delta f / f_0$ 来表示，即振荡频率的变化量与振荡频率之比。

$\Delta f / f_0$ 的值越小，频率的稳定度越高。从 LC 并联谐振电路的频率特性可知，Q 值越高，选频性能越好，频率的稳定度越高。但受 LC 并联谐振回路的 Q 值的限制，LC 振荡电路的频率稳定度一般只能达到 10^{-4} 数量级。在对频率稳定度要求高的场合，常采用石英晶体振荡电路，其频率稳定度可达 $10^{-9} \sim 10^{-11}$ 数量级。

1. 石英晶体的基本特性

1）石英晶体的压电效应

石英晶体的化学成分为二氧化硅，为各向异性的结晶体。将一块石英晶体按一定的方位角切成晶片，在晶片的两面涂敷银层并装上一对金属板作为两个电极，焊上引线固定在引脚上，再加上封装外壳，就构成石英晶体。

在晶片的两个电极之间加一电场，会使晶体产生机械变形；反之，若在极板间施加机械力，又会在相应的方向上产生电场，这种现象称为压电效应。如两个电极之间所加的是交变电场，就会产生机械变形振动，同时机械变形振动又会产生交变电场。在一般情况下，晶片的机械振动和交变电场的振幅都很小，但当外加交变电压的频率等于晶片的固有机械振动频率时，机械振动的振幅急剧增加，晶体的这种现象成为压电谐振。

2）石英晶体的等效电路和谐振频率

石英晶体的压电谐振等效电路如图 7.3.8(b) 所示。图中 C_0 为两金属板间的静态电容，C_0 的值为几皮法到几十皮法。晶片振动时的惯性和弹性分别用电感 L 和电容 C 来等效，电阻 R 则等效晶片振动时的因摩擦而造成的损耗。一般 L 的值为几十毫亨至几百亨，C 的值很小，一般只有 $0.0002 \sim 0.1\text{pF}$，R 的值约为 100Ω。由于晶片的等效电感 L 很大，而

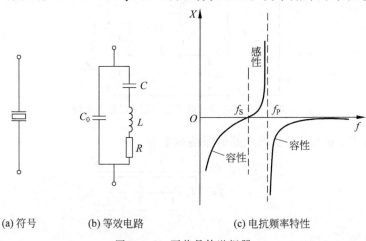

(a) 符号　　　　(b) 等效电路　　　　(c) 电抗频率特性

图 7.3.8　石英晶体谐振器

C 和 R 的值很小,因此等效电路的 Q 值很大,可达 $10^4 \sim 10^6$。因此,利用石英晶体组成的振荡电路具有很高的频率稳定度。

由石英晶体的等效电路,定性画出它的电抗—频率特性曲线,如图 7.3.8(c)所示。由图可见,当频率 f 在 f_S 和 f_P 之间时,石英晶体呈电感性,其他频率下呈电容性。

石英晶体谐振器有两个谐振频率,当 L、C、R 支路发生谐振时,串联支路的等效阻抗最小(等于 R),串联谐振频率为

$$f_S = \frac{1}{2\pi\sqrt{LC}} \tag{7.3.12}$$

当频率处于 f_S 与 f_P 之间时,L、C、R 支路呈感性,可与 C_0 支路发生并联谐振,并联谐振频率为

$$f_P = \frac{1}{2\pi\sqrt{L\dfrac{CC_0}{C+C_0}}} = f_S\sqrt{1+\frac{C}{C_0}} \tag{7.3.13}$$

由于 $C \ll C_0$,因此 f_S 和 f_P 非常接近。

2. 石英晶体振荡电路

石英晶体正弦波振荡电路的基本类型可分为并联和串联两类。具体电路的形式很多。并联石英晶体正弦波振荡电路以石英晶体代替 LC 选频网络中的电感,石英晶体以并联谐振的形式出现,石英晶体工作频率在 f_S 和 f_P 之间,其阻抗呈感性。与 C_1、C_2 构成电容三点式振荡电路,如图 7.3.9 所示。

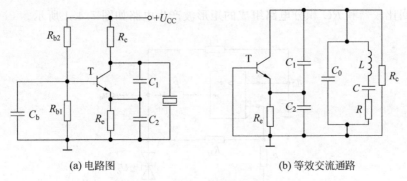

(a) 电路图   (b) 等效交流通路

图 7.3.9 并联型石英晶体振荡电路

电路的振荡频率为

$$f_0 = \frac{1}{2\pi\sqrt{L\dfrac{C(C_0+C')}{C+C_0+C'}}} \tag{7.3.14}$$

式中,$C' = \dfrac{C_1 C_2}{C_1 + C_2}$。

由于 $C_0 + C' \gg C$,所以 f_0 可近似为

$$f_0 \approx \frac{1}{2\pi\sqrt{LC}} = f_S \tag{7.3.15}$$

f_0 和 f_S 非常接近,但大于 f_S,石英晶体呈感性。

串联石英晶体正弦波振荡电路如图 7.3.10 所示。在串联石英晶体正弦波振荡电路中,

石英晶体以串联谐振的形式出现在反馈回路中，电路的振荡频率为 f_s，因为当 $f = f_s$ 时，石英晶体呈纯电阻性、相移为零，电路中的反馈为正反馈。图中 R_s 用于调节正反馈的反馈量，以得到不失真的正弦波输出。

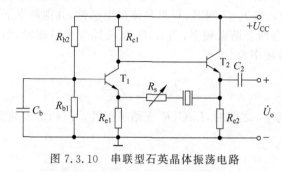

图 7.3.10　串联型石英晶体振荡电路

7.4　非正弦波产生电路

常用的非正弦波产生电路包括矩形波产生电路、三角波产生电路和锯齿波产生电路。产生非正弦波的方法很多，其共同点都是利用电容的充放电来改变电路的状态，从而得到不同的输出波形。

7.4.1　矩形波产生电路

由滞回比较器和 RC 积分电路组成的矩形波产生电路如图 7.4.1 所示。

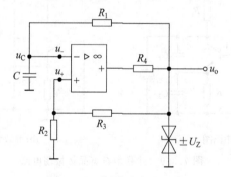

图 7.4.1　矩形波产生电路

1. 工作原理

电路中的反相滞回比较器的阈值电压由正反馈网络产生，比较电压由 RC 积分电路产生。比较器的输出经 R_4 和稳压管限幅，比较器输出状态的翻转，取决于积分电容 C 上的比较电压和阈值电压的比较。

由第 6 章电压比较器的知识可知反相滞回比较器的两个阈值为

$$U_{T-} = -\frac{R_2}{R_2 + R_3}U_Z$$

$$U_{T+} = \frac{R_2}{R_2 + R_3}U_Z$$

设 $t = 0$ 时，$u_c = 0$，$u_o = U_Z$，此时，滞回比较器的输出经 R_1 对电容 C 充电，电容 C 上的

电压按指数规律上升,当 u_c 充电至略大于 U_{T+} 时,比较器翻转,输出由 $+U_Z$ 跳转到 $-U_Z$。此时,电容 C 经 R_1 放电,电容 C 上的电压按指数规律下降,u_c 降为零后反向充电,当 u_c 略小于 U_{T-} 时,比较器再次翻转,输出由 $-U_Z$ 跳转到 $+U_Z$。如此循环,输出端得到方波信号,如图 7.4.2 所示。

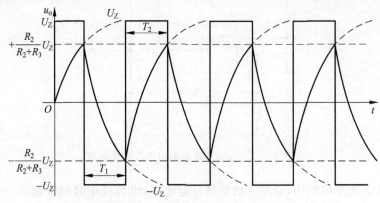

图 7.4.2 矩形波产生电路的波形

2. 周期和频率的计算

由一阶电路的三要素法公式:

$$u_c(t) = u_c(\infty) + [u_c(0) - u_c(\infty)] e^{-\frac{t}{\tau}} \tag{7.4.1}$$

将充电时间段:$u_c(0) = U_{T-}$ $u_c(\infty) = U_Z$ $u_c(T_2) = U_{T+}$ $\tau = R_1 C$

代入式(7.4.1)可求得

$$T_2 = \tau \ln \frac{u_c(0) - u_c(\infty)}{u_c(T_2) - u_c(\infty)} = \tau \ln \frac{U_{T-} - U_Z}{U_{T+} - U_Z} = R_1 C \ln\left(1 + \frac{2R_2}{R_3}\right) \tag{7.4.2}$$

将放电时间段:$u_c(0) = U_{T+}$ $u_c(\infty) = -U_Z$ $u_c(T_1) = U_{T-}$ $\tau = R_1 C$

代入式(7.4.1)可求得

$$T_1 = \tau \ln \frac{u_c(0) - u_c(\infty)}{u_c(T_1) - u_c(\infty)} = \tau \ln \frac{U_{T+} + U_Z}{U_{T-} + U_Z} = R_1 C \ln\left(1 + \frac{2R_2}{R_3}\right) \tag{7.4.3}$$

由于 $T_1 = T_2$,输出波形为方波。其周期为

$$T = T_1 + T_2 = 2R_1 C \ln\left(1 + \frac{2R_2}{R_3}\right) \tag{7.4.4}$$

输出方波频率为

$$f = \frac{1}{T} = \frac{1}{2R_1 C \ln\left(1 + \frac{2R_2}{R_3}\right)} \tag{7.4.5}$$

输出方波的频率可通过改变 R_1 或 C 的值来改变,通常是改变 R_1 的值。

通常定义矩形波为高电平的时间 T_2 与周期 T 之比为占空比 D:

$$D = \frac{T_2}{T} \tag{7.4.6}$$

3. 占空比可调的矩形波产生电路

将方波产生电路中电容器的充电和放电回路分开,通过改变充电和放电的时间常数,则可以调整输出矩形波的占空比。占空比可调的矩形波产生电路如图 7.4.3 所示。

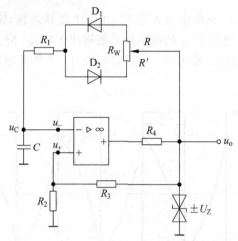

图 7.4.3　占空比可调的矩形波产生电路

在图 7.4.3 所示电路中,忽略二极管的导通电阻,电容充电时间常数 $\tau_{充}=(R_1+R)C$,电容放电时间常数 $\tau_{放}=(R_1+R')C$。

充电时间

$$T_2=(R_1+R)C\ln\left(1+\frac{2R_2}{R_3}\right)$$

放电时间

$$T_1=(R_1+R')C\ln\left(1+\frac{2R_2}{R_3}\right)$$

占空比

$$D=\frac{T_2}{T_1+T_2}=\frac{R_1+R}{2R_1+R'+R}=\frac{R_1+R}{2R_1+R_w} \qquad (7.4.7)$$

改变电位器滑动端的位置,可以调整输出矩形波的占空比。

7.4.2　三角波产生电路

由前面对矩形波产生电路的分析可见,电容电压的波形近似为三角波,但由于电容充、放电的电流不是恒流,如充电过程中充电电流随 u_c 的增大而减小,这样造成 u_c 输出的三角波线性度不好。为了获得理想的三角波,必须使电容充、放电的电流恒定。用集成运算放大器组成的积分电路代替 RC 积分电路即可满足要求。

如图 7.4.4 所示的电路为三角波产生电路,由同相滞回比较器和反相积分器构成。同相滞回比较器的输出作为积分器的输入,积分器的输出反馈到比较器的输入端。

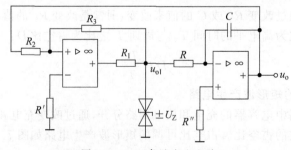

图 7.4.4　三角波产生电路

1. 工作原理

由图 7.4.4 可见,同相滞回比较器的反相输入端接地,同相输入端电压 u_+ 由 u_{o1} 和 u_o 共同作用,其中 u_{o1} 由稳压管稳幅在 $\pm U_Z$,设 $t=0$ 时,$u_{o1}=+U_Z$,电容器恒流充电,输出电压 u_o 线性下降,当 u_o 下降到某一负值,使比较器同相输入端电压 u_+ 略小于 0 时,比较器翻转,u_{o1} 由 $+U_Z$ 跳变为 $-U_Z$,电容器恒流放电,输出电压 u_o 线性上升,当 u_o 上升到某一正值,使比较器同相输入端电压 u_+ 略小于 0 时,比较器再次翻转,u_{o1} 由 $-U_Z$ 跳变为 $+U_Z$,如此周而复始,产生振荡。比较器的输出 u_{o1} 为方波信号,反相积分器的输出 u_o 为三角波信号,如图 7.4.5 所示。

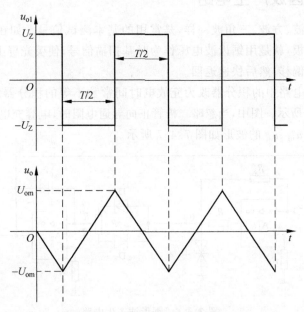

图 7.4.5　三角波产生电路的波形

2. 主要参数计算

由输出波形可以看出,输出三角波的幅值可以由比较器的翻转点计算得出。

不论 u_{o1} 由 $+U_Z$ 跳变为 $-U_Z$ 还是由 $-U_Z$ 跳变为 $+U_Z$,都有积分电路的运放同相端 $u_+=0$,$u_o=\pm U_{om}$。在比较器的翻转点,流过 R_2 的电流等于流过 R_3 的电流,即

$$\frac{\pm U_Z}{R_3}=\frac{\pm U_{om}}{R_2}$$

$$U_{om}=\frac{R_2}{R_3}U_Z \tag{7.4.8}$$

输出三角波的振荡频率可以通过积分器的输入输出关系来确定。输出电压从 $-U_{om}$ 上升到 $+U_{om}$ 的时间为 $\dfrac{T}{2}$,因而

$$\frac{1}{RC}\int_0^{T/2} U_Z \mathrm{d}t=2U_{om}$$

$$T=\frac{4RCU_{om}}{U_Z} \tag{7.4.9}$$

将式(7.4.8)代入式(7.4.9)得

$$T = \frac{4RCR_2}{R_3} \tag{7.4.10}$$

$$f = \frac{1}{T} = \frac{R_3}{4RCR_2} \tag{7.4.11}$$

一般情况是先调整 R_2、R_3，使输出三角波的幅值达到要求，再调整 R 和 C 的值，使频率达到要求。

7.4.3　锯齿波产生电路

锯齿波和正弦波、方波、三角波一样，是常用的基本测试信号。如在电子示波器中阴极射线管的水平偏转板，就是用锯齿波电压作为时基扫描信号，使荧光屏上的光点随时间 t 成正比的在水平方向偏移，然后快速返回。

将三角波产生电路中的积分器改为充放电时间常数不等的积分器，就构成了锯齿波产生电路，如图 7.4.6 所示。图中，当忽略二极管正向导通电阻时，电容充电时间常数为 $R'C$，放电时间常数为 RC，u_{o1}、u_o 的波形如图 7.4.7 所示。

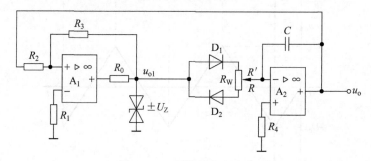

图 7.4.6　锯齿波产生电路

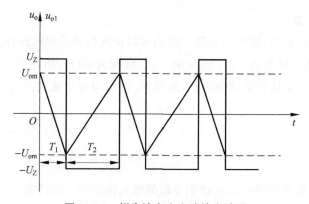

图 7.4.7　锯齿波产生电路输出波形

由图 7.4.7 所示的波形图可求得

$$U_{om} = \frac{R_2}{R_3} U_Z$$

有

$$-\frac{1}{R'C}\int_0^{T_1} U_z \mathrm{d}t = -2U_{\mathrm{om}} = -2\frac{R_2}{R_3}U_z \qquad (7.4.12)$$

电容充电时间 T_1 为

$$T_1 = \frac{2R_2 R' C}{R_3} \qquad (7.4.13)$$

同理可得电容放电时间 T_2 为

$$T_2 = \frac{2R_2 R C}{R_3} \qquad (7.4.14)$$

振荡周期为

$$T = T_1 + T_2 = \frac{2R_2(R' + R)C}{R_3} \qquad (7.4.15)$$

本章小结

正弦波产生电路由放大器、正反馈网络、选频网络、稳幅环节四部分组成。判断振荡电路能否产生振荡时,首先要看电路是否包含上述 4 部分;其次从直流通路判断放大器是否处于放大状态;再用瞬时极性法判断电路是否满足相位平衡条件(是否构成正反馈);至于起振的幅值平衡条件 $AF > 1$,一般情况下是比较容易满足的。

按选频网络的不同,正弦波振荡电路主要分为 RC 型和 LC 型两大类。RC 正弦波振荡电路由 RC 串并联网络组成选频网络,主要用于中低频场合,振荡频率为 $f_0 = \frac{1}{2\pi RC}$;LC 正弦波振荡电路由 LC 并联回路组成选频网络,主要用于高频场合,振荡频率为 $f_0 = \frac{1}{2\pi\sqrt{LC}}$;石英晶体振荡器是 LC 振荡电路的一种特殊形式,由于石英晶体的等效谐振回路的 Q 值很高,因而振荡频率有很高的稳定性。

在非正弦波信号产生电路中运放一般工作在非线性状态,其输出电压仅为正负饱和值(或限幅值)。在非正弦波信号产生电路中没有选频网络,它通常由比较器、反馈网络和积分电路等组成,属于一种弛张振荡电路。判断电路能否振荡的方法是,设比较器的输出为高电平(或者低电平),经正反馈、积分等环节能使比较器输出从一种状态跳变到另一种状态,则电路能振荡。

对三角波产生电路,一般通过改变 RC 积分电路的时间常数来改变电路的振荡频率,通过改变比较器的阈值电压来改变三角波的幅值。当 RC 积分电路的正向充电和反向充电时间常数不同时,方波就会变成矩形波,三角波就会变成锯齿波。

习题

7.1 信号产生电路的作用是什么?对信号产生电路的主要要求是什么?

7.2 正弦波振荡电路产生自激振荡的条件是什么?它与负反馈放大电路产生自激振荡的条件有什么不同?

7.3 如何定性判断一个电路能否产生正弦波振荡？

7.4 非正弦波振荡电路主要由哪几部分组成？产生非正弦波振荡的条件是什么？

7.5 RC 桥式正弦波振荡电路如图 7.1 所示。已知 $R=15\text{k}\Omega,C=0.01\mu\text{F},R_2=1.5\text{k}\Omega$，流过 R_1 的电流的有效值为 0.8mA。试求输出电压 u_o 的有效值及振荡频率。

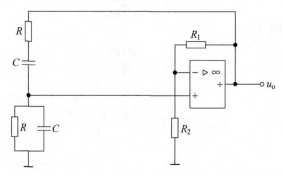

图 7.1 题 7.5 的图

7.6 正弦波振荡电路如图 7.2 所示。试判断其中哪些电路有可能产生自激振荡并说明理由。

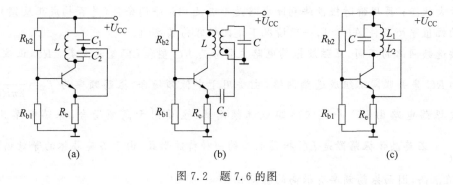

图 7.2 题 7.6 的图

7.7 在图 7.3 所示电路中，C_b、C_e 的电容量足够大，对交流可视为短路，试说明图中哪些电路可能产生自激振荡。对不能产生自激振荡电路，请加以改正使其能够产生自激振荡。

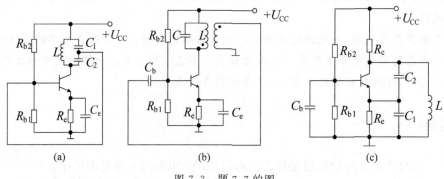

图 7.3 题 7.7 的图

7.8 试用相位平衡条件判断图 7.4 中的两个电路能否产生正弦波振荡,如能振荡,说明石英晶体在电路中的作用,电路的振荡频率如何确定。

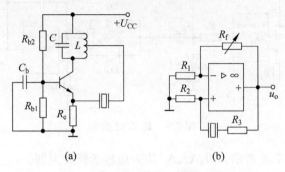

(a) (b)

图 7.4 题 7.8 的图

7.9 方波产生电路如图 7.5 所示,已知方波的频率 $f = 2.38\text{kHz}$,试求电阻 R_1 的值。

7.10 不对称方波产生电路如图 7.6 所示。设二极管的正向导通电阻忽略不计,写出输出信号低电平时间 T_1 和高电平时间 T_2 的表达式,求出输出信号的周期 T。

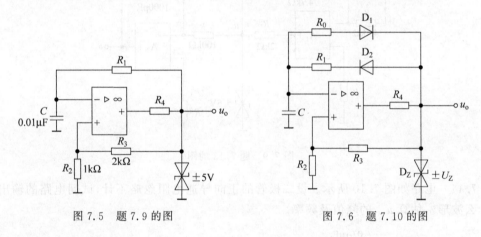

图 7.5 题 7.9 的图   图 7.6 题 7.10 的图

7.11 信号产生电路如图 7.7 所示。试标出图中集成运放的同相输入端和反相输入端,使其能正常工作,并指出 u_{o1} 和 u_{o2} 分别是什么波形。

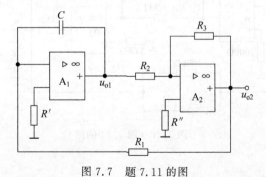

图 7.7 题 7.11 的图

7.12 在图 7.8 中,已知 $R_2 = 10\text{k}\Omega$,$C = 0.1\mu\text{F}$,$f = 1000\text{Hz}$,锯齿波的峰值等于第一级运放输出矩形波幅值的 $1/2$,占空比为 $1/8 \sim 1/4$ 可调。求 R_3 的值及 R、R' 的调节范围。

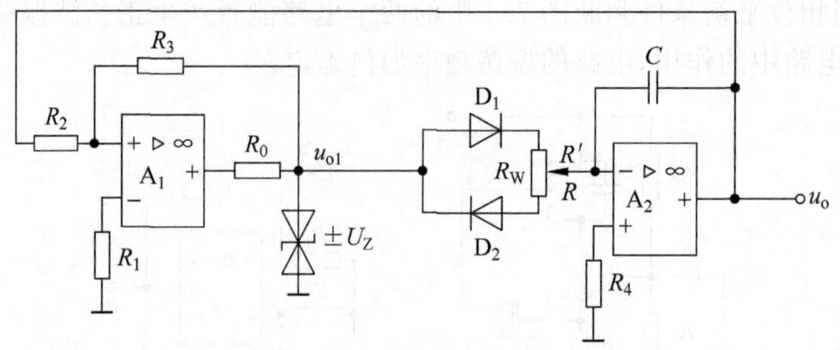

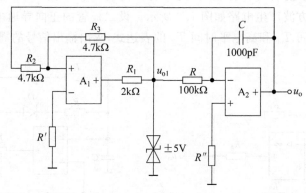

图 7.8　题 7.12 的图

7.13　电路如图 7.9 所示。设 A₁、A₂ 均为理想运算放大器。

(1) 试画出 u_{o1} 和 u_o 的波形；

(2) 求出 u_o 的周期。

图 7.9　题 7.13 的图

7.14　电路如图 7.10 所示。设二极管的正向导通电阻忽略不计,试问电路的输出 u_{o1} 为什么波形？估算 u_{o1} 的峰值及频率。

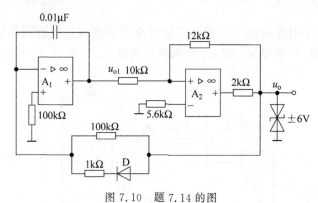

图 7.10　题 7.14 的图

功率放大电路

CHAPTER 8

本章针对功率放大电路的特点首先提出了功率放大电路的基本要求，然后介绍提高功率放大电路效率的主要途径及互补对称功率放大电路的工作原理和分析方法。

8.1 功率放大电路的特点及对电路基本要求

8.1.1 功率放大电路的特点

1. 功率放大电路的特点

功率放大电路通常作为多级放大电路的输出级，将前级送来的信号进行功率放大，去推动负载工作。例如驱动扬声器，使之发声；驱动继电器，使之动作；驱动电机，使之转动等。显然，功率放大电路与前面几章讨论的电压放大电路所承担的任务不同，但两者在本质上并没有严格的区别，它们都是利用三极管的放大作用将信号放大，在负载上获得一定的电压、电流和功率。不同之处在于，电压放大电路主要任务是输出足够大的电压，在电路分析时，研究的重点是电压放大倍数、输入电阻和输出电阻。由于电压放大电路是在小信号状态下工作，采用的是微变等效电路分析方法。功率放大电路的任务是既要输出大的电压，又要输出大的电流，即输出大的功率。由于电路是在大信号状态下工作，所以分析电路时，研究的重点是输出功率的大小、能量转换的效率、管耗、非线性失真等问题。在功率放大电路中，三极管的工作点在大范围内变化，在对电路分析时，不能采用微变等效电路法，而只能采用图解法进行分析。

2. 对功率放大电路基本要求

1）能提供给足够的输出功率

为了获得尽可能大的输出功率，要求功放管的电压和电流都有足够大的输出幅度，因此，管子往往在接近极限参数状态下工作。

2）具有较高的效率

放大器实质上是一个能量转换装置。由于输出功率大，因此，直流电源供给的功率和线路本身（包括功放管）所消耗的功率也大，效率就成为一个重要的指标。所谓效率，就是负载得到的有用信号功率和电源供给的直流功率的比值。效率越高，线路消耗的功率和直流电源所供给的直流功率之比就越小。

3）非线性失真要小

功率放大器在大信号下工作，难免产生非线性失真。而且输出功率越大，失真往往越严重，这就使得输出功率与非线性失真成为一对矛盾。在测量系统和电声设备中，非线性失真要尽量小一些。

4）良好的散热和保护

由于流过功放管的电流较大,有相当大的功率消耗在管子上。因此,功放管在工作时一般要加散热片。另外,功放管往往在极限状态下工作,因而损坏可能性也大,在电路中要采取一些保护措施。

8.1.2　提高效率的主要途径与电路工作方式

要提高功率放大电路的效率,首先要了解放大电路的工作方式。根据三极管静态工作点的位置不同,放大电路可分为甲类放大电路、乙类放大电路和甲乙类放大电路。

1. 甲类放大电路

甲类放大电路是指电路静态工作点设置在负载线的中点上,在输入信号的正负半周,三极管都在工作,管子的导通角为 360°,输出波形好,失真小,但输出电流小,静态管子功耗大,效率低,如图 8.1.1(a)所示。从图中可以看出,管子的静态功耗等于静态工作点 Q 与两坐标轴间所围矩形的面积,为了提高管子效率,可降低静态工作点,减小矩形面积。

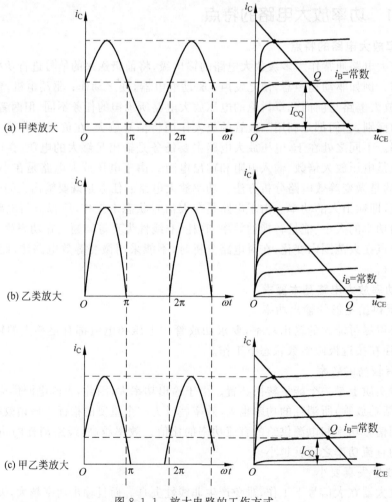

图 8.1.1　放大电路的工作方式

2. 乙类放大电路

如图 8.1.1(b)所示的静态工作点在负载线的最低点,管子的导通角为 $180°$。由于静态时电流为零,无功耗。动态时,放大电路只工作在输入信号的正半周,输出电流大,效率高。输入信号的负半周时三极管截止,此时输出波形出现严重的失真,不能直接使用。但此类工作状态电路效率很高的优点却是值得注意的。

3. 甲乙类放大电路

当电路的静态工作点略高于乙类时,如图 8.1.1(c)所示,此时静态电流很小,效率较高。晶体的导通时间大于半个周期,管子的导通角大于 $180°$,输出电流在甲类放大电路和乙类放大电路之间,此时电路输出波形虽然失真严重,不能直接使用。但合理的设计电路结构,让不同类型的两只管子轮流工作便可得到很好的效果。

由上述讨论可知,提高功率放大电路的效率的途径是采用乙类放大电路和甲乙类放大电路。

8.2 双电源乙类互补对称功率放大电路

8.2.1 电路组成及工作原理

乙类双电源互补对称电路如图 8.2.1 所示。图中 T_1 和 T_2 分别为 NPN 型和 PNP 型三极管,它们参数完全对称、均工作在乙类状态,由正、负对称的两个电源供电。设两管发射结死区电压为 $0V$,电路的工作原理如下:

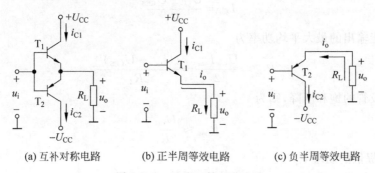

(a) 互补对称电路　　　(b) 正半周等效电路　　　(c) 负半周等效电路

图 8.2.1　乙类互补对称电路

静态时,基极回路没有偏流,两管截止,由于两管参数对称、两电源电压对称,所以输出电压为 0。

在输入信号的正半周,T_1 管因发射结承受正向电压而导通,T_2 管因发射结承受反向电压而截止,等效电路如图 8.2.1(b)所示,电流 $i_{C1}(=i_o)$ 从上至下流过负载电阻 R_L,输出电压 $u_o > 0$。

在输入信号的负半周,T_1 截止,T_2 导通,等效电路如图 8.2.1(c)所示,电流 $i_C(=i_o)$ 从下至上流过负载电阻 R_L,$u_o < 0$,在输入信号的一个周期中,两个三极管轮流导通,在负载电阻 R_L 上合成一个完整的波形。

8.2.2 主要指标计算

双电源乙类互补对称电路图解法分析如图 8.2.2 所示,主要指标计算如下:

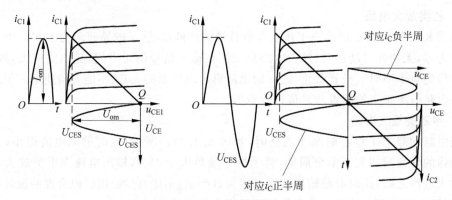

图 8.2.2 互补对称电路的图解法分析

1. 输出功率 P_o

图 8.2.2 中，静态工作点为 $U_{CE} = U_{CC}$，负载电阻为 R_L，用 U_o 和 I_o 分别表示输出电压和输出电流的有效值，U_{om}、I_{om} 为输出电压振幅则输出的平均功率为

$$P_o = U_o I_o = \frac{U_{om} I_{om}}{2} = \frac{U_{om}^2}{2R_L} \tag{8.2.1}$$

当输入信号足够大，三极管处于深饱和状态，三极管饱和导通时的管压降为 U_{CES}，最大的输出电压和输出电流幅值分别为

$$U_{om} = U_{CC} - U_{CES}$$

$$I_{om} = \frac{U_{CC} - U_{CES}}{R_L}$$

此时电路可能输出的最大平均功率为

$$P_{om} = \frac{U_{om} I_{om}}{2} = \frac{(U_{CC} - U_{CES})^2}{2R_L} \tag{8.2.2}$$

如果略去三极管的饱和压降，则为

$$P_{om} \approx \frac{U_{CC}^2}{2R_L} \tag{8.2.3}$$

2. 电源提供的功率 P_E

每个电源提供的功率为

$$P_{E1} = P_{E2} = U_{CC} I_{C(AV)}$$

式中，$I_{C(AV)}$ 为电源提供电流的平均值。每一个电源提供的 $I_{C(AV)}$ 为

$$I_{C(AV)} = \frac{1}{2\pi} \int_0^\pi I_{Cm} \sin\omega t \, d\omega t = \frac{1}{2\pi} \int_0^\pi I_{om} \sin\omega t \, d\omega t = \frac{1}{2\pi} \int_0^\pi \frac{U_{om}}{R_L} \sin\omega t \, d\omega t = \frac{U_{om}}{\pi R_L}$$

两个电源提供的总功率为

$$P_E = 2U_{CC} I_{C(AV)} = \frac{2U_{CC} U_{om}}{\pi R_L} \tag{8.2.4}$$

3. 能量转换效率 η

电源提供的直流功率转换成有用的交流信号功率的效率为

$$\eta = \frac{P_o}{P_E} = \frac{U_{om}^2}{2R_L} \bigg/ \frac{2U_{CC} U_{om}}{\pi R_L} = \frac{\pi U_{om}}{4U_{CC}} \tag{8.2.5}$$

由式(8.2.5)可知,效率与输出电压的大小 U_{om} 有关,当信号足够大时,$U_{om} \approx U_{CC}$,此时电路效率达最大值 η_{max}。

$$\eta_{max} = \frac{\pi}{4} = 78.5\%$$ (8.2.6)

4. 管子耗散功率 P_T

电源提供的功率除了有用的输出功率外,剩下的则消耗在两个三极管上,管子耗散功率 P_T 为

$$P_T = P_E - P_o = \frac{2U_{CC}U_{om}}{\pi R_L} - \frac{U_{om}^2}{2R_L}$$ (8.2.7)

由式(8.2.7)可知,管耗 P_T 与 U_{om} 有关,但并不是 U_{om} 越大,P_T 越大。令

$$\frac{dP_T}{dU_{om}} = \frac{1}{R_L}\left(\frac{2U_{CC}}{\pi} - U_{om}\right) = 0$$

可求得在 $U_{om} = 2U_{CC}/\pi$ 时,管子功耗达极大值 P_{Tm},将 $U_{om} = 2U_{CC}/\pi$ 代入式(8.2.7)得此时两管总功耗为

$$P_{Tm} = \frac{2U_{CC}^2}{\pi^2 R_L} \approx 0.4 P_{om}$$

每个管子的功耗为

$$P_{Tm1} = P_{Tm2} \approx 0.2 P_{om}$$ (8.2.8)

根据式(8.2.8)选择三极管的极限参数 P_{CM}。

5. 管子耐压指标 $U_{(BR)CEO}$

静态时,管子的集-射极间的电压等于电源电压 U_{CC},有信号输入时,截止管的集-射极间的电压 u_{CE} 等于电源电压 U_{CC}(或 U_{EE})与导通管输出电压最大值 U_{cm} 之和。当 $U_{cm} = U_{CC}$ 时,截止管集-射极间的电压 u_{CE} 等于 $2U_{CC}$。所以,管子的耐压指标为

$$U_{(BR)CEO} > 2U_{CC}$$ (8.2.9)

式(7.2.9)为选管的耐压根据。

乙类互补对称功率放大器由于管子工作在乙类放大方式,当输入信号小于三极管的死区电压时,管子处于截止状态,输出电压和输入电压之间不存在线性关系,产生失真,由于这种失真出现在输入电压过零处(两管交接班时)故称为交越失真,如图8.2.3所示。

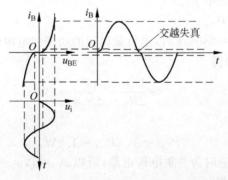

图 8.2.3 乙类互补对称功放的交越失真现象

8.2.3 甲乙类双电源互补对称功率放大电路

为减小和克服交越失真，通常为两管设置很低的静态工作点，使它们在静态时处于微导通状态，即电路处于甲乙类放大方式。

甲乙类互补对称功率放大电路如图 8.2.4(a)所示，T_3 工作在甲类状态，在输入信号 u_i 的整个周期内始终处于导通状态。

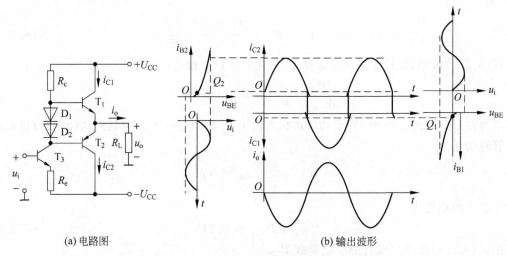

(a) 电路图   (b) 输出波形

图 8.2.4 甲乙类互补对称功率放大电路

静态时 $u_i = 0$，由 D_1、D_2 给 T_1、T_2 提供偏压，使之微导通。两管均有很小电流 I_{C1}，I_{C2} 流过，由于参数对称，$I_{C1} = I_{C2}$，输出电流

$$I_o = I_{C1} - I_{C2} = 0, \quad u_o = 0$$

有输入信号时，T_1、T_2 管的电流导通时间均略大于半个周期，而输出电流仍为两者之差。$i_o = i_{c1} - i_{c2}$，使输出波形接近正弦波，从而克服了交越失真。各极电流和输出电流波形如图 8.2.4(b)所示。由于甲乙类电路 Q 点很低，所以各项电路指标计算依照按乙类电路计算。

例 8.2.1 图 8.2.4(a)电路中，已知电源电压为 $\pm 12V$，$R_L = 8\Omega$，静态时输出电压 $u_o = 0$，设管子饱和压降 $U_{CES} = 0$，试求：

(1) 电路的最大输出功率 P_{om}；

(2) 三极管最大管耗 P_{Tm}；

(3) 当输入电压为 $u_i = 6\sin\omega t$ 时，求负载得到的功率和电源的转换效率。

解 (1) 由式(8.2.3)得

$$P_{om} \approx \frac{U_{CC}^2}{2R_L} = \frac{12^2}{2 \times 8} = 9W$$

(2) 由式(8.2.8)得

$$P_{Tm} \approx 0.2 P_{om} = 1.8W$$

(3) 由于每个管子导通时为共集电极电路，所以 $A_u \approx 1$，$u_o = u_i = 6\sin\omega t$ V，$U_{om} = 6V$，由式(8.2.1)和式(8.2.5)得

$$P_o = \frac{U_{om}^2}{2R_L} = \frac{6^2}{2 \times 8} = 2.25W$$

$$\eta = \frac{P_o}{P_E} = \frac{\pi}{4} \frac{U_{om}}{U_{CC}} \approx \frac{3.14 \times 6}{4 \times 12} = 39.25\%$$

8.3 单电源甲乙类互补对称功率放大电路

8.3.1 单电源互补对称功率放大电路

如图 8.3.1(a)所示电路是单电源互补对称功率放大电路,T_1、T_2 管工作在乙类状态。静态时,A 点电位为 $U_{CC}/2$。只要电容 C 足够大(使 $\tau = R_L C$ 比信号的周期大得多),电容 C 便可以代替双电源功放电路中的 $-U_{CC}$。

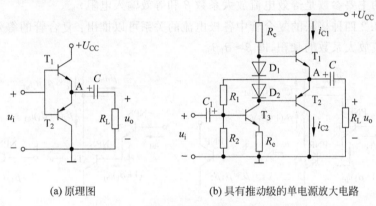

(a) 原理图   (b) 具有推动级的单电源放大电路

图 8.3.1 具有推动级的单电源放大电路

如图 8.3.1(b)所示电路是具有推动级的单电源互补对称功率放大电路。为使电路具有尽可能大的输出功率,在它的前面加了一个推动级 T_1,使得有足够的功率推动输出级的功放管。

图 8.3.1 中 T_3 管组成前级放大级,工作在甲类状态,T_1 和 T_2 组成互补对称电路输出级,由于电路上下对称,通过调节 R_1 和 R_2 的数值,就可使 T_3 管工作在所需的状态,同时给 T_1 管、T_2 管合适的静态工作点,使 A 点的电位为 $U_{CC}/2$。

当有输入信号时,T_3 管均导通。在 $u_i < 0$ 的半周期内,T_3 管集电极电位升高,T_1 管因发射结承受正向电压而导通,T_2 管截止,$+U_{CC}$ 向 R_L 供电的同时对 C 充电;在 $u_i > 0$ 的半周期内,T_3 管集电极电位下降,T_2 管因发射结承受正向电压而导通,T_3 管截止,电容 C 通过 T_2 向 R_L 放电。

需要注意的是,此时电路每管的工作电压由原来正负电源中的 U_{CC} 变成了 $U_{CC}/2$,所以,计算各种性能指标时均要用 $U_{CC}/2$ 替代原公式的 U_{CC}。

8.3.2 复合管

如果功率放大电路输出端的负载电流比较大,则要求提供给功率三极管基极的推动电流也较大,而功率放大电路的前级一般为电压放大电路,很难为功放管提供大的基极推动电流。为了解决这个矛盾,通常将功率放大器的 T_1 和 T_2 做成复合管的形式,以得到较大的电流放大系数。

1. 复合管的组成形式

一般复合管由两个三极管组成，两个三极管的类型可以相同，也可不同，常见的几种连接形式的复合管如图 8.3.2 所示。图 8.3.2 中，T_1 为推动管、T_2 为输出管。无论由相同或不同类型三极管组成复合管时，都必须保证推动管的输出电流与输出管的输入电流的实际方向一致，以便形成适当的电流通道，否则复合管不能正常工作。同时，在复合后的三个端钮外加电压时，应保证 T_1、T_2 的发射结正向偏置、集电结反向偏置，而两管工作在放大区。

复合管的类型与推动管有关，推动管为 NPN 管，则复合后仍为 NPN 管，推动管为 PNP 管，则复合后仍为 PNP 管。

2. 复合管的主要参数

复合管的主要参数是等效电流放大系数 β 和等效输入电阻 r_{be}。

由图 8.3.2 四种接法的复合管中各极电流的关系可以推出：复合管的等效电流放大系数是两管电流放大系数的乘积，即 $\beta \approx \beta_1\beta_2$。

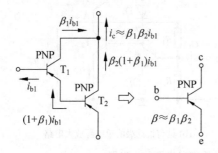

(a) PNP-PNP构成的PNP型复合管

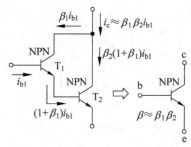

(b) NPN-NPN构成的NPN型复合管

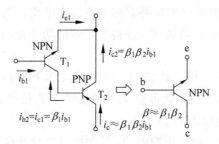

(c) NPN-PNP构成的NPN型复合管

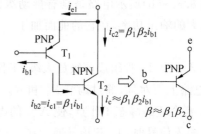

(d) PNP-NPN构成的PNP型复合管

图 8.3.2　复合管的组成形式

图 8.3.2(a)和图 8.3.2(b)两种接法的复合管中，T_1 管是共集电极组态，而 r_{be2} 是 T_1 管的射极电阻，所以复合管等效输入电阻为 $r_{be} = r_{be1} + (1+\beta)r_{be2}$。而图 8.3.2(c)和图 8.3.2(d)两种接法的复合管中，$r_{be} = r_{be1}$。

图 8.3.3 所示电路是由复合管组成的功率放大电路。其中 T_1、T_3 复合成 NPN 管，T_2、T_4 复合成 PNP 管。注意，这里 T_4 没有用 PNP 管，是因为对于大功率三极管（复合管中的输出管）来说，NPN 管和 PNP 管很难做到完全对称，而同类型的三极管（如 NPN 管与 NPN 管或 PNP 管与 PNP 管）之间，在集成电路制造中很容易使两者的特性对称。因此，在集成电路放大器的功率放大级，均采用图 8.3.3 所示电路的形式，由于 T_2、T_4 不都是 PNP 管，

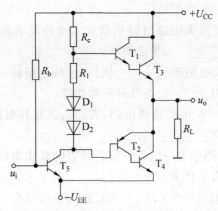

图 8.3.3 由复合管组成的准互补对称功率放大电路

又称这种功率放大电路为准互补对称功率放大电路。

复合管因其等效电流放大系数很高,而等效输入电阻亦可很高,不需要前级放大电路提供很大的电流就能输出大的功率,因而在集成电路中得到广泛采用。复合管又称为达林顿管(Darlinton)。

本章小结

1. 功率放大器的实质与电压放大器相同,都是利用三极管的电流放大作用,达到小功率控制大功率、小电压控制大电压的目的。

2. 功率放大器的特点是:

(1) 输出功率大意味着输出电压大和输出电流大,管子工作在极限状态,要注意极限参数;

(2) 由于输出功率大,电路的损耗也大,所以效率成为主要性能指标;

(3) 由于管子在大信号下工作,功率放大器仅适用于图解法;

(4) 要注意功放管的散热和保护问题。

3. 三极管可以分为甲类、乙类和甲乙类三种工作状态,其中甲类工作状态波形失真小,但效率最低;乙类工作状态效率最高,但波形失真大。

4. 甲乙类互补对称功率放大器利用两个处于甲乙类工作状态的三极管,分别在正、负半周轮流工作,既可得到较高的工作效率、又可避免交越失真,是一种较好的功率放大电路。

5. 复合管具有电流放大系数高,等效输入电阻大的特点,由两个三极管组成,两个三极管组成后的复合管应满足复合起来的管子在外加电压的情况下,两管都处于放大状态,即满足发射结正向偏置、集电结反向偏置。复合管的类型与推动管的类型相同。

习题

8.1 试说明三极管的三种工作状态及其特点。

8.2 填空题。

（1）功率放大电路的主要作用是_____。

（2）甲类、乙类、甲乙类放大电路可以依据放大管的导通角（θ）大小来区分,其中甲类 $\theta=$ _____,乙类的 $\theta=$ _____,甲乙类 $\theta=$ _____。

（3）乙类互补对称功放电路的_____较高,这种电路特有的失真现象称为_____失真,消除这类失真,常采用_____类互补对称功放。

（4）一个输出功率为 10W 的扩音机电路,若用乙类互补对称功放,则应选用额定功耗至少应为_____的功率管_____只。

8.3　乙类互补功放电路中的三极管的管耗是否随输出电压的幅度增加而增加? 三极管管耗的最大值发生在什么条件下?

8.4　图 8.1 电路中,$U_{CC}=20V$,$R_L=8\Omega$,输入正弦信号。（1）设 $U_{CES}\approx0$,求 P_{om} 和 η_m。（2）当 $u_i=10\sin\omega t\,V$ 时,求 P_o 和 η。

8.5　电路如图 8.2 所示,已知 $\pm U_{CC}=\pm15V$ 负载电阻 $R_L=8\Omega$,三极管的各极限参数均满足电路要求。试计算:

（1）设晶体的 T_1、T_2 的饱和压降 $|U_{CES}|$ 均为 1V,求电路的输出功率 P_{om} 和效率 η;

（2）求此时每只三极管的管耗。

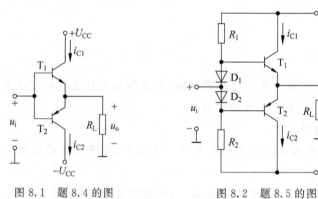

图 8.1　题 8.4 的图　　　　　图 8.2　题 8.5 的图

8.6　电路如图 8.3 所示,其 T_1 的偏置电路未画出。电源电压 $U_{CC}=|-U_{CC}|=24V$、$R_L=8\Omega$。若输入为正弦电压,T_2、T_1 的饱和管压降可以忽略,则电路的最大不失真功率为多少?

8.7　电路如图 8.4 所示,设 $U_{CC}=20V$,$R_L=8\Omega$,C 为大容量电容。在忽略管子的饱和压降的情况下,该电路的最大输出功率 P_{om} 为多少?

8.8　电路如图 8.5 所示,已知负载 $R_L=8\Omega$,管子的饱和压降 $U_{CES}=2V$,试求电路的最大输出功率 P_{om}。

8.9　把两个三极管按一定方式组合起来构成复合管。组成复合管的条件是使复合起来的管子都处于_____状态,即满足发射结_____、集电结_____,各电极的电流能合理地流动。复合管的类型由_____管决定。

8.10　试确定图 8.6 所示复合管的类型（NPN 或 PNP）及电流放电系数 β,已知 $\beta_1=50$,$\beta_2=60$。

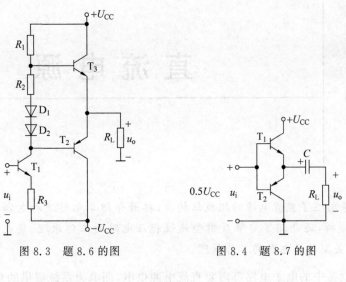

图 8.3 题 8.6 的图　　　　　　　图 8.4 题 8.7 的图

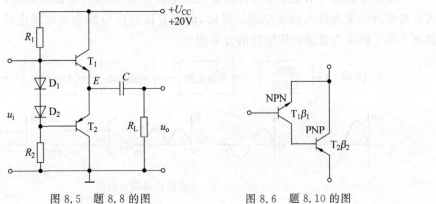

图 8.5 题 8.8 的图　　　　　　　图 8.6 题 8.10 的图

第 9 章

直 流 电 源

本章在简单阐述了直流电源的组成结构后,接着介绍单相整流和电容滤波电路的工作原理及其性能分析,还介绍了串联反馈型线性稳压电路的工作原理、集成三端稳压器的应用,最后介绍开关型稳压电路的工作原理。

所有电子设备中的电子电路都需要直流电源供电,而电力系统提供的是交流电,这时就需要将交流电变为直流稳压电源。所以,研究直流稳压电源也是电子电路重要内容之一。如图9.0.1所示为直流稳压电源的方框图。

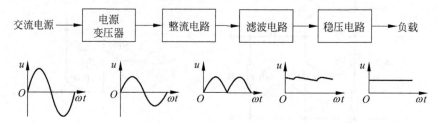

图 9.0.1　直流稳压电源方框图

下面介绍图9.0.1中各部分的功能。

(1) 电源变压器:将电网供给的交流电压变换为符合整流电路要求的交流电压。

(2) 整流电路:将变压器次级交流电压变换为单向脉动的直流电压。

(3) 滤波电路:减小脉动直流电压中的脉动成分,使之成为较平滑的直流电压。

(4) 稳压电路:在交流电源电压或负载发生变化时使输出直流电压保持稳定。

9.1　单相整流电路

整流电路的作用是利用二极管的单向导电特性将交流电压变换为单向脉动的直流电压,在小功率直流电源中,常用的有单相半波整流和单相桥式整流电路。其中单相桥式整流电路使用最为普遍。

9.1.1　单相半波整流电路

1. 电路及工作原理

如图9.1.1(a)所示为纯电阻负载的单相半波整流电路。为简化分析,二极管用理想模型来处理,即无死区电压,正向导通电阻为零,反向电阻为无穷大,变压器内阻忽略。在变压

器副方电压 u_2 的正半周二极管导通,负载电压 $u_o = u_2$,负载电流 $i_o = i_D = \dfrac{u_2}{R_L}$,二极管的管压降 $u_D = 0$。在 u_2 的负半周二极管截止,负载电压 $u_o = 0$,负载电流 $i_o = i_D = 0$,二极管上的电压降 $u_D = u_2$。

整流波形如图9.1.1(b)所示,由于电路中二极管只在交流的半个周期内导通,此时才有电流流过负载,故称单相半波整流电路。

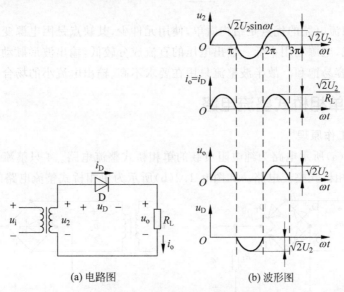

(a) 电路图   (b) 波形图

图 9.1.1 单相半波整流电路

2. 直流电压 U_o 和直流电流 I_o 的计算

直流电压 U_o 是输出电压瞬时值 u_o 在一个周期内的平均值。

$$U_o = \frac{1}{2\pi}\int_0^{2\pi} u_o \, \mathrm{d}(\omega t) = \frac{1}{2\pi}\int_0^{\pi} \sqrt{2}U_2 \sin\omega t \, \mathrm{d}(\omega t) = \frac{\sqrt{2}}{\pi}U_2 \approx 0.45U_2 \tag{9.1.1}$$

式(9.1.1)表明半波整流电路负载得到的直流电压仅为变压器副方电压有效值的 45%,如果考虑二极管的正向电阻和变压器等效电阻上的压降,U_o 的数值还要低。

半波整流电路中,二极管的电流等于输出电流,即

$$I_o = I_D = \frac{U_o}{R_L} = 0.45\frac{U_2}{R_L} \tag{9.1.2}$$

3. 整流二极管的主要参数选择

一般根据二极管的正向平均电流 I_D 和二极管承受的最大反向峰值电压 U_{RM} 选管,二极管的最大整流电流 $I_F \geq I_D$,二极管的最大反向工作电压 $U_R \geq U_{RM} = \sqrt{2}U_2$。

4. 输出电压脉动系数

输出电压既含直流分量,又含交流分量,将输出电压 U_o 用傅里叶级数展开得

$$u_o = \sqrt{2}U_2\left(\frac{1}{\pi} + \frac{1}{2}\sin\omega t - \frac{2}{3\pi}\cos 2\omega t - \frac{2}{15\pi}\cos 4\omega t - \cdots\right) \tag{9.1.3}$$

输出电压脉动系数 S 定义为基波峰值与输出电压平均值之比。

$$S = \frac{U_{o1m}}{U_o} \tag{9.1.4}$$

单相半波整流电路的脉动系数为

$$S = \frac{\dfrac{\sqrt{2}U_2}{2}}{\dfrac{\sqrt{2}U_2}{\pi}} = \frac{\pi}{2} \approx 157\% \tag{9.1.5}$$

单相半波整流电路的优点是结构简单,使用元件少,其缺点是因电源变压器仅在正半周有电流供给负载,电源利用率低。输出电压的直流成分较低,输出波形脉动大;变压器电流含有直流成分,容易饱和。故半波整流只用在要求不高、输出电流小的场合。

9.1.2 单相桥式整流电路

1. 电路及工作原理

如图 9.1.2(a)所示电路为纯电阻负载的单相桥式整流电路。4 只整流二极管接成电桥的形式,故称单相桥式整流电路。如图 9.1.2(b)所示为单相桥式整流电路的简化画法。

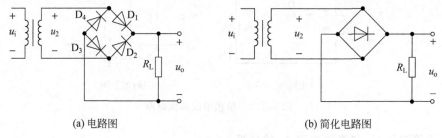

(a) 电路图　　　　　　　　　　　　　　(b) 简化电路图

图 9.1.2　单相桥式整流电路

在电源电压 u_2 的正半周,二极管 D_1、D_3 导通,D_2、D_4 截止,电流通路 $D_1 \rightarrow R_L \rightarrow D_3$;在电源电压 u_2 的负半周,二极管 D_2、D_4 导通,D_1、D_3 截止,电流通路 $D_2 \rightarrow R_L \rightarrow D_4$。

整流波形如图 9.1.3 所示,负载电压和电流波形都是单方向的全波脉动波形。

2. 直流电压 U_o 和直流 I_o 的计算

由输出电压波形可以看出,桥式整流输出电压波形是半波整流时的两倍,所以输出直流电压也为半波整流时的两倍。

$$U_o = \frac{2\sqrt{2}}{\pi}U_2 \approx 0.9U_2 \tag{9.1.6}$$

$$I_o = \frac{U_o}{R_L} = 0.9\frac{U_2}{R_L} \tag{9.1.7}$$

$$I_D = \frac{1}{2}I_o = 0.45\frac{U_2}{R_L} \tag{9.1.8}$$

3. 整流二极管的主要参数选择

二极管的最大整流电流 $I_F \geqslant I_D = 0.45\dfrac{U_2}{R_L}$,桥式整流电路每管承受的最大反向电压均为 u_2 的最大值,即 $U_R \geqslant U_{RM} = \sqrt{2}U_2$。

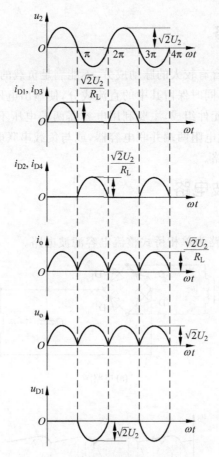

图 9.1.3 单相桥式整流电路波形图

4. 输出电压脉动系数

将输出电压用傅里叶级数展开得

$$u_o = \sqrt{2}U_2\left(\frac{2}{\pi} - \frac{4}{3\pi}\cos2\omega t - \frac{4}{15\pi}\cos4\omega t - \cdots\right) \tag{9.1.9}$$

输出电压脉动系数为

$$S = \frac{\dfrac{4\sqrt{2}U_2}{3\pi}}{\dfrac{2\sqrt{2}U_2}{\pi}} = \frac{2}{3} \approx 67\% \tag{9.1.10}$$

单相桥式整流电路的优点是桥式整流为全波整流,输出电压高,输出波形脉动较半波整流电路小,同时因电源变压器在正、负半周都有电流供给负载,电源变压器得到充分利用,效率较高。与其他形式的全波整流电路相比,单相桥式整流电路中二极管承受的反向电压小。因此,桥式整流电路在半导体整流电路中得到广泛应用。其缺点是二极管用得较多,但已制成整流桥堆,如 QL51A~G、QL62A~L 等,其中 QL62A~L 的额定电流为 2A,最大反向电压为 25~1000V。

9.2　滤波电路

　　整流电路的输出电压含有较大的脉动成分,不能满足负载的要求,需要采用滤波电路滤去整流输出电压中的纹波,同时保留其中的直流成分,使输出电压更加平滑,接近直流电压。

　　滤波电路一般由电抗元件组成,主要利用电容器两端电压不能突变和流过电感器的电流不能突变的性质,在负载电阻两端并联电容器,或与负载串联电感器,以及由电容、电感组合而成的各种复式滤波电路。

9.2.1　电容滤波电路

1. 电路及工作原理

如图 9.2.1(a)所示电路为单相桥式整流电容滤波电路。

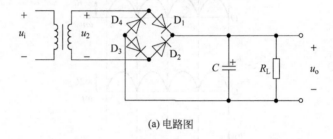

(a) 电路图

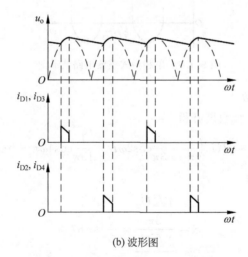

(b) 波形图

图 9.2.1　单相桥式整流电容滤波电路

　　当电源电压处于正半周时,且电容电压 $u_c < \sqrt{2}U_2$ 时,二极管 D_1、D_3 导通,电源向电容充电,充电的时间常数为 $\tau_充 = (2r_d /\!/ R_L)C$,$2r_d$ 为一对二极管的正向导通电阻。由于其数值很小,充电的时间常数很小,电容电压很快上升至电源电压最大值。此后随着电源电压降低,$u_c > u_2$,二极管 D_1、D_3 承受反压而截止,电容和电源之间断路。电容与负载形成放电回路,放电的时间常数为 $\tau_放 = R_L C$,$R_L C$ 越大,放电越缓慢,输出电压越平稳。当电源电压进入负半周,且数值增大到 $u_2 > u_c$ 时二极管 D_2、D_4 导通,电源又向电容充电,形成又一次充电、放电过程。这样电容不断地充电、放电，使负载得到一个脉动较小的直流电压。如图 9.2.1(b)所示为单相桥式整流电容滤波电路输出波形图。

在电容滤波电路中，为了得到较为理想的输出电压，一般要求放电的时间常数 $R_L C \geqslant (3 \sim 5)T/2$，式中 T 为电源电压的周期。在满足此条件时，输出电压为

$$U_o \approx 1.2U_2 \tag{9.2.1}$$

由于电容滤波的作用，单相桥式整流电容滤波输出电压高于单相桥式整流电路，所以其输出电压脉动系数低于单相桥式整流电路。

2. 电容滤波电路的特点

(1) 加了电容滤波后，输出电压的脉动成分降低从而提高了输出电压的平均值。

(2) 放电时间常数越大，放电越慢，则输出电压越高，输出电压的脉动成分就越少。

(3) 加了电容滤波后，整流二极管的导通时间缩短，其导电角 θ 减小，造成流过二极管的瞬时电流很大，在电源接通的瞬间，由于电容端电压为 0，将有更大地冲击电流流过二极管。因此在选择整流二极管时，其额定整流电流应留有充分的余量。最好采用硅管，它比锗管更经得起过电流的冲击。

3. 整流二极管的主要参数选择

二极管的最大整流电流

$$I_F \geqslant (2 \sim 3)\frac{1}{2}I_o = (2 \sim 3)\frac{U_o}{2R_L} \tag{9.2.2}$$

二极管的最高反向电压

$$U_R \geqslant U_{RM} = \sqrt{2}U_2 \tag{9.2.3}$$

4. 滤波电容的选择

$$C \geqslant \frac{(3 \sim 5)T}{2R_L} \tag{9.2.4}$$

滤波电容的数值一般较大，因此应选电解电容，其耐压值应大于 $\sqrt{2}U_2$。

5. 电容滤波电路的外特性

电容滤波电路的输出电压可近似为一个叠加在直流电压上的锯齿波电压，很难用解析式表达，不便准确计算其平均值。所以工程上通常采用近似估算的方法，通过电容滤波电路的外特性，估算输出电压的平均值。

输出电压 U_o 随输出电流 I_o 的变化规律称为外特性，如图 9.2.2 所示。由图 9.2.2 可见，当负载电流为零时(负载电阻等于无穷大)，输出电压 U_o 等于电源电压 u_2 的峰值，这是因为电容充电到最大值后，随着电源电压 u_2 的下降，原来导通的二极管关断，而负载又断开，充电的电容无放电回路，所以输出电压 U_o 等于电源电压 u_2 的峰值。

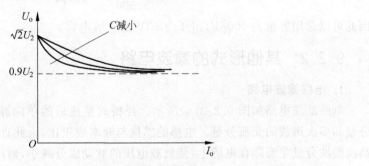

图 9.2.2　电容滤波电路的外特性

当电容 C 一定时,输出电压随负载电流增加而减小,负载开路时电容无放电回路,输出电压 $U_。$ 为最大值 $\sqrt{2}U_2$。当负载电流一定时,输出电压随电容 C 减小而减小,当电容 C 为零时,输出电压 $U_。$ 等于 $0.9U_2$,它等于纯电阻负载时整流电路输出电压的平均值。这是因为无论负载电流(负载电阻)或电容量的变化都改变了放电时间常数 $\tau=R_LC$,当放电时间常数增大时,输出电压纹波分量减小、平均值增大;当放电时间常数减小时,输出电压纹波分量增大、平均值减小。所以电容滤波电路的输出电压平均值受负载变化的影响较大(外特性较差)。

电容滤波电路简单,输出电压较高,脉动较小。其缺点是输出特性较差(随负载变化较大),故适用于负载电压高,负载变化不大的场合。

例 9.2.1 在图 9.2.1(a)所示的桥式整流电容滤波电路中,已知:交流电源频率为 50Hz,负载电阻 $R_L=500\Omega$,要求输出直流电压 $U_。=24\text{V}$。试估算变压器次级电压 U_2,选择整流二极管及滤波电容的大小。

解 (1)计算变压器次级电压 U_2:

$$U_2=\frac{U_。}{1.2}=\frac{24}{1.2}=20\text{V}$$

(2)选择整流二极管:

整流二极管的平均电流为

$$I_F=(2\sim3)\frac{1}{2}I_。=3\times\frac{U_。}{2R_L}=3\times\frac{1}{2}\times\frac{24}{500}=72\text{mA}$$

整流二极管承受的最高反压为

$$U_{DRM}=\sqrt{2}U_2=28.3\text{V}$$

因此,可以选用二极管 2CP11(最大整流电流为 100mA 最大反向工作电压为 50V)。

(3)选择滤波电容:

根据式(9.2.4)

$$C\geqslant\frac{(3\sim5)T}{2R_L}$$

取

$$R_LC=5\times\frac{T}{2}=5\times\frac{0.02}{2}=0.05\text{s}$$

则

$$C=\frac{0.05}{500}\text{F}=100\mu\text{F}$$

因此可以选用容量为 $100\mu\text{F}$,耐压为 50V 的电解电容。

9.2.2 其他形式的滤波电路

1. 电感滤波电路

电感滤波电路如图 9.2.3(a)所示。经桥式整流后的单向脉动直流电压可分解为直流分量和多次谐波的交流分量。电感的感抗与频率成正比,因此直流分量全部加在负载上,而高次谐波分量主要降在电感上,使负载电压的脉动成分减小,输出波形较为平稳。当忽略电

感器 L 的内阻时,负载上输出的电压平均值和纯电阻(不加 L)负载相同,即 U_o 等于 $0.9U_2$。电感滤波电路输出波形如图 9.2.3(b)所示。

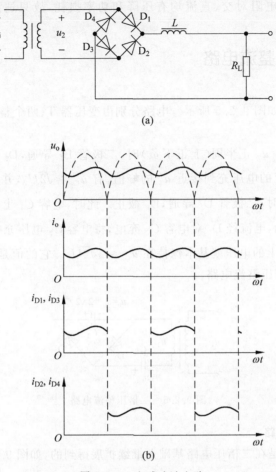

(a)

(b)

图 9.2.3　电感滤波电路

电感滤波的特点是,整流管的导电角较大(电感的反电势使整流管的导电角增大),峰值电流很小,输出特性比较平坦,其缺点是由于铁心的存在,笨重、体积大,易引起电磁干扰。一般只适用于低电压、大电流的场合。

2. 复合滤波电路

如图 9.2.4 所示为复合滤波电路。

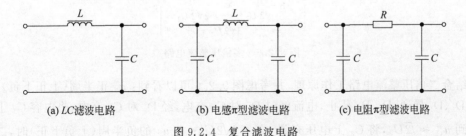

(a) LC 滤波电路　　　　(b) 电感 π 型滤波电路　　　　(c) 电阻 π 型滤波电路

图 9.2.4　复合滤波电路

LC 滤波电路和电感 π 型滤波电路适用于负载电流较大,要求输出电压脉动较小的场合。在负载较轻时,可用电阻代替笨重的电感,构成电阻 π 型滤波电路,同样可以获得脉动较小的输出电压。但电阻对交、直流均有压降和功率损耗,故只适用于负载电流较小的场合。

9.2.3 倍压整流电路

1. 二倍压电路

二倍压整流电路如图 9.2.5 所示。电路分别由变压器 T、两个整流二极管 D_1、D_2 及两个电容 C_1、C_2 组成。

其工作原理如下: u_2 正半周(上正下负)时,二极管 D_1 导通,D_2 截止,电流经过 D_1 对 C_1 充电,将电容 C_1 上的电压充到接近 u_2 的峰值,有 $u_{C_1} \approx \sqrt{2}U_2$,并基本保持不变。在 u_2 的负半周(上负下正)时,二极管 D_2 导通,D_1 截止。此时,电容 C_1 上的电压 $u_{C_1} \approx \sqrt{2}U_2$ 与电源电压 u_2 串联叠加,电流经 D_2 对电容 C_2 充电,将电容 C_2 电压充电为 $u_{C_2} \approx 2\sqrt{2}U_2$。如此反复充电,电容 C_2 上的电压就基本保持在 $u_{C_2} \approx 2\sqrt{2}U_2$。它的值是变压器副边电压幅值的二倍,所以叫作二倍压整流电路。

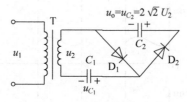

图 9.2.5 二倍压整流电路

2. 多倍压整流电路

多倍压整流电路是在二倍压电路基础上继续扩展得到的,如图 9.2.6 所示。

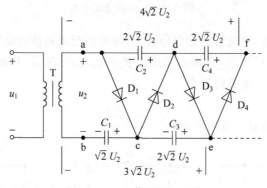

图 9.2.6 多倍压整流电路

结合二倍压整流电路工作原理,并考虑图 9.2.6 可以看到: u_2 正半周(上正下负)时,二极管 D_1、D_3 导通,D_2、D_4 截止,电流经过 D_1 对 C_1 充电,经 D_3 对 C_3 充电,将电容 C_1 上的电压充到 $u_{C_1} \approx \sqrt{2}U_2$,将 C_3 上电压充到 $u_{C_3} \approx 2\sqrt{2}U_2$;在 u_2 的负半周(上负下正)时,二极管 D_2、D_4 导通,D_1、D_3 截止,此时,电路 D_2、D_4 分别对电容 C_2、C_4 充电,将电容 C_2、C_4 上的电

压分别充到 $u_{C_2} = u_{C_4} \approx 2\sqrt{2}U_2$。如此反复充电，若干周期后，除电容 C_1 上电压约为 $\sqrt{2}U_2$ 外，其余电容电压均为 $2\sqrt{2}U_2$。这样就得到了 $3\sqrt{2}U_2$ 或 $4\sqrt{2}U_2$ 的电压等级。如果多级级联，还可得到 $(2n-1)\sqrt{2}U_2$ 和 $2n\sqrt{2}U_2$（n 位自然数）的电压值。从而实现直流高压输出。

需要说明，倍压整流电路是实际中产生直流高压的一种方式，但适用于功率不太大的场合。

9.3 稳压电路

9.3.1 稳压管稳压电路

1. 稳压电路的主要指标

稳压电路的主要指标包括稳压系数和稳压电路的输出电阻。

1）稳压系数 S_τ

稳压系数是指负载恒定时，输出电压的相对变化量与输入电压的相对变化量之比。

$$S_\tau = \frac{\Delta U_o / U_o}{\Delta U_I / U_I}\bigg|_{R_L = 常数} \tag{9.3.1}$$

该指标反映了电网波动对输出电压的影响。

2）稳压电路的输出电阻 r_o

$$r_o = \frac{\Delta U_o}{\Delta I_o}\bigg|_{U_I = 常数} \tag{9.3.2}$$

输出电阻可以衡量稳压电路受负载电阻的影响程度。

2. 稳压管稳压电路

1）电路及工作原理

由电阻 R 和稳压管组成的稳压电路称为并联型稳压电路，电路如图 9.3.1(a)所示。

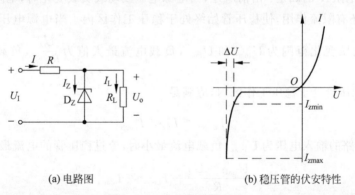

(a) 电路图　　　　　　　(b) 稳压管的伏安特性

图 9.3.1　稳压管稳压电路

对于工作在反向击穿区的稳压管，电流在大范围内变化而电压基本保持不变。并联型稳压电路正是利用稳压管的反向击穿特性来稳压的。

(1) 电源电压变化时的稳压过程：当负载不变，而电源电压发生波动，使稳压电路的输入电压 U_I 增加时，输出电压 U_o 增加，这时由于 U_Z 增加，使稳压管的电流 I_Z 大大增加，总电流 I 增加，电阻 R 上的压降增加，电源电压的增量大部分降在电阻 R 上，从而维持输出电压基本不变；反之，当电源电压减小时，电阻 R 上的电压减小，仍然可以维持输出电压基本不变。

（2）负载变化时的稳压过程：设电源电压不变，负载电阻减小，使输出电压减小，这时由于 U_Z 减小，导致稳压管的电流 I_Z 大大减小，总电流 I 减小，电阻 R 上的压降减小，输出电压回升；反之，负载电阻增加时，电阻 R 上的电压增加，仍然可以维持输出电压基本不变。

2）指标计算

（1）稳压系数：按式(9.3.1)计算，各量均考虑变化量，利用图9.3.2所示的稳压管稳压电路的交流等效电路计算。

$$\frac{\Delta U_o}{\Delta U_I} = \frac{r_Z \mathbin{/\mkern-5mu/} R_L}{R + r_Z \mathbin{/\mkern-5mu/} R_L} \approx \frac{r_Z}{R + r_Z}$$

$$S_\tau = \frac{\Delta U_o}{\Delta U_I}\frac{U_I}{U_o} \approx \frac{r_Z}{R + r_Z}\frac{U_I}{U_o}$$

r_Z 越小，R 越大，稳压系数越小。

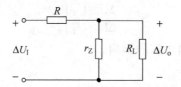

图 9.3.2　稳压管稳压电路的交流等效电路

（2）输出电阻：

$$r_o = r_Z \mathbin{/\mkern-5mu/} R \approx r_Z$$

3）元件参数的确定

（1）限流电阻 R 的确定：由前所述，当电源电压波动或负载变化时，电阻 R 除了有调节电压作用外，还有限流作用，使稳压管始终处于稳压工作区内。当电源电压波动时，设稳压电路的输入电压变化范围为 U_{Imin} 和 U_{Imax}，负载电流最大值为 $\dfrac{U_Z}{R_{Lmin}}$，负载电流最小值为 $\dfrac{U_Z}{R_{Lmax}}$。要使稳压管处于稳压工作区内，应满足

$$I_{Zmin} < I_Z < I_{Zmax} \tag{9.3.3}$$

当稳压电路的输入电压为 U_{Imax}，负载电流最小时，流过稳压管的电流最大，应满足

$$\frac{U_{Imax} - U_Z}{R} - I_{Lmin} < I_{Zmax}$$

$$R > \frac{U_{Imax} - U_Z}{I_{Zmax} + I_{Lmin}} \tag{9.3.4}$$

将负载电流最小值代入式(9.3.4)，得

$$R > \frac{U_{Imax} - U_Z}{R_{Lmax}I_{Zmax} + U_Z}R_{Lmax} \tag{9.3.5}$$

当稳压电路的输入电压为 U_{Imin}，负载电流最大时，流过稳压管的电流最小，应满足

$$\frac{U_{\text{Imin}} - U_z}{R} - I_{\text{Lmax}} > I_{\text{Zmin}}$$

$$R < \frac{U_{\text{Imin}} - U_z}{I_{\text{Zmin}} + I_{\text{Lmax}}} \qquad (9.3.6)$$

将负载电流最大值代入式(9.3.6)，得

$$R < \frac{U_{\text{Imin}} - U_z}{R_{\text{Lmin}} I_{\text{Zmin}} + U_z} R_{\text{Lmin}} \qquad (9.3.7)$$

(2) 稳压管参数的确定：

$$U_{\text{I}} = (2 \sim 3) U_{\text{o}} \qquad (9.3.8)$$

$$U_z = U_{\text{o}} \qquad (9.3.9)$$

$$I_{\text{Zmax}} = (1.5 \sim 3) I_{\text{Lmax}} \qquad (9.3.10)$$

例 9.3.1　在图 9.3.1 所示的稳压管稳压电路中，已知：$U_{\text{I}} = 20\text{V}$，变化范围为 $\pm 10\%$。要求输出直流电压 $U_{\text{o}} = 9\text{V}$，负载电流 $I_{\text{L}} = 0 \sim 20\text{mA}$，初选稳压管 2CW16（$U_z = 9\text{V}$，$P_z = 0.25\text{W}$，$I_{\text{Zmin}} = 5\text{mA}$）。

(1) 选择限流电阻 R。

(2) 初选的稳压管是否合理，如不合理应如何调整？

解　(1) 选择限流电阻 R：

U_{I} 的变化范围为

$$20\text{V} \times (1 \pm 0.1) = 18 \sim 22\text{V}$$

2CW16 的最大电流

$$I_{\text{Zmax}} = \frac{P_z}{U_z} = \frac{0.25}{9} \approx 0.028\text{A}$$

$$R > \frac{U_{\text{Imax}} - U_z}{I_{\text{Zmax}} + I_{\text{Lmin}}} = \frac{22 - 9}{0.028 + 0} = 464\Omega$$

$$R < \frac{U_{\text{Imin}} - U_z}{I_{\text{Zmin}} + I_{\text{Lmax}}} = \frac{18 - 9}{0.005 + 0.02} = 360\Omega$$

(2) 以上的计算结果表明，找不到合适的限流电阻 R 来保证稳压管工作在稳压区。初选的稳压管不合理，应另选一个容量更大的稳压管。

改选 2CW21E（$U_z = 9\text{V}$，$P_z = 1\text{W}$，$I_{\text{Zmin}} = 30\text{mA}$）

2CW21E 的最大电流 $I_{\text{Zmax}} = \dfrac{P_z}{U_z} = \dfrac{1}{9} \approx 0.111\text{A}$。

$$R > \frac{U_{\text{Imax}} - U_z}{I_{\text{Zmax}} + I_{\text{Lmin}}} = \frac{22 - 9}{0.111 + 0} = 117\Omega$$

$$R < \frac{U_{\text{Imin}} - U_z}{I_{\text{Zmin}} + I_{\text{Lmax}}} = \frac{18 - 9}{0.03 + 0.02} = 180\Omega$$

取 $R = 150\Omega$

$$P_R = \frac{(22 - 9)^2}{150} = 1.13\text{W}$$

选 150Ω、2W 的碳膜电阻。

9.3.2 串联型稳压电路

并联型稳压电路的输出电压大小是固定的，由稳压管的稳定电压决定，使用不方便，特别是当电网电压和负载电流的变化范围较大时，并联稳压电路很难满足实际工程的要求。在很多应用场合，采用串联型稳压电路。

1. 串联型稳压电路的结构及工作原理

串联型稳压电路主要由取样环节、基准电压、调整元件、比较放大环节组成。还包括过载及短路保护、辅助电源等辅助环节，其方框图如图 9.3.3 所示。

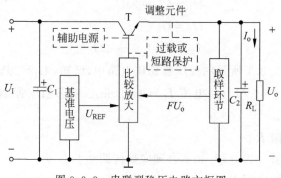

图 9.3.3　串联型稳压电路方框图

在如图 9.3.4 所示的串联型稳压电路，取样环节由电阻 R_1、R_2、R_W 构成的分压电路组成，将输出的一部分反馈至比较放大环节。基准电压由稳压管 D_Z 和电阻 R_3 构成的稳压电路组成。比较放大环节由 T_2 和 R_4 构成的直流放大器组成，它将取样电压与基准电压的差值放大后去控制调整管 T_1。调整环节由工作在线性放大区的功率管 T_1 组成。T_1 的基极电流受比较放大环节控制，基极电流的变化引起集电极电流的变化，从而引起集、射极电压的变化，达到自动调整稳定输出电压的目的。

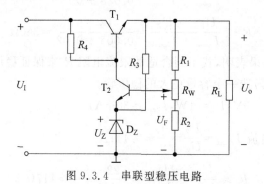

图 9.3.4　串联型稳压电路

由于取样环节的电流远小于负载电流，所以调整管的电流和负载电流近似相等，可将 T_1 与负载看成串联关系，故称为串联型稳压电路。

输出电压变化时的自动稳压过程：

$$U_o \uparrow \longrightarrow U_F \uparrow \longrightarrow I_{B2} \uparrow \longrightarrow I_{C2} \uparrow \longrightarrow U_{C2} \downarrow \longrightarrow I_{B1} \downarrow \longrightarrow U_{CE1} \uparrow$$
$$U_o \downarrow$$

输出电压的调整范围:

(1) 当电位器 R_W 调整到最上端时,输出电压最小,即

$$U_\mathrm{omin} = \frac{R_1 + R_2 + R_\mathrm{W}}{R_2 + R_\mathrm{W}}(U_\mathrm{BE2} + U_\mathrm{Z}) \qquad (9.3.11)$$

(2) 当电位器 R_W 调整到最下端时,输出电压最大,即

$$U_\mathrm{omax} = \frac{R_1 + R_2 + R_\mathrm{W}}{R_2}(U_\mathrm{BE2} + U_\mathrm{Z}) \qquad (9.3.12)$$

此电路影响稳压特性的主要因素有:

(1) 电路对电网电压的波动抑制能力差。例如:

$$U_\mathrm{I} \uparrow \to U_\mathrm{C2} \uparrow \to U_\mathrm{o} \uparrow$$

(2) 流过稳压管的电流随 U_I 波动,使 U_Z 不稳定,降低了稳压精度。

(3) 温度变化时,T_2 管组成的放大电路产生零点漂移,使输出电压的稳定度变差。

针对上述情况,改进的措施有:

(1) 选用差动放大器或运放构成的放大器代替 T_2 管组成的放大器,可以解决零点漂移问题。

(2) 采用辅助电源作为比较放大部分的电源。

(3) 调整管采用复合三极管以扩大输出电流的范围。

2. 由运算放大器组成的串联型稳压电路

由运算放大器组成的串联型稳压电路如图 9.3.5 所示。

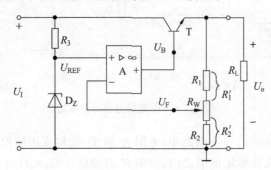

图 9.3.5　运算放大器组成的串联型稳压电路

取样环节由电阻 R_1、R_2、R_W 构成的分压电路组成,将输出的一部分反馈至运算放大器的反相输入端,构成电压串联负反馈,集成运放 A 构成比较放大电路,用来对取样电压与基准电压的差值进行放大。基准电压由稳压管 D_Z 和电阻 R_3 构成的稳压电路组成。调整环节为功率三极管 T(可以用复合三极管),用以扩大输出电流的调节范围。

为使电路正常工作,要求 $(U_\mathrm{I} - U_\mathrm{o}) \geqslant (2.5 \sim 3)\mathrm{V}$。

输出电压变化时的自动稳压过程:

$$U_\mathrm{o} \uparrow \to U_\mathrm{F} \uparrow (U_\mathrm{REF} \text{不变}) \to U_\mathrm{B} \downarrow \to I_\mathrm{B} \downarrow \to U_\mathrm{CE} \uparrow \to U_\mathrm{o} \downarrow$$

由于调整管 T 接成射极输出器,有 $U_\mathrm{o} \approx U_\mathrm{B}$。所以输出电压为

$$U_\mathrm{o} \approx U_\mathrm{B} = U_\mathrm{REF}\left(1 + \frac{R_1'}{R_2'}\right) = U_\mathrm{REF}\frac{R_1 + R_2 + R_\mathrm{W}}{R_2'} \qquad (9.3.13)$$

式(9.3.13)表明,输出电压 U_o 与基准电压 U_REF 近似成正比,当 U_REF 确定后,调节 R_W 即可

调节输出电压的大小。

3. 串联型稳压电路调整管参数的确定

为保证串联型稳压电路正常工作,必须确保调整管能安全工作。调整管参数的确定主要考虑大功率三极管的三个极限参数。

(1) 集电极最大允许电流 I_{CM} 必须大于稳压电路最大输出电流 I_{Omax} (一般取决于保护电路)。

(2) 集电极最大允许功耗 P_{CM} 必须大于调整管实际承受的最大功耗。当输入电压最大、输出电压最小(输出电压最小值为零)时,调整管实际承受的功耗最大。

(3) 集电极与发射极之间反向击穿电压 U_{CEO} 必须大于调整管集电极与发射极之间实际承受的最大电压。当输入电压最大、输出电压最小(输出电压最小值为零)时,调整管集电极与发射极之间实际承受的电压最大。

(4) 稳压电路正常工作时,由于调整管工作在放大区,其管压降一般应为 3~5V。

4. 串联型稳压电路中的限流保护电路

稳压电路在其运行过程中,难免出现短路、过流、过热等故障,当电路出现故障时,保护电路可以使电路不受损坏。如图 9.3.6 所示电路为串联型稳压电路中常采用的限流保护电路。

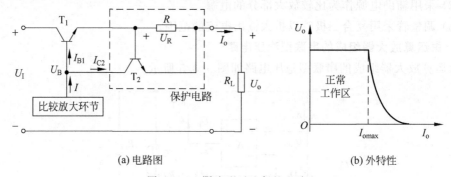

(a) 电路图　　　　　　　　　　(b) 外特性

图 9.3.6　限流型过流保护电路

在如图 9.3.6(a)所示的稳压电路中,电阻 R 和 T_2 管构成限流保护电路,当电路正常工作时,调整管 T_1 的电流在额定范围之内,电阻 R 的端电压 $U_R < U_{BE2}$,故保护管 T_2 截止,保护电路对稳压电路的正常工作无影响。

当稳压电路发生过载或输出短路故障时,I_o 增大,使 U_R 增大,电阻 R 的端电压 $U_R > U_{BE2}$,故保护管 T_2 导通,调整管 T_1 的基极电流被导通的 T_2 管分流而减小,从而保护了调整管,避免其过热或烧坏。I_o 越大,T_2 管的分流作用越强。带限流保护电路的稳压电路的外特性如图 9.3.6(b)所示,由图可见,当保护电路起作用后,输出电压接近于零,调整管 T_1 集电极和发射极之间承受电压较大(近似为 U_I)。

9.4　集成稳压电路

将前述的串联型稳压电路做成集成芯片,即可构成集成稳压电路。三端集成稳压器有输入端、输出端和公共端三个引脚,它具有外接元件少、工作可靠、使用方便等特点,因而得到广泛的应用。按输出电压是否可调,三端集成稳压器可分为固定式和可调式两种,以下分别加以介绍。

9.4.1 集成三端稳压器

输出电压固定的三端集成稳压器的组成及工作原理与串联稳压电路基本相同,但集成稳压电路具有完善的保护电路,固定式集成三端稳压器有 CW78××(输出正电压)和 CW79××(输出负电压)两个系列,型号的后两位数字表示输出电压的标称值,分为 5V、6V、9V、12V、15V、18V、24V 七挡;额定输出电流有三挡,以 78 后面的字母表示,L 表示 0.1A,M 表示 0.5A,无字母表示 1.5A。CW79×× 系列为负电源,其规格的表示方法与此类似。例如 CW78L05 为 +5V 输出,最大输出电流为 0.1A;CW79M12 为 −12V 输出,最大输出电流为 0.5A;CW7812 为 +12V,最大输出电流为 1.5A。

需要说明的是,CW78×× 和 CW79×× 系列有金属封装和塑料封装,同型号集成稳压器封装不同时,引脚排列不相同,使用时应注意。

9.4.2 三端稳压器应用电路

1. 固定式集成三端稳压器的基本应用电路

固定式集成三端稳压器的基本应用电路如图 9.4.1 所示。图中 C_1、C_2 的取值都是典型值。C_1 可以防止由输入引线较长所带来的电感效应而产生的自激振荡;C_2 用来减小由于负载电流瞬时变化而引起的高频干扰。使用时特别要注意,CW78×× 和 CW79×× 系列的引脚不同,如果连接不正确,极易损坏芯片。

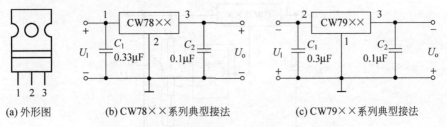

(a) 外形图　　(b) CW78×× 系列典型接法　　(c) CW79×× 系列典型接法

图 9.4.1　固定式集成三端稳压器的典型接法

为使电路正常工作,要求 $(U_1 - U_o) \geqslant (2.5 \sim 3)\text{V}$。

实际应用中,如果需要同时输出正、负电压时,可用 CW78×× 和 CW79×× 系列的集成三端稳压器组成如图 9.4.2 所示的具有正、负对称输出电压稳压电路。

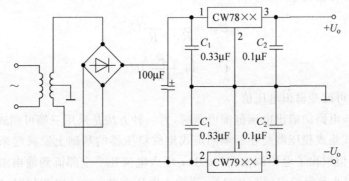

图 9.4.2　输出正、负电压的稳压电路

2. 扩大输出电流的电路

当所需要的输出电流大于三端集成稳压器的标称输出电流时，可采用如图9.4.3所示的扩大输出电流的电路。

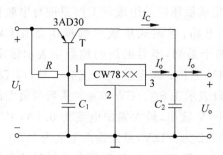

图 9.4.3　扩大输出电流的电路

在图9.4.3中，功率三极管 T 起扩流作用。当输出电流较小，不超过三端集成稳压器本身的输出电流时，流过电阻 R 的电流较小，电阻 R 上的压降不足以使三极管 T 导通，输出电流 I_o 仅由三端集成稳压器提供。当输出电流大于稳压器本身的输出电流时，流过电阻 R 的电流增大，电阻 R 上的压降增大，三极管 T 导通，输出总电流为 $I_o = I_C + I'_o$。

3. 输出电压可调电路

当要求稳压电路的输出电压范围可调时，一种方法是采用如图9.4.4所示的输出电压可调电路。

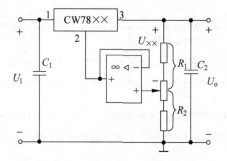

图 9.4.4　输出电压可调的电路

在如图9.4.4所示电路中，运算放大器作为电压跟随器。电阻 R_1 上的电压近似等于集成稳压器的标称输出电压 $U_{\times\times}$。

$$U_{\times\times} = \frac{R_1}{R_1 + R_2} U_o$$

$$U_o = \left(1 + \frac{R_2}{R_1}\right) U_{\times\times} \tag{9.4.1}$$

调节电位器，即可改变输出电压值。

当要求稳压电路的输出电压范围可调时，另一种方法是采用三端可调式集成稳压器。

三端可调式集成稳压器是在三端固定式集成稳压器的基础上发展起来的，其特点是没有引出接地端，但引出了电压调整端（ADJ）；输入电流几乎全部流到输出端，而流出调整端（ADJ）的电流很小且很稳定（约 $50\mu A$）；当输入电压在 $2\sim40V$ 内变化时，电路均能正常工作,输出端与调整端之间的电压恒等于基准电压 1.25V。典型产品有 CW117/217/317(正电源)和 CW137/237/337(负电源),其额定输出电流也有 0.1A(L 型)、0.5A(M 型)、1.5A 三挡。

如图 9.4.5 所示电路为三端可调式集成稳压器 CW317 的基本应用电路,CW317 的引脚 3 为输入端,引脚 2 为输出端,引脚 1 为调整端。图 9.4.5 中 D_1、D_2 为保护二极管,D_1 用来防止输入端短路时电容 C_3 通过稳压器放电而损坏器件,D_2 则是当输出端短路时,防止电容 C_2 通过调整端放电破坏基准电路而损坏稳压器。C_2 起减小输出端纹波作用。CW317 内部的基准电压 $U_{21}=1.25\text{V}$,调整端流出的电流为 $50\mu\text{A}$。R_1、R_w 构成取样电路,调 R_w 可以调节输出电压 U_o。

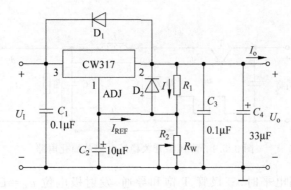

图 9.4.5 三端可调式集成稳压器典型接法

U_o 的计算公式为

$$U_o = \frac{U_{21}}{R_1}(R_1 + R_2) + I_{REF}R_2 \approx 1.25\left(1 + \frac{R_2}{R_1}\right) \qquad (9.4.2)$$

9.5 开关型稳压电路

前面介绍的各种稳压电路均属于线性调整型稳压电路,它具有输出稳定度高、输出电压可调、波纹系数小、线路简单、工作可靠等优点,而且已经有多种集成芯片可供选用。但是,这样一类电路的调整管总是工作在线性放大区,一直有电流通过,且调整管的压降变化较大,在负载电流较大时,调整管的功耗较大,稳压电路效率低,通常为 30%～50%。开关型稳压电路可以克服上述缺点。在开关型稳压电路中,调整管只工作在饱和和截止两个状态,当开关管饱和导通时,流过的电流很大但管压降为零,当管子截止时管压降很大但流过管子的电流为零,因此工作在开关状态的调整管功耗很小,在输出功率相同时其效率比串联型稳压电路高,为 80%～90%。

开关型直流稳压电路比串联型稳压电路复杂得多。其基本原理是使调整管工作在开关状态,通过脉冲调制控制调整管的开关时间达到控制输出电压大小的目的。

脉冲调制方式可分为:脉宽调制式、脉频调制式和混合调制式三种。

(1) 脉宽调制式:振荡频率保持不变,通过改变脉冲宽度来改变和调节输出电压的大小,有时通过取样电路、耦合电路等构成反馈闭环回路,来稳定输出电压的幅度。

(2) 脉频调制式:占空比保持不变,通过改变振荡器的振荡频率来调节和稳定输出电压的幅度。

（3）混合调制式：通过调节导通时间和振荡频率来完成调节和稳定输出电压幅度的目的。

在三种脉冲调制方式中，使用得最广泛的是脉宽调制式。下面以降压型脉宽调制式开关稳压电路为例介绍其工作原理。

降压型开关稳压电路的简化电路如图 9.5.1 所示。它是由开关管（调整管）T，控制脉冲信号，续流二极管 D，储能电感 L 和滤波电容 C 组成。电路中的功率开关为双极型三极管。其基极所加信号为脉宽调制信号，周期 T 保持不变，脉冲宽度 t_{on} 由脉宽调制控制环节（图中未画出）改变。通过后面的分析可知，电路的输出电压总是低于输入电压，故属于降压型开关稳压电路。

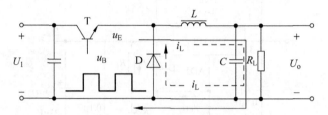

图 9.5.1 降压型开关稳压电路的简化电路

当控制脉冲为高电平时，三极管 T 饱和导通，发射极电位 $u_E = U_I$（忽略 T 的饱和压降），此时二极管 D 反向截止。输入电压通过调整三极管 T 在 L 中产生电流 i_L，i_L 随时间线性增长，电感 L 存储能量（将电能转换为磁能）。它一方面向负载 R_L 供电，另一方面对电容 C 充电。电感两端自感电动势的方向为左正右负。

当控制脉冲为低电平时，三极管 T 的基极为低电平而截止。发射极电流约等于零。电感电流 i_L 随时间减小，电感 L 产生方向为左负右正的自感电动势以反抗电流的减小并使二极管 D 导通，此时发射极电位约等于零（忽略 D 的导通压降）。原来储能的电感将磁能转换成电能释放，通过二极管 D 构成回路向负载 R_L 供电，同时对电容 C 充电。由于调整管截止时，二极管 D 导通，使电感 L、电阻 R_L 通过二极管 D 构成回路，保证了负载电流的连续，所以 D 称为续流二极管。电路中的三极管 T 虽然工作在开关状态，但由于二极管 D 的续流作用和 LC 的滤波作用，输出电压是比较平滑的直流电压。

通过以上分析可画出降压型开关稳压电路的简化电路各点的波形如图 9.5.2 所示。

将开关管导通时间 t_{on} 与周期 T 之比定义为占空比 D，即

$$D = \frac{t_{on}}{t_{on} + t_{off}} = \frac{t_{on}}{T} \times 100\%$$

在理想情况下（忽略电感 L 的直流压降），输出电压 U_o 的平均值即为调整管发射极电压 u_E 的平均值。由图 9.5.2 的波形可得

$$U_o = \frac{1}{T}\int_0^T u_E dt = \frac{1}{T}\int_0^{t_{on}} (U_I - U_{CES}) dt + \frac{1}{T}\int_{t_{on}}^{t_{off}} (-U_D) dt$$

忽略三极管饱和压降 U_{CES} 和二极管的正向压降 U_D，则

$$U_o \approx \frac{1}{T}\int_0^{t_{on}} U_I dt = \frac{t_{on}}{T} U_I = DU_I \tag{9.5.1}$$

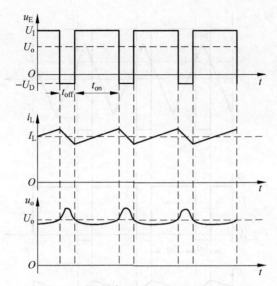

图 9.5.2　简化降压型开关稳压电路的波形

实际的开关稳压电路和线性稳压电路一样,输出电压 U_o 会随 U_I 和 R_L 的变化而变化,为了达到稳压的目的,电路中必包含负反馈控制电路。含负反馈控制电路的降压型开关稳压电路如图 9.5.3 所示。

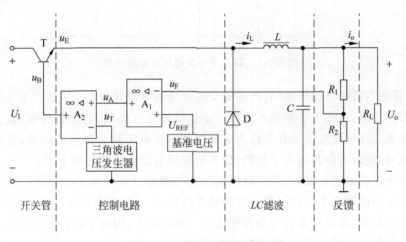

图 9.5.3　降压型开关稳压电路

图 9.5.3 中,U_I 为整流滤波后的直流输入电压,运放 A_1 为比较放大器,其输出 u_Λ 与误差电压(基准电压 U_{REF} 与反馈电压 u_F 之差)成正比。运放 A_2 为电压比较器,将 u_Λ 与 u_T (三角波电压)比较后输出产生脉宽调制信号 u_B。

当输出电压 U_o 发生波动时,闭环电路的调整过程如下:若输出电压 U_o 降低,反馈电压 u_F 减小,基准电压 U_{REF} 不变,则 u_Λ 增大,u_Λ 与三角波电压 u_T 比较,使电压比较器输出脉冲信号 u_B 的占空比增大,进而使输出电压 U_o 增大,这样就保持了输出电压稳定不变。

降压型开关稳压电路的波形如图 9.5.4 所示。

开关型稳压电路的缺点主要有输出波纹系数大,动态响应时间长。调整管处于开关状

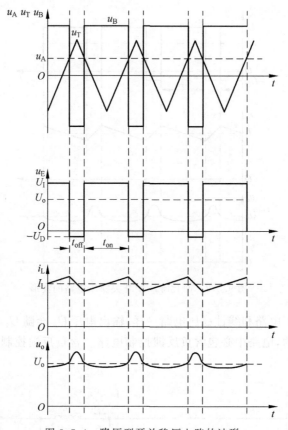

图 9.5.4　降压型开关稳压电路的波形

态，不断在导通与截止之间转换，它产生的交流电压和电流通过电路中的其他元器件产生尖峰干扰和谐振干扰，这些干扰如果不采取一定的措施进行抑制、消除和屏蔽，就会严重地影响整机的正常工作。此外由于开关稳压电源振荡器没有工频变压器的隔离，这些干扰就会串入工频电网，使附近的其他电子仪器、设备和家用电器受到严重的干扰。

随着微电子技术的发展，开关型稳压电源的控制器已经实现了集成化。我国已经系列生产开关型稳压电源的集成控制器。它将基准电压源、三角波电压发生器、误差放大器和脉宽调制电压比较器，甚至开关管等全部集成在一块芯片上，构成了各种类型的集成脉宽调制器。只需要外接较少的元器件，即可构成开关型稳压电源。

本章小结

在电子系统中，常需要直流电源供电。最常用的获得直流电源的方法是将交流电网电压转换为直流电压。直流稳压电源由电源变压器、整流电路、滤波电路和稳压电路四部分组成。对直流电源的要求是，输出电压受电网电压波动、输出负载变化和温度变化的影响小，输出电压中脉动和噪声成分小，转换效率高。

整流滤波电路利用二极管的单向导电特性和电容器的储能作用将交流电压变换为单向脉动且相对比较平坦的直流电压。最常用的整流滤波电路是桥式整流、电容滤波电路。

为了保证直流电源的输出不发生波动,需要在整流滤波电路之后再接上稳压电路。稳压管稳压电路结构简单,但输出电压不可调,仅适用于负载电流较小且负载变化范围也较小的场合。

串联型稳压电路是一个电压串联负反馈闭环系统,它由调整环节、取样环节和比较放大环节组成。它的调整管工作在线性放大状态,通过控制调整管的压降来调整输出电压的大小,它可获得稳定可调的输出电压。串联型稳压电路已经实现了集成化,输出电压固定和输出电压可调的集成串联型稳压电路已大量使用。

常用的固定式集成三端稳压器有 CW78×× 和 CW79×× 系列。

开关型稳压电路是一种转换效率高的稳压电路。其调整管工作在开关状态,通过控制调整管的导通和截止,改变占空比来稳定输出电压。其特点是功耗小、效率高。开关型稳压电源的缺点是纹波电压大、动态响应时间长。

习题

9.1 直流稳压电源由哪几部分组成?试简述其各部分的作用。

9.2 具有电容滤波的整流电路,当负载电阻一定时,如果增大滤波电容,对整流二极管的要求有什么变化?

9.3 电容和电感为什么能起滤波作用?它们在滤波电路中应如何与 R_L 连接?

9.4 串联型稳压电路由哪几部分组成?试简述其各部分的作用。

9.5 填空题。

单相桥式整流电路中,若输入电压有效值 $U_2 = 30V$,则输出电压 $U_o = $ _____ V;若负载电阻 $R_L = 100\Omega$,整流二极管正向平均电流 $I_D = $ _____ A。

9.6 图 9.1 所示为单相桥式整流电路,当电路出现以下故障时,会出现什么现象?

(1) D_1 开路。

(2) D_1 接反。

(3) D_1 短路。

(4) D_1、D_2 开路。

(5) D_1、D_2 接反。

(6) D_1、D_2 短路。

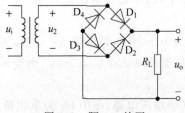

图 9.1 题 9.6 的图

9.7 图 9.2 所示为单相桥式整流电容滤波电路,已知负载电阻 $R_L = 120\Omega$,要求输出电压 $U_o = 24V$,试选择整流二极管和滤波电容器参数。

9.8 图 9.2 所示的单相桥式整流电容滤波电路中,已知负载电阻 $R_L = 120\Omega$,$C = $

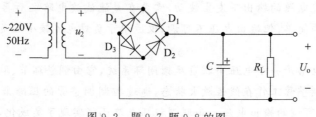

图 9.2　题 9.7、题 9.8 的图

$1000\mu F$，$U_2 = 20V$（有效值），求：

（1）输出直流电压 U_o。

（2）当测得直流输出电压 U_o 分别为下列数值时，可能出现了什么故障？

$U_o = 18V$；　　$U_o = 28V$；　　$U_o = 9V$。

9.9　图 9.3 所示的稳压管稳压电路中，已知稳压管的稳定电压 $U_Z = 6V$，电容 C 两端的电压为 18V，求输出电压 U_o 及变压器次级电压有效值 U_2。

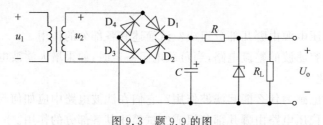

图 9.3　题 9.9 的图

9.10　图 9.4 所示的并联型稳压电路中，已知稳压管的稳定电压 $U_Z = 12V$，最大稳定电流 $I_{Zmax} = 20mA$，$R_1 = 15k\Omega$，$R_2 = 2k\Omega$，忽略电压表流过的电流，在开关 S 闭合和断开时，分别求电压表 V 和电流表 A_1、A_2 的读数。

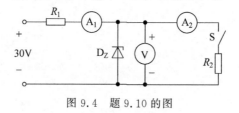

图 9.4　题 9.10 的图

9.11　在图 9.5 所示电路中，已知稳压管的稳压值 $U_Z = 6.3V$，三极管的 $U_{BE} = 0.7V$，$R_2 = 350\Omega$。

（1）要求 U_o 的调节范围为 10～20V，则电阻 R_1 及 R_w 应选多大？

（2）设滤波电容足够大，若要求调整管 $U_{CE1} \geqslant 4V$，则变压器副方电压 U_2（有效值）至少应选多大？

9.12　图 9.6 所示为串联型稳压电路，图中 U_I 为单相桥式整流电容滤波电路的输出电压。已知 $U_I = 24V$，稳压管的稳压值 $U_Z = 6V$，三极管的 $U_{BE} = 0.7V$，$R_1 = R_2 = R_w = 300\Omega$，电位器 R_w 在中间位置。

（1）计算 A、B、C、D 点的电位和 U_{CE1} 的值。

（2）计算输出电压的调节范围。

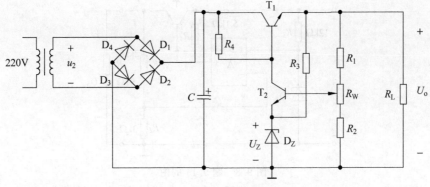

图 9.5 题 9.11 的图

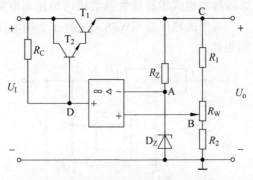

图 9.6 题 9.12 的图

9.13 稳压电路如图 9.7 所示。

(1) 找出图中的错误并加以改正,使其正常工作。

(2) 说明图中的三极管 T_2、电阻 R 的作用及工作原理。

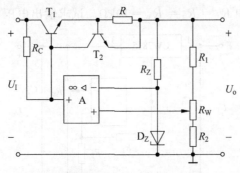

图 9.7 题 9.13 的图

9.14 图 9.8 所示的稳压电路中,已知输入直流电压 $U_I = 30V$,调整管 T 的 $\beta = 25$,稳压管的稳压值 $U_Z = 5.4V$,稳压电路的输出电压近似等于 9V,在稳压电路正常工作的情况下,求:

(1) 调整管的功耗 P_T 和运算放大器的输出电流。

(2) 在调整管 T 的集电极和基极之间接一个 $5.1k\Omega$ 的电阻 R_4(如图 9.8 中虚线所示),再求运算放大器的输出电流。

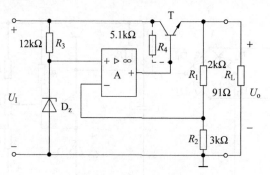

图 9.8　题 9.14 的图

（3）说明接入电阻 R_4 的优点。

9.15　由三端集成稳压器和集成运算放大器组成的恒流源电路如图 9.9 所示。设图中运放为理想运算放大器。三端集成稳压器 CW78×× 的 3、2 端电压用 U_{REF} 表示，写出输出电压 U_o 和输出电流 I_L 的表达式。

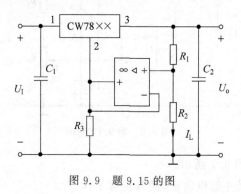

图 9.9　题 9.15 的图

9.16　由三端集成稳压器和集成运算放大器组成的电路如图 9.10 所示。设图中运放为理想运算放大器。图中 $R_1 = R_2 = R_W = 10\text{k}\Omega$。试求输出电压 U_o 的调节范围。

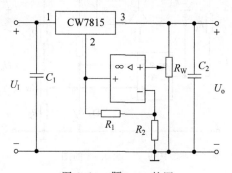

图 9.10　题 9.16 的图

第 10 章

CHAPTER 10

光电转换器件及其应用

本章讨论发光二极管、红外发射管、光敏二极管、光敏三极管以及光电耦合器等半导体光电转换器件的结构、工作原理、基本特性以及典型应用电路。发光器件原理是加电压或注入电流使其发光,发光亮度与流过电流相关;光电器件是通过光照改变器件的导通状态,从而将光照与器件工作状态关联的半导体器件。本章给出的不同情况的典型应用电路可作为实际应用时的参考电路。

半导体光电器件是指把光和电这两种物理量联系起来,使光和电互相转化的半导体器件,即利用半导体的电致发光和光电效应制成的器件。光电转换器件主要包括利用半导体光敏特性工作的光电器件和利用半导体光伏效应工作的光电池和半导体发光器件等。尽管光电转换器件的种类很多,但其基本工作原理都是建立在电致发光和光电效应的基础上。半导体光电器件的种类主要有发光二极管、红外发射管、光敏二极管、光敏三极管、光电耦合器件等。本章主要介绍相关半导体光电转换器件的结构、工作原理、基本特性以及典型应用电路等问题。

10.1 发光二极管

10.1.1 发光二极管的结构与符号

发光二极管(Light Emitting Diode,LED)是一种半导体器件。早先多用于仪器、装置的指示灯和显示发光二极管等场合。随着照明白光 LED 的出现,LED 已经越来越多应用于各种照明场所。LED 被称为第四代照明光源或绿色光源,具有节能、环保、寿命长、体积小等特点,广泛应用于各种指示、显示、装饰、背光源、普通照明和城市夜景等领域。根据使用功能的不同,可以将其分为信息显示、信号灯、车用灯具、液晶屏背光源、通用照明五大类。

发光二极管的结构如图 10.1.1 所示。

LED 的核心是 LED 芯片,如图 10.1.1 所示。从图中可看到,LED 芯片为核心部分,从器件完整性看,为了发光效果更好,还要有用于反射光线的反射帽、用于聚集光线的圆形环氧树脂透镜、用于连接黄金材料的导线接合部分以及引脚等辅助部分。

LED 的核心是一个半导体晶片,晶片的一端附着在一个支架上,是负极,另一端连接电源的正极,整个晶片被环氧树脂封装起来。半导体晶片由两部分组成:一部分是 P 型半导体,在它里面空穴占主导地位;另一端是 N 型半导体,主要是电子,它们之间是一个 PN 结。

发光二极管在电路中的符号如图 10.1.2 所示。a 为正极,也称为阳极;k 为负极,也称为阴极。

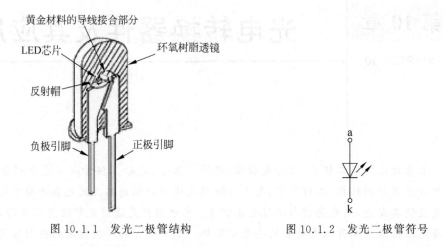

黄金材料的导线接合部分
LED芯片
环氧树脂透镜
反射帽
负极引脚　正极引脚

a

k

图 10.1.1　发光二极管结构　　　　　　图 10.1.2　发光二极管符号

10.1.2　发光二极管工作原理与特点

LED 是一种固态的半导体器件,它可以直接把电能转化为光能。发光二极管核心部分是一种由砷化镓(GaAs)、磷化镓(GaP)、磷砷化镓(GaAsP)等材料晶片制成的 PN 结。因此它具有一般 PN 结的单向导电性,即正向导通、反向截止、击穿等特性。

与普通二极管比较,发光二极管掺杂浓度比普通二极管高很多,且 PN 结的结面积也比普通二极管大很多。这样,当二极管承受正向电压而导通时,会有大量的自由电子与空穴复合,复合时多余的能量会引起光子发射,即发光二极管以光子的形式释放多余的能量,这就是 LED 发光的原理。

LED 的发光颜色和发光效率与制作 LED 的材料和制作工艺有关,亮度可通过调整电压(或电流)来调节,制造 LED 的材料不同,可以产生具有不同能量的光子,因此可以控制LED 所发出光的波长,也就是实现了发光颜色的变化。

历史上第一个 LED 所使用的材料是砷化镓(GaAs),其正向 PN 结压降(即点亮或工作电压)为 1.424V,发出的光线为红外光谱。另一种常用的 LED 材料为磷化镓(GaP),其正向 PN 结压降为 2.261V,发出的光线为绿光。

基于这两种材料,早期 LED 工业运用 GaAs1-xPx 材料结构,理论上可以生产从红外光一直到绿光范围内任何波长的 LED,下标 X 代表磷元素取代砷元素的百分比。一般通过 PN 结压降可以确定 LED 的波长颜色。其中典型的有 GaAs0.6P0.4 的红光 LED,GaAs0.35P0.65 的橙光 LED,GaAs0.14P0.86 的黄光 LED 等。由于制造采用了镓、砷、磷三种元素,所以俗称这些 LED 为三元素发光管。

如果要 LED 发其他颜色光,则制作时需要配色。如白色光,是红、绿、蓝三色按亮度比例混合而成,当光线中绿色的亮度为 69%,红色的亮度为 21%,蓝色的亮度为 10%时,混色后人眼感觉到的是纯白色。

LED 具有耐冲击、抗震动、寿命长(10 万小时)等特点,目前作为照明光源使用非常广泛。

10.1.3   发光二极管驱动电路

LED 是比较敏感的半导体器件,并且具有负温度特性,因而在应用过程中需要采取措施稳定工作状态,从而产生了 LED 驱动的问题。LED 器件不像普通的白炽灯泡,可以直接连接 220V 的交流市电,而需要将电源变换到需要的电压、电流等级,并且按一定方式与 LED 连接。

理论上说,只要加在 LED 上的正向电压达到其正向导通电压,使其导通,则 LED 就可以发光。LED 是低电压驱动,必须要设计变换电路,当前主流照明 LED 的最高导通电流可达 1A 以上,导通电压为 2~4V。不同用途的 LED,要配备不同的驱动电路。常见 LED 驱动方式有电压源(恒压源)驱动和电流源(恒流源)驱动。

1. 恒压源驱动

如图 10.1.3 所示给出了一种采用电压源驱动 LED 的电路。

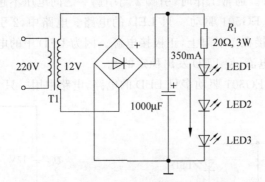

图 10.1.3   电压源驱动 LED 示例

图 10.1.3 中,整流、滤波后的电压源直接向 LED 供电,变压器副边输出交流有效值电压为 12V,白光 LED 的正向导通压降为 $U=3.5\text{V}$,正向导通电流为 $I=350\text{mA}$,桥式整流滤波电压约为 $12\sqrt{2}\,\text{V}$,限流电阻 R_1 值为

$$R_1 = \frac{12\sqrt{2} - 3\times U}{I} = \frac{12\sqrt{2} - 3\times 3.5}{0.35} = 18.48\,\Omega$$

电阻功率为

$$P_{R_1} = (12\sqrt{2} - 3\times U)\times I = (12\sqrt{2} - 3\times 3.5)\times 0.35 = 2.26\,\text{W}$$

因此,电路中限流电阻 R_1 取值为 20Ω,电阻功率为 3W。

2. 恒流源驱动

根据 LED 导通电流、导通电压与亮度的关系,以及 LED 的负温度系数等特性可知,如果采用电压源驱动 LED,不能保证 LED 亮度的一致性,并且会影响 LED 的可靠性和寿命等。因此,实际应用中,照明 LED 更多采用恒流源驱动方式。如图 10.1.4 所示给出了一种恒流源 LED 驱动电路芯片 EG501,图 10.1.4(a)是 EG501 集成电路引脚分布图,图 10.1.4(b)为内部结构图。

EG501 是一种线性、恒流 LED 驱动芯片。从图 10.1.4 中可以看出,它只有 3 个引脚,分别是电源引脚 2、输出引脚 1 和接地引脚 3。

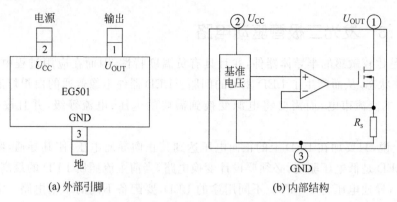

(a) 外部引脚　　　　　　　　　　　　(b) 内部结构

图 10.1.4　线性恒流 LED 驱动芯片 EG501

工作时，引脚 1 为恒流输出引脚，用来接 LED 的负极；引脚 2 是电源引脚，用来接电源。引脚 3 为接地引脚。通常工作时，引脚 2 与引脚 3 之间电压不超过 6V。

图 10.1.5 为采用 EG501 驱动一只 LED 的电路。电路中，2 引脚接在 +5V 电源上，3 引脚接地，LED 负极接在 1 引脚上，正极接电源。因为 LED 中的电流会经过 1 引脚，所以 LED 中会流过恒定的电流，使 LED 发出稳定的光。

图 10.1.6 为采用 EG501 驱动多只 LED 的电路，电路中用一只 EG501 驱动 3 只 LED。

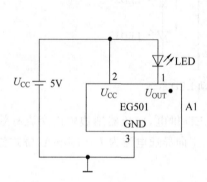

图 10.1.5　EG501 驱动 1 只 LED 电路

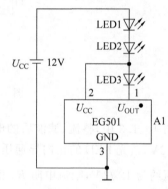

图 10.1.6　EG501 驱动 3 只 LED 电路

图 10.1.6 电路中，直流工作电压是 12V，它通过 LED1 和 LED2 加到集成电路 EG501 的电源引脚 2 上，这样在 LED1 和 LED2 导通发光的同时，集成电路 A1 也进入工作状态。LED1 和 LED2 导通后的电压加到了 LED3 的正极，使 LED3 也导通发光，这样 3 只 LED 全部导通发光。

需要说明，在图 10.1.6 电路中，LED1 和 LED2 导通后的管压降将 12V 降低后再加到 EG501 的电源引脚 2 上，以保证集成电路 EG501 的引脚 2 与引脚 3 的直流电压不超过 6V。

如果 LED1 和 LED2 导通后的电压降比较小，加到集成电路 EG501 引脚 2 的电压会大于 6V，这时可以在 LED1 回路中串联一只或是多只普通二极管，如图 10.1.7 中 D4(1N4007)所示，以保证加到集成电路 EG501 引脚上 2 与引脚 3 之间的直流电压不大于 6V。

显然，图 10.1.6 和图 10.1.7 电路中，只有 LED3 中的电流与芯片 A1 引脚 1 中电流相等，流过的是恒流，而 LED1、LED2 中的电流并不是引脚 1 中的恒流。这样，就不能保证三只发光二极管有相同的发光效果。为保证所有 LED 中电流均为恒流，可以将电路改进为如

图 10.1.8 所示的电路,该电路是带有电源引脚稳压的驱动电路。

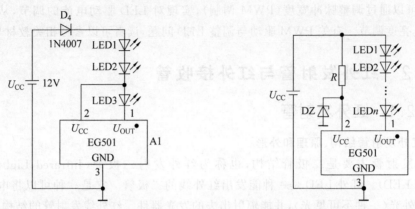

图 10.1.7 串联普通二极管降压电路　　　图 10.1.8 带电源引脚稳压的多只 LED 驱动电路

在如图 10.1.8 所示的多只 LED 驱动电路中,因为要驱动许多只 LED,要求直流工作电压比较高。由于直流工作电压远高于集成电路 EG501 的工作电压,所以,在 EG501 的电源引脚 2 上接入了由电阻 R 和稳压管 DZ 构成的简单稳压管直流稳压电路,使集成电路 EG501 的引脚 2 的电压稳定在额定工作电压范围内。同时,所有 LED 串联,接到电源与 1 引脚之间,从而保证了所有 LED 中流过的电流都与引脚 1 中的恒流相等。

由于 EG501 承受电压不大于 6V,输出电流范围是 $5\sim90\text{mA}$。所以,当需要较高电压和较大输出电流时,还可以将 EG501 串联或并联使用。图 10.1.9 和图 10.1.10 分别给出了 EG501 串联和并联应用时的驱动电路。对于图 10.1.9 和图 10.1.10 所示的电路工作情况分析,请读者自己完成。

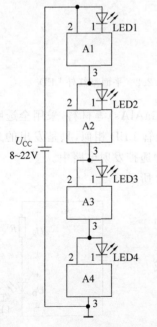

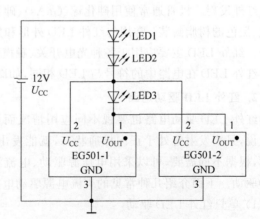

图 10.1.9 EG501 串联应用电路　　　图 10.1.10 EG501 并联应用电路

　　除了恒流驱动 LED 电路外,也可以采用脉冲电源来驱动 LED。采用脉冲电源驱动 LED 时,可以通过调整脉冲宽度(PWM 调制),实现对 LED 驱动电流的调节,从而实现对 LED 发光亮度调节。有关 PWM 驱动与调整 LED 问题,读者可以参考相关教材与资料。

10.2　红外发射管与红外接收管

10.2.1　红外发射管

1. 红外发射管结构、原理和外形

　　红外发射管主要是二极管结构,也称为红外发射二极管(Infrared Light Emitting Diode,IR-LED)。红外 LED 是一种能发出红外线的二极管。它是一种可以将电能直接转换成近红外光(一种不可见光),并能辐射出去的发光器件。红外线发射管的结构、原理与普通发光二极管相近,利用半导体结晶的材料、形成 PN 结的杂质浓度、结构等的变化,可以发出不同波长的近红外光。

　　红外 LED 有不同类型。从发射红外光波长分类,红外 LED 产品主要有:850nm、870nm、880nm、940nm、980nm 等多种类型。从其功率大小划分,又可分为小功率、中功率、大功率发射管等。一般小功率发射管正向电压为 1.1~1.5V,导通电流 20mA;中功率发射管正向电压约为 1.4~1.65V,导通电流 50~100mA;大功率发射管正向电压为 1.5~1.9V,导通电流约 200~350mA。从外观来分类,又可以有不同形状。图 10.2.1 和图 10.2.2 分别给出两种不同外形红外 LED。

图 10.2.1　圆头型红外 LED　　　　　　　图 10.2.2　平面型红外 LED

　　红外发射二极管通常使用砷化镓(GaAs)、砷铝化镓(GaAlAs)等材料,采用全透明或浅蓝色、黑色的树脂封装。常用的红外 LED 外形和发光二极管 LED 相似,只是发出的光是红外光。红外 LED 主要应用于各种光电开关、触摸屏及各种遥控发射电路中。

　　红外 LED 在电路中的符号与 LED 相同,如图 10.1.2 所示。

2. 红外 LED 驱动电路

　　红外 LED 驱动电路也要视不同应用情况而设计。理论上说,只要发射管处于正向导通状态,就能发出红外光。当然,根据不同需要,可以采用电压源驱动、电流源驱动或脉冲驱动。下面介绍几种常见的直流电源驱动电路。

　　1) 单只红外 LED 驱动

　　图 10.2.3 为单只红外 LED 直流电源驱动电路。电路中电阻 R 起限流作用,R 按式(10.2.1)确定

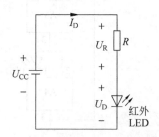

图 10.2.3　单只红外 LED 直流
电源驱动电路

大小。

$$R = \frac{U_{CC} - U_D}{I_D} \tag{10.2.1}$$

如果电源电压为 $U_{CC} = 5\text{V}$,红外 LED 导通电压为 $U_D = 1.2\text{V}$,导通电流 $I_D = 20\text{mA}$,则根据式(10.2.1)可知,R 取值为

$$R = \frac{5 - 1.2}{0.02} = 190\Omega$$

2) 多只红外 LED 串联驱动

图 10.2.4 为多只红外 LED 串联驱动电路,其中 D_1、D_2、$\cdots$、D_n 为红外 LED,它们做串联连接后,经限流电阻 R 接到电压源 U_{CC} 上。

由图 10.2.4 电路可知,限流电阻 R 按式(10.2.2)确定。

$$R = \frac{U_{CC} - nU_D}{I_D} \tag{10.2.2}$$

其中,n 为串联红外 LED 的个数。

需要说明,无论是单只还是多只红外发射管驱动,外加电压 U_{CC} 的大小都要保证红外 LED 中流过的电流为导通电流 I_D,这一结论后面电路同样也适用。在图 10.2.3 和图 10.2.4 中,导通电流 I_D 设为 20mA。

3) 多只红外 LED 并联驱动

图 10.2.5 为 n 只红外 LED 并联驱动电路。图中 D_1、D_2、$\cdots$、D_n 为红外 LED,每个红外 LED 先与限流电阻 R 串联,然后再并联接到电压源 U_{CC} 上。

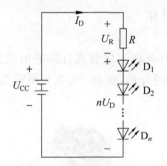
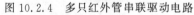
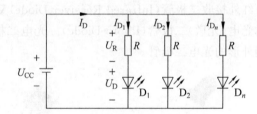

图 10.2.4 多只红外管串联驱动电路   图 10.2.5 多只红外管并联驱动电路

根据红外 LED 驱动原则,由图 10.2.5 可知,如果每个红外 LED 导通电流相等,设 $I_{D_1} = I_{D_2} = \cdots = I_{D_n}$,则每个限流电阻 R 的值相同,都为

$$R = \frac{U_{CC} - U_D}{I_{D_1}} \tag{10.2.3}$$

而电源中电流 I_D 是单只管子中流过电流的 n 倍。

4) 晶体管恒流源驱动

如图 10.2.6 所示为采用晶体管构成的恒流源红外 LED 驱动电路。

由图 10.2.6 可知,红外 LED 中的电流就是三极管集电极电流 I_C,而电路中集电极电流为

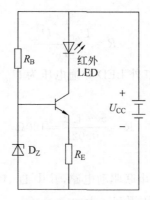

图 10.2.6　晶体管的恒流源红外 LED 驱动电路

$$I_\mathrm{C} \approx I_\mathrm{E} = \frac{U_\mathrm{Z} - U_\mathrm{BE}}{R_\mathrm{E}} \tag{10.2.4}$$

式(10.2.4)中，U_Z 为稳压管稳定电压，可以视为常数，U_BE 为三极管发射结压降，约为 0.7V，也可以看成常数。当 R_E 确定且已知时，电流 I_E 就是确定值，因此，红外 LED 中的电流 I_D 也就确定了。这表明红外 LED 中流过的电流 I_D（等于 I_C）与红外 LED 两端电压没有关系。所以，如图 10.2.6 所示电路为恒流源型红外 LED 驱动电路。

当然，红外 LED 驱动也可以不采用直流，而采用脉冲形式驱动，有关脉冲驱动方法可参考其他文献。

10.2.2　红外接收管

红外接收管分为红外接收二极管和红外接收三极管两种。

1. 红外接收二极管

红外接收二极管(Infrared Receiver Diode)又称为红外光电二极管或红外光敏二极管，简称光电(光敏)二极管(Photo-Diode)。光电二极管有不同外形，如图 10.2.7 所示为几种不同外形的光电二极管。

(a)圆头型　　　　　　　　(b)侧面型　　　　　　　　(c)金属封装型

图 10.2.7　光电二极管外形

1) 光电二极管工作原理

光电二极管结构与半导体二极管相似，其管芯部分是具有光敏特征的 PN 结，也具有单向导电性。光电二极管管壳上有一个能射入光线的玻璃透镜，入射光通过透镜聚焦正好照射在管芯上。光敏二极管管芯的光敏面是通过扩散工艺，在 N 型单晶硅上形成的一层薄膜。光敏二极管的管芯以及管芯上的 PN 结面积做得较大，而管芯上的电极面积做得较小，

PN 结的厚度比普通半导体二极管做得薄,这种结构上的特点提高了管子光电转换的能力。

　　光电二极管工作时,需加上反向电压。当没有光照时,反向电流极其微弱,一般为 $1\times10^{-8}\sim1\times10^{-9}$A,称为暗电流,此时光敏二极管截止。

　　当光电二极管有光照射时,其 PN 结附近受光子的轰击,半导体内被束缚的价电子吸收光子能量而被击发,产生电子-空穴对。这些载流子的数目,对于多数载流子影响不大,但对 P 区和 N 区的少数载流子来说,则会使少数载流子的浓度大大提高,在所加反向电压作用下,反向饱和电流大大增加,并迅速增大到几十微安。光照下管子中流过的电流相对没有光照时要大许多,称为光电流。光的强度越大,反向电流即光电流也越大,也就是说,光电流随入射光强度的变化而相应变化。这样,光电二极管就将光强度转换成了与之成比例的电流,完成了光信号到电流信号的转换过程。如果接有负载电阻 R,光电流通过负载电阻 R 时,在电阻两端将得到随入射光变化的电压信号。这样,光电二极管就实现了从光信号到电压信号的转换。

　　光电二极管在电路中的符号如图 10.2.8 所示。

　　2) 光电二极管驱动与应用电路

　　最基本光电二极管驱动电路如图 10.2.9 所示。

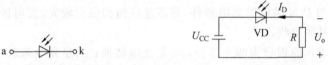

图 10.2.8　光电二极管符号　　　　图 10.2.9　光电二极管驱动电路

　　在图 10.2.9 中,光电二极管 VD,电源电压为 U_{CC},R 为负载电阻。需要注意,正常工作时,光电二极管 VD 加的是反向电压。光电二极管 VD 没有光照时,其反向电流 I_D 为暗电流,非常小,这时电阻 R 上电压 U_o 近似为零,没有输出电压。当光电二极管有光照时,电流 I_D 增大,光电二极管中流过的电流称为光电流,当光电流流过电阻 R 时,在电阻两端产生输出电压 U_o。如果光照发生变化,光电流也会随之变化,电阻上的输出电压 U_o 也将随光照变化。

　　由于光电二极管的光电流本身不大,因此,要想得到较大的输出电压 U_o 就要增加电阻 R。但当电阻 R 增大时,要使光电二极管还能正常工作,必须增大电源电压 U_{CC}。但实际应用中,有时 U_{CC} 不能太大。因此,为了在不增加 U_{CC} 情况下得到较大的输出电压 U_o,常采用的方法就是增加一只三极管,通过三极管扩流的方法扩大电流输出,从而实现不增加 U_{CC} 情况下,使输出电压 U_o 增加。图 10.2.10 为三极管扩流型光电二极管驱动电路。

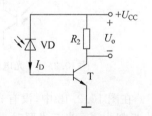

图 10.2.10　三极管扩流型光电
二极管驱动电路

　　图 10.2.10 中,在没有光照时,I_D 为很小的暗电流,此时输出电压 U_o 近似为 0,当有光照时,I_D 为管电流,这时输出电压为 $U_o=\beta I_D R_2$。显然,光电流被扩大了 β 倍。

2. 红外接收三极管

　　红外接收三极管(Infrared Receiving Triode)也称为光电三极管(Photoelectric Triode)是在光电二极管的基础上发展起来的光电器件,如果将图 10.2.10 的三极管扩流方法应用于光电器件制造,就得到了光电三极管。光电三极管与光电二极管外部的差别,就在于光电三极管能够输出更大的光电流。光电三极管外形如图 10.2.11 所示。从外形看,光电三极管与光电二极管相似,光电三极管有光窗口和电极引出线。电极引出线包括：集电极引出线、发射极引出线；大部分光电三极管没有基极引出线,少部分有基极引出线。

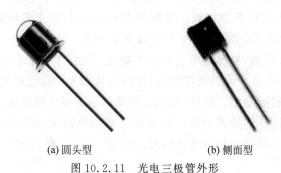

(a) 圆头型   (b) 侧面型

图 10.2.11　光电三极管外形

1）光电三极管工作原理

光电三极管本身具有放大功能。因为硅材料的元件与锗材料的元件比较,有小得多的暗电流和较小的温度系数,所以目前的光电三极管都采用硅材料制成。硅光电三极管是用 N 型硅单晶做成 N-P-N 结构的光电器件,管芯基区面积做得较大,发射区面积却做得较小,入射光线主要被基区吸收。

光电三极管工作原理分为两个部分：一是光电转换；二是光电流放大。与光电二极管一样,入射光在基区中激发出电子与空穴。在集电结漂移场的作用下,电子被拉向集电区,而空穴被积聚在靠近发射区的一边。由于空穴的积累而引起发射区势垒的降低,其结果相当于在发射区两端加上一个正向电压,从而引起了倍率为 $\beta+1$ 的电子注入,这样就形成了集电极与发射极之间的光电流。光电三极管中的电流与光照成比例,这就是硅光电三极管的工作原理。

光电三极管在电路中的符号如图 10.2.12 所示。

2）光电三极管驱动与应用电路

光电三极管的驱动电路如图 10.2.13 所示。

图 10.2.12　光电三极管符号

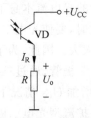

图 10.2.13　光电三极管驱动电路

在图 10.2.13 中,没有光照时,光电三极管截止,电流 I_R 是暗电流,电流很小,输出电压 U_o 近似为零；当有光照时,光电三极管导通,电流 I_R 是光电流,有比较大的输出电压 U_o。

图 10.2.14 为光电三极管控制继电器线圈的电路。

在图 10.2.14 中,KA 是继电器线圈,当 KA 线圈中有电流流过时,继电器触点闭合。二极管 D 是为了防止继电器线圈 KA 产生高压,为线圈 KA 提供的电流续流通路。因此,二极管 D 也称为续流二极管。

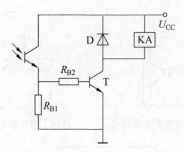

图 10.2.14　光电三极管控制继电器线圈电路

没有光照时，光电三极管截止，电阻 R_{B1} 上电压为零，三极管 T 截止，继电器线圈 KA 中电流为零，继电器触点不会闭合。当光电三极管有光照时，光电三极管导通，产生光电流流过电阻 R_{B1}，R_{B1} 上电压经 R_{B2} 加到三极管基极上，只要电阻 R_{B1}、R_{B2} 参数选择合适，将使三极管 T 饱和导通，继电器线圈 KA 中流过饱和电流，继电器触点闭合。由此可见，图 10.2.14 所示电路可以通过光照实现对继电器触点的控制。

10.3　光电耦合器

10.3.1　光电耦合器外形、结构符号与工作原理

光电耦合器(Photocoupler)又叫光电隔离器(Photoelectric Isolator)，简称光耦。它是将红外发射二极管与红外接收三极管做在一块芯片上形成的光电器件。它能够对电路中的电信号产生很好的隔离作用，特别是在照明的电路中，它更能够有效地保护电路和导线，使光信号和电信号互不干扰，各自进行工作，确保了电源和光源各自的正常有序工作，具有较好的电绝缘能力和防干扰能力。

光电耦合器有很多种类型，图 10.3.1 为常用的三极管型光电耦合器外形。

图 10.3.1　光电耦合器外形

光电耦合器的结构与在电路中的符号如图 10.3.2 所示。

图 10.3.2(a)为 4 引脚封装光电耦合器内部结构，其中一只红外发光二极管，对外引出两个引脚；一只光电三极管，对外引出两个引脚。光电三极管没有基极引出脚，所以，只有四个引出脚。这是一种最基本的结构形式。

图 10.3.2(b)为 6 引脚封装光电耦合器内部结构图。这种封装结构中，光电三极管有基极引出脚，所以有效引脚有 5 个，有一个引脚 3 是没有使用的空脚。

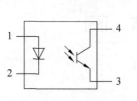

(a) 4引脚封装光电耦合器结构

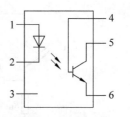

(b) 6引脚封装光电耦合器结构

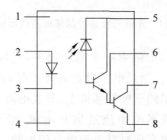

(c) 8引脚封装含达林顿管的光电耦合器

图 10.3.2　光电耦合器内部结构图

　　图 10.3.2(c)为 8 引脚封装含达林顿管（复合管）的光电耦合器。这种封装中，1 引脚、4 引脚为没有使用的引脚。2 引脚、3 引脚是发射管引脚，5、6、7、8 引脚为接收管引脚。光电接收管是一只光电二极管，接收到的信号形成光电流，经高放大系数的达林顿管放大，可以得到较大的输出电流。因此，这种封装器件，可以用在需要较大信号电流情况。

　　将红外发射管工作原理与红外接收管工作原理结合在一起，即可得到光电耦合器的工作原理。从图 10.3.2 可以看到，当电信号送入光电耦合器的输入端时，发光二极管通过电流而发光，光敏三极管受到光的照射后产生光电流，集电极与发射极之间导通；当输入端发光二极管中没有电流流过，发光二极管不发光，光敏三极管截止，光敏三极管的集电极与发射极不通。

10.3.2　光电耦合器的特点

　　在电路中为什么要使用光电耦合器呢？主要原因包括以下几个方面。一是电路本身电气隔离的需要。假设有 A 与 B 两个电路，由于两个电路的供电电压级别非常悬殊，一路为数百伏，另一路仅为几伏，但两个电路之间需要信号传输。这样两种差异巨大的供电系统，无法共用电源。由于 A 电路与 B 电路之间既要进行信号的传输，又不能共用一个电源，所以电路 A 与电路 B 既要能传送信号，又要使电源隔离，这种隔离是电路本身需要。二是人体保护需要隔离。比如 A 电路与强电直接连接，当人体接触时，有触电危险，而 B 电路是人体需要经常接触的部分，同时又与 A 电路有信号联系。因此，为保障人体安全，需要将强电电路 A 与人体经常接触的 B 电路隔离开，这时使用光耦既实现信号传输，又实现人体与强电电路的电气隔离。三是对于一些高阻抗型器件，采用光耦隔离，可以利用光电耦合器的特性有效实现抗干扰。光电耦合器的基本作用是在输入、输出侧进行信号传输的同时，又实现输入、输出侧电路有效的电气隔离。能以光形式传输信号，有较好的抗干扰效果，输出侧电路能在一定程度上得以避免强电压的引入和冲击等作用，使光耦得以广泛应用。

从以上讨论可以总结出光电耦合器主要的特点。

(1) 光电耦合器在信号传输中有抑制干扰的作用。

光电耦合器在传输信号的同时,能有效地抑制尖脉冲和各种杂波干扰,使通道上的信噪比大为提高。这种特性是其他电路在传输信号时所没有的。光电耦合器在信号传输中抑制干扰特性主要源于以下两个方面的原因。

① 光电耦合器的输入阻抗很小,只有几百欧姆,而一般情况下干扰源的阻抗比较大,通常为 $10^5 \sim 10^6 \Omega$。根据分压原理可知,即使干扰电压的幅度较大,但传送到光电耦合器输入端的杂波,经分压后的电压会很小,只能形成很微弱的电流,由于没有足够的能量而不能使二极体发光,也就不能传送到接收管,从而被抑制掉了。

② 光电耦合器的输入回路与输出回路之间没有电气联系,也没有共地。输入与输出回路之间的分布电容很小,而绝缘电阻又很大,因此回路一边的各种干扰杂波都很难通过光电耦合器传送到另一边去。从而避免了共阻抗耦合干扰信号的产生。

(2) 光电耦合器可起到很好的安全隔离作用。

因为,光电耦合器件的输入回路和输出回路之间可以承受几千伏的高压。如果将测量仪表输入信号端经光电耦合器后再送入仪表测量电路,就形成了测量仪表外部环境与内部测量电路的电气隔离。即使外部设备出现故障,甚至输入信号线短接或高压时,也不会损坏仪表内部测量电路,对内部测量电路起到保护作用。

(3) 光电耦合器有极快的响应速度。

响应速度快也是光电耦合器的特点之一。高速光电耦合器响应延迟时间只有 $10\mu s$ 左右,可适用于对响应速度要求很高的场合。

(4) 可传送开关信号和模拟信号。

普通光电耦合器只能传输开关信号(脉冲信号),不能传输模拟信号。而线性光电耦合器是一种新型的光电隔离器件,既能够传输开关信号,也能传送连续变化的模拟电压或电流信号。线性光电耦合器可以跟随输入信号的强弱变化,产生相应强弱变化的光信号,从而改变光敏晶体管的导通程度,使输出电压或输出电流也随之有不同的大小。

10.3.3 光电耦合器应用

由于光电耦合器有较好的性能,同时价格便宜,因而应用非常广泛。另外,光电耦合器的种类有很多,每一种光电耦合器都有自己的特点,而且它们有着各自适用的范围,如果要购买光电耦合器,最好先要了解不同种类光电耦合器的适用范围、参数与技术指标,然后根据需要,选择合适的光电耦合器类型。后面给出几种光电耦合器应用电路。

1. 开关信号隔离传输电路

图 10.3.3 为光电耦合器的一个基本应用电路。该电路实现了对开关信号的隔离传输与幅度变换等功能。

在图 10.3.3 中,按钮 SW 没有按下时,发光二极管不发光,光电三极管没有电流流过,输出电压 u_o 为零。当按下按钮 SW 时,发光二极管流过电流而发光,光电三极管导通,集电极与发射极流过光电流,电阻 R_2 上有电压,u_o 不为零。

发光二极管中流过的电流约为 $I_D = 5/150 = 33\text{mA}$,如果光电三极管饱和导通,则 u_o 近似等于 24V。因此该电路实现了用 +5V 信号,传输到输出端为 +24V 的变换。每按一次开

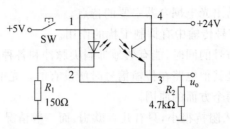

图 10.3.3 光电耦合器开关信号传输电路

关按钮 SW,在输出端就得到一个幅度为+24V 的正脉冲。同时,电路中的两个电源(+5V 和+24V),经光电耦合器相互隔离,实现了电源之间互不影响。

2. 光耦隔离控制的直流电机启动与停止控制电路

图 10.3.4 为采用线性光电耦合器 PC817 实现的 12V 直流电机启动与停止控制电路。

PC817 是一种常用的线性光电耦合器,在各种要求比较精密的功能电路中,常常被当作耦合器件,以实现前后级电路完全隔离。

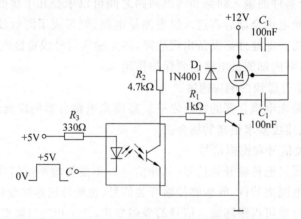

图 10.3.4 直流电机启动与停止控制电路

在图 10.3.4 中,电机 M 为被控制对象,二极管 D_1 是为防止电机 M 两端产生瞬间高压的续流二极管,光耦有信号传输与隔离作用,晶体管 T 是驱动管,为电机提供足够大的驱动电流。

直流电机 M 的工作过程可以描述为:当光电耦合器控制端 C 加+5V 电压时,二极管不发光,光耦中的光电三极管截止,驱动晶体管 T 饱和导通,直流电机 M 上电压约为 12V,其中流过电流为驱动管 T 的饱和电流,电机 M 转动;当光耦控制端加上 0V 电压时,二极管发光,光耦中的光电三极管饱和导通,驱动晶体管 T 截止,直流电机 M 上电压约为 0V,电机 M 中没有电流流过,电机 M 停止转动。

从工作原理可知,本电路实现了用 0V 和+5V 电压对 12V 直流电机启动与停止的隔离控制。

另外,由于 PC817 是线性光耦,如果不考虑电机 M 的带负载能力与驱动特性,则在控制端 C 加上 0～5V 连续信号,就可以实现对晶体管 T 不同导通状态的控制,从而改变电机 M 中的电流,实现对电机 M 的转速调节与控制。

3. 线性隔离放大器

图10.3.5为采用线性光耦组成的线性隔离放大器电路。该电路可以实现输出与输入之间的线性隔离放大。

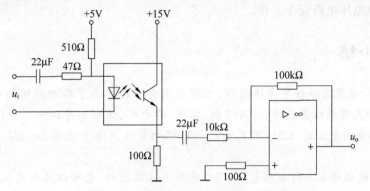

图 10.3.5　线性光耦组成的线性隔离放大器电路

图10.3.5是一个典型的线性光耦组成的交流耦合放大电路。只要适当地选取图中发光回路限流电阻(图中为510Ω),即可使光电耦合器的电流传输比为一常数,保证光电耦合器工作在线性状态。

图10.3.5中的模拟输入信号u_i经过线性光耦传送到集成运放的反向输入端,经集成运算放大器放大后,得到与输入信号成比例的输出信号u_o。从电路上看,输出与输入之间采用线性光耦实现电气隔离。这种应用非常广泛,比如输入端信号是需要测量的高电压经分压后得到的信号,输出接到仪表测量电路,光电耦合器实现了测量电路与高电压信号的电气隔离,不仅可以有效地保护测量电路,也可以有效地保障测量者的人身安全。

4. 隔离高压稳压电源

图10.3.6为采用光电耦合器实现隔离的高压稳压电源电路。

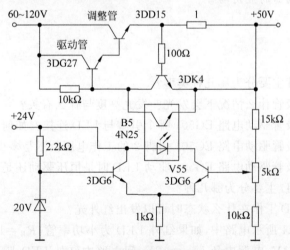

图 10.3.6　光耦隔离的高压稳压电源电路

图10.3.6中,驱动管需采用耐压较高的晶体管(图中驱动管为3DG27)。当输出电压增大时,采样晶体管V55的偏置电压增加,光电耦合器B5中发光二极管的正向光电流增

大,使光敏三极管的集电极与发射极之间电压减小,调整管发射结偏压下降,调整管中电流下降,使得调整管集电极与发射极电压增加,从而保持输出电压的稳定。

该电路采用线性光耦,对稳压电路中的基准电压部分与高压输出部分实现电气隔离,有效保障了基准电压电路安全工作。

本章小结

1. 发光二极管是一种半导体器件,已经越来越多地应用于各种照明场所。LED 被称为第四代照明光源或绿色光源,具有节能、环保、寿命长、体积小等特点。当接正向电压时,LED 发光,接反向电压时,LED 不发光。LED 正向导通压降一般为 2～4V,发光亮度与通过电流有关。

2. LED 的驱动有不同驱动电路,可以采用电压源驱动,也可以采用电流源驱动。为保证发光效果一致,实际中常采用电流源驱动。

3. 当接上正向电压并导通时,红外发射二极管发出红外光。红外发射二极管导通电压一般为 1～2V,可以采用电压源驱动,也可以采用电流源驱动。

4. 红外接收管包括红外接收二极管和红外接收三极管。红外接收二极管工作时加的是反向电压,没有红外光照射时,其中流过非常微弱的暗电流,二极管截止;当有红外光照射时,二极管中流过光电流。光电流比暗电流大许多。利用这种特性,可以实现各种控制。

5. 红外接收三极管实际是二极管扩大电流的结果。没有红外光照射时,三极管的 c～e 不导通,三极管截止;有红外光照射时,三极管导通,c～e 有比较大的电流流过。利用这种特性,可以实现不同的应用。

6. 光电耦合器是一种常见的器件,实际是发射二极管与接收三极管组合的结果,应用非常广泛。光耦分为线性光耦与非线性光耦,可以实现开关信号隔离传送,模拟信号隔离放大等各种需要电气隔离的应用场合。

习题

10.1　光电器件主要分为哪几种类型?

10.2　发光二极管什么情况下会发光? 发光亮度与什么有关?

10.3　发光二极管驱动电路 EG501 哪个引脚与 LED 连接? 如何连接?

10.4　发光二极管驱动电路 EG501 引脚 2 的工作电压范围是多少?

10.5　发光二极管驱动电路 EG501 驱动 LED 时是恒压驱动还是恒流驱动?

10.6　红外 LED 主要分为哪几种?

10.7　红外 LED 工作在什么状态时可以发出红外光?

10.8　在图 10.1 所示电路中,如果红外 LED 为小功率管,$R_B=150\Omega$,$R_E=4k\Omega$,稳压管稳定电压为 $U_Z=4V$,电源电压 $U_{CC}=12V$,问电路中红外 LED 是否可以正常发出红外光? 如果不行,如何调整电路参数,使之能够正常发光?

10.9　光电二极管工作电压极性如何? 简述其工作原理。

10.10　光电二极管与光电三极管有什么区别?

10.11 简述光电三极管工作原理。

10.12 在图 10.2 所示电路中,如果 $U_{CC}=12V$,设光电三极管导通时集电极与发射极间压降为 0.5V,继电器线圈 KA 额定工作电流为 60mA,晶体管 T 的电流放大系数 $\beta=60$,$U_{BE}=0.7V$,电阻 $R_{B1}=10k\Omega$,$R_{B2}=10k\Omega$,问电路中继电器能否正常工作?

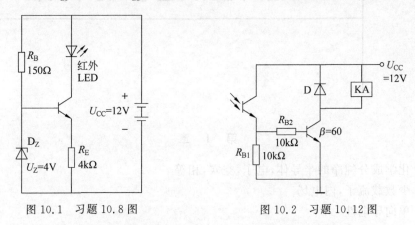

图 10.1 习题 10.8 图   图 10.2 习题 10.12 图

10.13 光电耦合器主要由哪些部分组成?常见封装形式有哪些?

10.14 光电耦合器有哪些特点?

10.15 光电耦合器常见的应用有哪些?

10.16 光电耦合器能隔离传输交流信号,那它是否能隔离传输直流信号?

部分习题参考答案

第 1 章

1.1 化学成分纯净的半导体,电子,空穴,相等

1.2 少数载流子,内电场

1.3 单向导电性

1.4 (1)× (2)× (3)√ (4)√ (5)√

1.5 少数载流子,多数载流子

1.6 =,正向偏置;>,变窄;<,变宽

1.7 A. $U_X=6.2V, U_Y=6.9V$; B. $U_X=0V, U_Y=10V$

1.8 u_o 波形如图 T1.1 所示

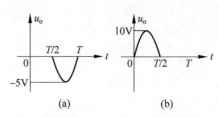

图 T1.1 题 1.8 的解

1.9 u_o 波形如图 T1.2 所示

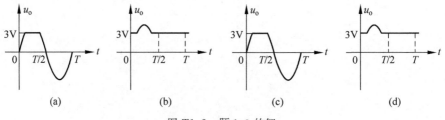

图 T1.2 题 1.9 的解

1.10 U_{D1} 导通,U_{D2} 截止,$U_{AB}=0V$

1.11 (a) $-6V$; (b) $12V$; (c) $0V$; (d) $-6V$

1.12 $U_o=5V$,D_{Z1} 击穿,D_{Z2} 截止

1.13 C

1.14 (1) C、B、E，(2) $\beta=40$，(3) PNP

1.15 晶体管是硅管，①、②、③角分别为 C、B、E 极，PNP 型

1.16 ×、×、√

1.17 NPN 和 PNP，自由电子和空穴；正向偏置，反向偏置

1.18 饱和区，截止区。

第 2 章

2.2 (1) × (2) × (3) × (4) × (5) √ (6) √

2.4 直流通路做静态分析，交流通路做动态分析；画直流通路时，信号源短路、直流电源不变、耦合电容断路、旁路电容断路；画交流通路时，信号源不变、直流电源短路、耦合电容短路、旁路电容短路

2.5 (1) B (2) C (3) B (4) A (5) B

2.6 图(a)～图(f)均不能对信号放大

2.8 图(a)：$I_{BQ}=77\mu A$ $I_{CQ}=1.53mA$ $U_{CEQ}=7.4V$

图(b)：$I_{BQ}=26\mu A$ $I_{CQ}=2.65mA$ $U_{CEQ}=13.4V$

图(c)：三极管饱和。$I_{EQ}=2.65mA$ $I_B=0.0265mA$ $U_{CE}=0.3V$

2.9 (1) 6.18V (2) 4.95V (3) 3.23V (4) 12V

2.10 $I_{BQ}=27\mu A$ $I_{CQ}=2.67mA$ $U_{CEQ}=3.82V$

2.11 (b) 截止失真，减小 R_b； (c) 饱和失真，加大 R_b； (d) 双向失真，减小输入信号幅值

2.12 (2) 约 1.2V (3) 截止失真、顶部 (4) 增大 (5) 将 Q 点移到交流负载线中点，$R_b=155k\Omega$

2.13 (1) I_{BQ} 减小、U_{CEQ} 增大、$|\dot{A}_u|$ 基本不变、r_i 基本不变、r_o 基本不变；

(2) I_{BQ} 减小、U_{CEQ} 减小、$|\dot{A}_u|$ 基本不变、r_i 增大、r_o 基本不变；

(3) I_{BQ} 不变、U_{CEQ} 不变、$|\dot{A}_u|$ 基本不变、r_i 增大、r_o 不变。

2.14 (1) $I_{CQ}=1.2mA$；$I_{BQ}=12\mu A$；$U_{CEQ}=9.26V$

(2) $\dot{A}_u=-39$；$\dot{A}_{us}=-35$；$r_i=8.6k\Omega$；$r_o=6.8k\Omega$

(3) 0.7V

(4) 静态工作点不变、电压放大倍数下降、r_i 增大、r_o 不变

2.15 (1) $\dot{A}_{u1}\approx-1$；$\dot{A}_{u2}\approx1$

2.16 (1) $I_{BQ}=10\mu A$；$I_{CQ}=1mA$；$U_{CEQ}=6.4V$

(3) R_L 开路：$\dot{A}_u=0.99$；$r_i=282k\Omega$；$r_o=29\Omega$

$R_L=1.2k\Omega$：$\dot{A}_u=0.97$；$r_i=88k\Omega$；$r_o=29\Omega$

2.17 (1) $I_{CQ}=1.65mA$；$I_{BQ}=20\mu A$；$U_{CEQ}=0.45V$

(2) $R_e=3.3k\Omega$

(3) $\dot{A}_u=83$；$r_i\approx30\Omega$；$r_o=5k\Omega$

2.18　(1) $I_{BQ1}=33\mu A$；$I_{CQ1}=1.65mA$；$U_{CEQ1}=8.2V$

$I_{BQ2}=65\mu A$；$I_{CQ2}=1mA$；$U_{CEQ2}=8V$

(2) $\dot{A}_{u1}=\dfrac{-\beta_1(R_2//R_3//R_4//r_{be2})}{r_{be1}}$；$\dot{A}_{u2}=\dfrac{-\beta_2(R_5//R_L)}{r_{be2}}$；$\dot{A}_u=\dot{A}_{u1}\times\dot{A}_{u2}$

$r_i=R_1//r_{be1}$；$r_o=R_5$

2.19　(1) $r_i=155k\Omega$；$r_o=4.7k\Omega$

(2) $\dot{A}_{us}=-6.6$

(3) 66mV

(4) 56mV

(5) 虽然射极输出器电压放大倍数≈1,但有射极输出器时,输出信号比无射极输出器时输出大,原因是射极器输入电阻大,对信号影响小。

2.20　(1) $r_i=10.5k\Omega$；$r_o=65\Omega$

(2) R_L 开路：$\dot{A}_{u1}=-13$；$\dot{A}_{u2}\approx1$；$R_L=4.7k\Omega$：$\dot{A}_{u1}=-12.9$；$\dot{A}_{u2}\approx1$

(3) 129mV

(4) 66mV

(5) 虽然射极输出器电压放大倍数≈1,但有射极输出器时,输出信号比无射极输出器时输出大,原因是射极器输出电阻小,带负载能力强。

2.21　改变频率

2.22　低频段：耦合电容、旁路电容影响。高频段：三极管结电容影响。

2.23　$\dfrac{1}{\sqrt{2}}$；3dB

2.24　$45°$；$-45°$

2.25　(1) f_L 降低、f_H 不变

(2) f_L、f_H 均降低

(3) f_L 不变、f_H 降低

2.26　60dB

第 3 章

3.5　采用自给偏置电路时,栅极电位为0,U_{gs} 不满足增强型 MOS 管导通要求。

3.6　I_{DSS} 为结型、耗尽型 MOS 的漏极饱和电流。定义是：$U_{GS}=0$ 时,场效应管处于预夹断时的漏极电流。I_{DO} 为增强型 MOS 的漏极饱和电流。定义是：$U_{GS}=2U_{GS(th)}$ 时,场效应管处于预夹断时的漏极电流。

3.7　否

3.8　R_g 短路时,输入信号被短路,不能实现对信号放大。R_g 开路时,电路不但没有正确的静态工作点,而且因栅极悬空将造成场效应管损坏。

3.9　R_g 的接入,可避免因 R_1、R_2 的影响造成电路输入电阻变小。

3.10　(1) 2V　(2) 11V　(3) −4V　(4) 4.8mA

3.12　(a) 不能　(b) 可以　(c) 不能

3.13 (1) $I_{DQ}=1.03\text{mA}; U_{GSQ}=3.425\text{V}; U_{DSQ}=7.275\text{V}$

(2) $\dot{A}_u=-3.6; r_i\approx10.1\text{M}\Omega; r_o=5\text{k}\Omega$

3.14 $\dot{A}_u=-g_m(R_d//R_L); r_i=R_g+R_1//R_2; r_o=R_d$

第 4 章

4.1 (1) B (2) D (3) C (4) C (5) ① A ② B ③ B ④ A ⑤ B

4.2 (1) A (2) B (3) C (4) D (5) B (6) A

4.3 B

4.4 (1) C (2) A (3) D (4) B (5) A (6) C

4.5 $u_i=0.1\text{V}; u_f=0.0990\text{V}; u_{id}=0.001\text{V}$

4.6 图(a)是交流串联电流负反馈；

图(b)是交、直流并联电压负反馈；

图(c)是交、直流并联电压负反馈；

图(d)R_3，R_4，R_9引入级间交、直流串联电流电负反馈；R_7，R_1，C_2引入级间、交流并联电压正反馈。

4.7 $A_u=2000, F_u=0.0095$

4.8 $A_{uf}\approx-9.1, f_{1f}\approx2.73\text{Hz}, f_{hf}\approx33\text{kHz}$

4.9 (1) A. 串联电压负反馈，使输入电阻增大，输出电阻增大；

B. 并联电压负反馈，使输入电阻减小，输出电阻减小。

(2) A. 11；B. 2.13

4.10 (1) A. 串联电流负反馈；B. 并联电流负反馈；

(2) A. 使输入电阻增大，输出电阻增大的影响；

B. 使输入电阻减少，输出电阻增大的影响；

(3) A. −42；B. 1.1

4.11 (1) 直流反馈；

(2) 串联电流负反馈，即 e_1、e_3 通过 R_f 相连。

(3) 并联电压负反馈；

(4) 串联电流负反馈。

4.12

(1) 并联电流负反馈，即 j，m 相连；

(2) 串联电压负反馈，即 n，k 相连。

4.13

(1) (a) 串联电压负反馈；(b) 并联电压负反馈；

(2) (a) 21；(b) −24.2。

4.14 (2) $1+\dfrac{R_f}{R_{e1}}$

4.15 $200\text{k}\Omega$

第 5 章

5.1 由输入级、中间级、输出级和偏置电路四部分组成。

5.3 $U_{ipA}=0.02V$；$U_{ipB}=0.01V$；B 放大电路的零漂小

5.4 电路的对称性及射极耦合电阻的负反馈

5.5 (1) 0.58mA
(2) 0.116mA

5.6
(1) -197.37
(2) $7.6k\Omega,30k\Omega$
(3) $-98.7,-0.51,193.5$

5.7 65mV

5.8
(1) 双端输出：$41k\Omega,20k\Omega,-61,0,\infty$
单端输出：$41k\Omega,10k\Omega,+33.3,-0.45,74$
(2) 双端输出：$141k\Omega,20k\Omega,-18.4,0,\infty$
单端输出：$141k\Omega,10k\Omega,9.67,0.045,215.9$

第 6 章

6.1 线性区

6.2 $u_o=4.5V,i_1=i_2=0.375mA,i_3=i_4=-0.225mA,i_L=0.9mA,i_o=1.125mA$

6.3 (a) $u_o=-u_{I1}-2u_{I2}-5u_{I3}$
(b) $u_o=-12u_I$
(c) $u_o=-25u_{I1}-5u_{I2}+6u_{I3}$

6.4 (a) $u_{o1}=u_{I1}$, $u_{o2}=\left(1+\dfrac{R_3}{R_4}\right)u_{I2}$, $u_o=-\dfrac{R_2}{R_1}u_{I1}+\left(1+\dfrac{R_2}{R_1}\right)\left(1+\dfrac{R_3}{R_4}\right)u_{I2}$

(b) $u_{o1}=-\dfrac{R_2}{R_1}\left(1+\dfrac{R_3}{R_4}+\dfrac{R_3}{R_2}\right)u_I$, $u_{o2}=\dfrac{R_2R_5}{R_1R_4}u_I$

6.6 (1) $U_o=\dfrac{R_x}{R_1}U_R$
(2) $0.5k\Omega$；$5k\Omega$；$50k\Omega$；$500k\Omega$

6.7 (1) $u_o(1)=-5V$
(2) $u_o(60)=-7.66V,u_o(120)=0$

6.9 $u_o(t)=-\dfrac{R_4}{R_2R_5C}\int_0^t(u_{I1}-u_{I2})d\tau$

6.11 (1) A_1 反相比例放大器、A_2 反相电压比较器、A_3 电压跟随器
(2) A_1 和 A_3 工作在线性区；A_2 工作在非线性区

6.12 $U_{TH1}=6V,U_{TH2}=-3V$

6.13 (a) $U_{TH}=3V$

(b) $U_{TH1}=3V$, $U_{TH2}=0$

6.14 $\dfrac{u_i}{i_i}=\dfrac{1}{G_m}$

6.15 $C\dfrac{du_o}{dt}+G_m u_o=G_m u_i$

6.16 $\dfrac{u_1-u_2}{i_1}=\dfrac{1}{G_m^2\cdot Z_L}$

第 7 章

7.5 $U_o=3.6V, f_0=1061Hz$

7.6 （a）、（b）可以产生自激振荡,（c）不能;因为静态工作点不能合理设置。

7.7 （a）不能。将反馈线改接至三极管的 e 极,去掉 C_E。

(b) 不能。将变压器副方同名端改在下端。

(c) 可以产生自激振荡。

7.8 （a）、（b）均可振荡。石英晶体作为反馈元件,使电路引入正反馈,同时又作为选频网络,决定反馈频率 $f_0=f_S$。

7.9 $R_1=30.31k\Omega$

7.10 $T_1=R_1 Cln\left(1+\dfrac{2R_2}{R_3}\right), T_2=R_0 Cln\left(1+\dfrac{2R_2}{R_3}\right)$

$T=(R_0+R_1)Cln\left(1+\dfrac{2R_2}{R_3}\right)$

7.11 A_1:上负下正,A_2:上正下负。

u_{o1} 为三角波,u_{o2} 为方波。

7.12 $R_3=20k\Omega, R$: 7.5～8.75kΩ R': 2.5～1.25kΩ

7.13 （1）u_{o1} 为方波,u_o 为三角波。

(2) u_o 的周期 $T=0.4ms$。

7.14 u_{o1} 为锯齿波。$U_{o1m}=5V, f=594Hz$

第 8 章

8.2 （1）向负载提供信号功率,需要较大的信号电压和电流;

(2) $\theta=360°, \theta=180°, 180°<\theta<360°$;

(3) 效率,交越,甲乙;（4）2W,2

8.3 不是; $U_{om}=0.64U_{CC}$

8.4 （1）$P_{om}=25W, \eta_m=78.5\%$;

(2) $P_o=6.25W, \eta=39.27\%$

8.5 （1）$P_{om}=12.25W, \eta=0.733$;（2）$P_T=2.45W$

8.6 $P_{om}=\dfrac{U_{CC}^2}{2R_L}=\dfrac{24^2}{2\times8}=36W$

8.7 $P_{om}=\left(\dfrac{U_{CC}}{2}\right)^2\times\dfrac{1}{2R_L}=6.25W$

8.8　$P_{om}=4W$

8.9　放大；正偏、反偏；推动

8.10　NPN, $\beta=300$

第 9 章

9.7　$I_F=0.3A, U_{DRM}=28.3V, C=417\mu F$、耐压 $50V$。

9.8　(1) $U_o=24V$

(2) $U_o=18V$，电容 C 开路；$U_o=28V$，R_L 开路；$U_o=9V$，一个二极管开路且电容 C 开路。

9.9　$U_o=6V, U_Z=15V$

9.10　S 闭合：$3.53V, 1.76mA, 1.76mA$

S 断开：$12V, 1.2mA, 0mA$

9.11　(1) $R_1=300\Omega, R_w=350\Omega$

(2) $U_2=20V$

9.12　(1) $U_A=6V, U_B=6V, U_C=12V, U_D=13.4V, U_{CE1}=12V$

(2) U_o：$9\sim18V$

9.13　(1) 运放的输入端＋、－应对调，稳压管接反了。

(2) T_2、R 为功率管 T_1 的过流保护电路。

9.14　(1) $P_T=2.11W, I_{出}=3.87mA$

(2) $I_{R4}=3.98mA, I_{出}=0.11mA$

(3) 接入 R_4 后，减小了运放的输出电流，降低了运放的功耗。

9.15　$U_o=\left(1+\dfrac{R_2}{R_1}\right)U_{REF}, I_L=\dfrac{U_o}{R_1+R_2}$

9.16　U_o：$-15\sim+15V$。

第 10 章

10.8　$I_{LED}=0.83mA$，不能正常工作；减少 R_E 为 160Ω，即可正常工作。

10.12　线圈中电流为 $I_{KA}=64.8mA$，基本等于 KA 额定工作电流，可以正常工作。

参 考 文 献

[1] 童诗白,华成英. 模拟电子技术基础[M]. 4 版. 北京：高等教育出版社,2006.

[2] 杨素行. 模拟电子技术基础简明教程[M]. 3 版. 北京：高等教育出版社,2006.

[3] 康华光. 电子技术基础(模拟部分)[M]. 5 版. 北京：高等教育出版社,2006.

[4] 陈大钦. 电子技术基础[M]. 2 版. 北京：高等教育出版社,2000.

[5] 江晓安,董秀峰. 模拟电子技术[M]. 3 版. 西安：西安电子科技大学出版社,2008.

[6] 秦曾煌. 电工学(下册)电子技术[M]. 6 版. 北京：高等教育出版社,2003.

[7] 杨拴科. 模拟电子技术基础[M]. 北京：高等教育出版社,2003.

[8] Sergio Franco. Design With Operational Amplifiers and Analog Integrated Circuits[M]. McGraw-Hill Inc. ,2002.

[9] Donald A. Neamen. Electronic Circuits Analysis and Design [M]. 2nd edition. McGraw-Hill Inc. ,2001.

[10] U. Tietze Ch. Schenk. Electronic Circuits Handbook for Design and Application[M]. New York：Springer-Verlay,2005.

图书资源支持

感谢您一直以来对清华大学出版社图书的支持和爱护。为了配合本书的使用，本书提供配套的资源，有需求的读者请扫描下方的"书圈"微信公众号二维码，在图书专区下载，也可以拨打电话或发送电子邮件咨询。

如果您在使用本书的过程中遇到了什么问题，或者有相关图书出版计划，也请您发邮件告诉我们，以便我们更好地为您服务。

我们的联系方式：

地　　址：北京市海淀区双清路学研大厦 A 座 701

邮　　编：100084

电　　话：010-83470236　　010-83470237

资源下载：http://www.tup.com.cn

客服邮箱：2301891038@qq.com

QQ：2301891038（请写明您的单位和姓名）

用微信扫一扫右边的二维码，即可关注清华大学出版社公众号。

科技传播·新书资讯

电子电气科技荟

资料下载·样书申请

书圈